ANTJE ARNOLD

QUICKFINDER
ARTENVIELFALT
im Gartenjahr

Gewusst wann & wie –
mit den **richtigen Maßnahmen**
die **Tierwelt** im Garten
ganzjährig fördern

An Trockenheit angepasste Tier- und Pflanzenarten fühlen sich auf Trockenmauern wohl.

Sie trägt den Namen zurecht: Die Mai-Langhornbiene fliegt im Mai und hat lange Fühler.

Der Vielfaltsgarten wird zum Trittstein für wandernde Tierarten.

Vorwort

Nicht nur Artensterben und Klimawandel führen dazu, dass viele unserer Gärten einer Anpassung hin zu einem Vielfaltsgarten bedürfen. Selbst wir profitieren immens davon. Je vielfältiger die Struktur des Gartens und je stärker er sich an natürlichen Landschaftsbildern orientiert, je artenreicher seine Pflanzen- und die sich einstellende Tierwelt ist, umso spannender wird Ihr Garten und gleichzeitig umso ausgleichender wirkt er auf Körper und Seele. Und nicht zuletzt verschafft uns unser Vielfaltsgarten das gute Gefühl, mit einem Trittstein oder vielleicht sogar als Keimzelle für unsere Umgebung positiv auf ein großes Ganzes wirken zu dürfen.

Einmal angelegt, verändert sich ein Vielfaltsgarten ständig – nicht nur innerhalb eines Jahres, sondern auch von Jahr zu Jahr – und das sogar zumeist ohne unser Zutun. Das ist auch gut so. Schließlich lautet das Motto: Staunen statt schneiden, relaxen statt Rasen mähen, genießen statt gießen – einfach leben und leben lassen. Also: Win-win. Das macht einen Vielfaltsgarten aus. Denn:

»Alles was gegen die Natur ist, hat auf Dauer keinen Bestand.«
(Charles Darwin)

Inhalt

Quickfinder

Amphibien

Bauanleitungen

Bauarbeiten

Blumenwiese

Dreamteams

Feuchtbereiche im Garten

Insekten entdecken

Insekten unterstützen

Käfer entdecken

Nisthilfen

Pflanzarbeiten

Pflanzen entdecken

Pflanzen schützen

Pflegearbeiten – Pflanzen

Pflegearbeiten – Tiere

Pflegearbeiten unterlassen bei Pflanzen

Pflegearbeiten unterlassen für Tiere

Planungsarbeiten

Säugetiere entdecken

Säugetiere unterstützen

Schmetterlinge entdecken

Schnecken

Schnittarbeiten

Second-Life Holz

Tiere entdecken

Tiere unterstützen

Über den Gartenzaun

Vögel entdecken

Vögel unterstützen

Wildbienen entdecken

Der Vielfaltsgarten

Die »Vielfalt« im Namen »Vielfaltsgarten« bedeutet, dass in einem solchen Garten nicht die Monotonie und Sterilität der mittlerweile üblichen pflegeleichten, deutschen Gartenlandschaften herrscht – also mährobotertauglicher Rollrasen, ein paar getrimmte Buchsbäume, Gräser, hier und da ein paar Lavendelbüsche und Schotter. Denn diese Art von Gärten lässt genau das vermissen, wozu wir uns ein Stück Natur anlegen – nämlich um wieder Lebendigkeit in unser technisiertes Leben zu bringen. Mit »Vielfalt« im Garten sind auch nicht die üblichen Blumen »von der Stange« und Gemüsesorten gemeint, die man in jedem Gartencenter beinahe weltweit bekommt.
Vielmehr zeichnen einen Vielfaltsgarten vielfältigste und kontrastreiche Strukturen in Symbiose mit heimischen Pflanzenarten aus. Beides lockt eine Vielfalt an Wildtierarten an. Sie sind an einheimische Pflanzen bestens angepasst und finden hier Nahrung und Lebensraum – beides »draußen« bereits sehr knapp. Erst sie machen Ihren Garten spannend und lebendig!
Außerdem erleben unsere Gärten im Zuge des Klimawandels immer mehr Trockenheit und Hitze. Keine Option für einen englischen Golfrasen, dafür aber für heimische Wiesenblumen und Stauden. Denn unter den 9.500 Pflanzenarten, die bei uns zu Hause sind, gibt es mehr als genug, die genau diese Bedingungen vertragen.
Und obendrein profitieren auch Sie! Wissenschaftlich nachgewiesen ist, dass eine wildwüchsige und lebendige Umgebung – im besten Fall ergänzt mit Wildtierbeobachtungen – Blutdruck- und Cortisolwerte deutlich schneller sinken und Stress abbauen lässt als »nur Grün«. Echte Natur wirkt als »Vitamin N«. Kein Wunder: Schließlich sind wir evolutionär ganz eng mit Wildnis verbunden und verspüren oft in ihr etwas Großes, Hoffnungsvolles und Glücklichmachendes.

Und so gelangen Sie zu Ihrem Vielfaltsgarten:

- Ein ausführlicher **Theorieteil** macht Sie mit den Grundprinzipien und den verschiedenen Elementen des Vielfaltsgartens vertraut.
- Der **Quickfinder** führt Sie über die Schlagwörter zu den jeweiligen Tätigkeiten und Beobachtungsmöglichkeiten in den entsprechenden Zeiträumen.
- Der **Praxisteil** führt Sie nach Tätigkei-

ten wie Planung, Ausführung, Pflege, aber auch Beobachten und Unterstützen durch die einzelnen phänologischen Jahreszeiten. Auch in einem Vielfaltsgarten gilt: Alles zu seiner Zeit.

➢ Zusätzlich finden Sie im Anschluss an jede Jahreszeit **Pflanze-Tier-»Dreamteams«**, die eine besondere Beziehung miteinander haben und die Sie gezielt fördern können. Außerdem wagen wir einen **»Blick über den Gartenzaun«** aufs große Ganze mit Themen wie Klimawandel, Stickstoffkreislauf oder Licht im Garten.

➢ Der **Serviceteil** beinhaltet neben Register, Bezugsquellen und weiterführenden Informationen für den Vielfaltsgarten zahlreiche Pflanzenlisten.

Etwas Theorie

Ein Vielfaltsgarten fällt nicht vom Himmel. Aber berücksichtigt man die Grundprinzipien für den Vielfaltsgarten und setzt ein paar Elemente um, wird er nahezu von selbst von Jahr zu Jahr nicht nur schöner und immer ein bisschen anders sein, er lädt auch viele und bisweilen sogar unerwartete Wildtiere ein, die man nicht in der Zoohandlung um die Ecke kaufen kann. Ohne ständig im Garten arbeiten zu müssen, können wir immer wieder Faszinierendes entdecken, in vollen Zügen genießen und ganz nebenbei ganz viel Vielfalt schaffen.

Neun Grundprinzipien für den Vielfaltsgarten

Neun Grundprinzipien garantieren maximale Artenvielfalt im Garten. Sie sind eine gute Voraussetzung, damit möglichst viele verschiedene Lebensräume entstehen und sich viele heimische Pflanzen und Wildtiere wohlfühlen. Grundsätzlich gilt: Nahrungsquelle und Wohnraum der Tiere sollten idealerweise in unmittelbarer Nähe liegen.

1. Vielgestaltiges Geländeprofil

Höhenunterschiede im Garten wie Hügel und Senken, Abstufungen, Vertiefungen oder Hochbeetanlagen sind geeignete Voraussetzungen für unterschiedlichste Lebensräume, wodurch die unterschiedlichsten Tierarten angelockt werden.

2. Verschiedene Standortbedingungen und Gartenräume schaffen

Heiß und sonnig oder feucht und kühl? Nach Möglichkeit beides! Je mehr unterschiedliche Standortbedingungen Sie im Garten schaffen können, umso besser für die Artenvielfalt. Natürlich funktioniert das nicht in jeder Region mit sogenannten Extremstandorten, wie etwa auf Sandböden. Hier lassen sich feuchte Gartenbereiche nur schwer realisieren – es sei denn, man legt einen künstlichen Teich oder Sumpfgarten an. Oder in sehr fruchtbaren und regenreichen Regionen können magere Trockenstandorte mitunter fehl am Platz sein. Aber in den meisten der deutschsprachigen Regionen sind verschiedene Standortbedingungen auch auf kleinem Raum möglich und sinnvoll.

3. Alle drei Dimensionen nutzen

Gartenflächen lassen sich durch Nutzen der dritten Dimension, wie vertikale Begrünung, Spaliere, Pergolen, Dachbegrünungen, über die reine Quadratmeterzahl des Grundstücks hinaus vergrößern. All das erzeugt zusätzliche Quadratmeter für Lebensräume und Klimatisierung in zunehmend heißen Sommern.

4. Mageres Substrat verwenden

Magerkeit, also geringe Mengen an Nährstoffen wie Stickstoff (→ S. 164/165, Stickstoff) und Phosphat im Boden, führt zu Stress und Stress führt wiederum zu Vielfalt und zu Blütenreichtum. Schließlich will jede Pflanze ihr Fortbestehen sichern und ist evolutionär an diese Bedingungen angepasst. Entgegen der gängigen Gartenpraxis fördern wir gerade im Staudenbereich und auf der Blumenwiese Pflanzenvielfalt und Blütenreichtum mit mageren Böden statt mit gut gedüngten Flächen. Ungefähr 1.300 gartenkompatible heimische Pflanzenarten lieben mageren Boden. Gärtnerisch optimierte Pflanzen hingegen benötigen große Mengen an Nährstoffen, um ihre gefüllten Dauerblüten entsprechend zu versorgen.

5. Möglichst immer heimische Arten

Rund 9.500 Pflanzenarten (fast ein Drittel davon sind gefährdet) sind bei uns heimisch und mit den bei uns vorkommenden Tieren evolutionär eng verbunden. Unzählige Wechselwirkungen sind entstanden. Häufig existieren sogar singuläre Abhängigkeiten, das heißt, eine Pflanze benötigt ein ganz bestimmtes Insekt für ihre Bestäubung oder andersherum, das Insekt (Wildbiene) benötigt genau diesen Pflanzenpollen für die Aufzucht seiner Nachkommen. Fehlt ein Partner, kann auch der andere nicht existieren. Ungefähr 2.000 Pflanzenarten davon sind gartentauglich. In den Gartencentern und Baumärkten finden wir hingegen lediglich ca. 60 verschiedene Arten als genormte Massenprodukte. Häufig handelt es sich dabei um sogenannte Weltarten, das sind entweder Exoten aus allen Teilen der Erde oder Zuchtformen – reine Dekoration für sterile Gärten.
Bei gärtnerisch gezüchteten Varianten liegt das Hauptaugenmerk auf prächtiger Blütenfülle, Blütenfarbe, Blühdauer und sattem Grün – also eine rein optische Angelegenheit – statt auf Pollen- und Nektarproduktion oder den Zugang zu Nektar und Pollen. Deshalb sind viele Zuchtformen völlig ungeeignet für unsere heimische Insektenwelt. Aber auch Exoten in ihren ursprünglichen Varianten passen häufig nicht zu unseren Insekten – weder als Pollenspender noch als Raupenfutterpflanzen. Deshalb gilt: Heimische Wildtiere können Sie nur effektiv mit heimischen Pflanzen fördern.

6. Untypische Lebensräume in einen Standardgarten zusätzlich integrieren

a. Der Begriff »Totholz« ist irreführend. Deshalb besser einen positiv besetzten Begriff wie »Second-Life Holz« verwenden, auch wenn dies ein Anglizismus ist, denn dieses Holz ist Lebensraum, Kinderstube und Nahrung für unzählige Tiere, Pilze, Bakterien und sogar für Pflanzen und daher ein unentbehrliches Element im Vielfaltsgarten. Die Natur kennt keinen Abfall, nur Kreislauf: Des einen »Abfall« ist die Nahrungsgrundlage des anderen (→ S. 176, Totholz).
b. Fugen, Ritzen, Lücken, Hohlräume, aber auch künstliche Nisthilfen garantieren Wohnraum für Tiere. Egal ob großzügige Sandfugen zwischen dem Pflaster statt fugenlos verlegter Platten, Lücken und Ritzen in Natursteinmauern mit gebrochenen Steinen statt gesägter Steine oder gemörtelter Mauern, unbewachsene Bereiche im Beet oder sogar ein extra angelegtes Sandbeet für Wildbienen- und Grabwespennester (→ S. 38, Sandarium). Natürlich helfen auch die eigens gebauten Luxusnistkästen für allerlei Getier, sofern die jeweilige Nahrung in Reichweite ist.

7. Pestizide, Kunstdünger, torfhaltige Pflanzerden sind tabu

Alle drei Dinge sind nicht nur tabu, sondern schlichtweg überflüssig.
Pestizide werden in einem Vielfaltsgarten gar nicht benötigt, da sich ein Gleichgewicht von allein einstellt. Eine Blattlausinvasion hat nicht lange Bestand, da ihnen hungrige Gegenspieler bereits auf der Spur sind.
Kunstdünger brauchen nur hochgezüchtete Pflanzen und Fremdländer, die besseres Klima gewöhnt sind. Heimische Arten sind hingegen an die örtlichen Gegebenheiten angepasst und kommen in den meisten Fällen bestens mit naturgegebener Kargheit klar. Im Gegenteil: Sie brauchen sie sogar. Und der Gemüsegarten nährt sich von wertvollem Kompost und Bokashi (→ S. 158, Bokashi).
Torfhaltige Blumenerden schädigen durch den Torfabbau Moore und damit die Artenvielfalt dieser wertvollen Feuchtbiotope massiv. Außerdem konservieren Moore durch die Feuchtigkeit organisches Material und verhindern dessen Abbau. Kaum trockengelegt, setzt der Torfboden jedoch eine große Menge an Treibhausgasen frei, da in Kontakt mit Sauerstoff abbauende Bakterien zügig ans

Werk gehen und das organische Material zu Kohlendioxid (CO_2) umsetzen. Dies geschieht auch mit torfhaltiger Pflanzerde. In ein paar Jahren ist außer CO_2 im Weltklima nichts mehr davon übrig - sie löst sich buchstäblich in Luft auf. Achten Sie daher beim Kauf auf torffreie Erden.

8. Zeit geben und mal alle fünf gerade sein lassen

Abwarten gehört zu den Tugenden im Vielfaltsgarten. Nicht sofort jedem vermeintlichen »Unkraut« oder jedem Blattlausbefall zu Leibe rücken. Vieles regelt sich von selbst und von Jahr zu Jahr besser. Und nicht aufgeben, wenn die Traumblumenwiese nicht gleich im ersten Jahr den Erwartungen entspricht!

9. »Wildnis« zulassen

Früher völlig normal und äußerst praktisch war beispielsweise das wilde Eck irgendwo im hinteren Teil des Gartens. Schnittgut von Bäumen und Sträuchern, alte Zaunlatten oder übriggebliebene Steine auf einen Haufen geworfen, fanden hier ihren Platz. Und mit ihnen viele Tiere, die Ruhe und Ungestörtheit benötigen. Oder die kleinen Pflänzchen in den Pflasterritzen und die Samenstände der Stauden im Herbst: Gar keine Zeit, sie ständig auszurupfen oder zurückzuschneiden. Nehmen Sie sich ein Beispiel am etwas entspannteren Umgang mit der Gartenpflege. Wildtiere brauchen auch ein bisschen Wildnis.

Etwas Bestandsaufnahme und Planung vorweg

➤ **Neuanlage:** Falls Sie ganz am Anfang stehen und sich mit der Neuanlage Ihres zukünftigen Gartens beschäftigen, stellt dies natürlich den Idealfall dar. Hier können Sie gemäß den neun Grundprinzipien (→ S. 18) sowohl für strukturelle Vielfalt, Vielfalt der Bedingungen (heiß und trocken, kühl und feucht, magere und fette Böden) und damit für Vielfalt für Flora und Fauna direkt von Anfang an sorgen. Schließlich steht der Bagger schon im Garten und kann mit ein paar einfachen und kostengünstigen Maßnahmen von Grund auf für welliges Profil und kontrastreiche Strukturen sorgen, wie die Grube für den naturnahen Teich ausheben, das Material zu Böschungen oder Hügeln verarbeiten, Bereiche für Fundamente von Trockenmauern und Terrassierungen im Nu auskoffern oder gar nicht erst auffüllen. Und auch eine Blumenwiese ist schnell vorbereitet. Selbst kleine verdichtete Bereiche, die durch die Bautätigkeit entstanden sind, können unter Umständen erhalten bleiben (→ S. 30, Element Feuchtbereich). Humus muss jetzt nur in ganz wenigen Bereichen wie im Gemüsegarten eingebracht werden. Also auch durch »weniger tun« kann man im Vorfeld ganz einfach, schnell und kostengünstig beste Bedingungen für Vielfalt

Ein Vielfaltsgarten bietet kontrastreiche Strukturen wie ein welliges Bodenprofil oder Trockenmauern.

schaffen. Falls der vorhandene Boden zu fett sein sollte, können eine Kies- oder Sandschicht aufgetragen und mit dem großen Gerät leicht verteilt oder auch eingearbeitet werden.

➤ **Umgestaltung Bestandsgarten:** Gerade aber auch in einem bereits angelegten und eingewachsenen Garten existieren zahlreiche Möglichkeiten, um ihn in Richtung Struktur-, Tier- und Pflanzenvielfalt weiterentwickeln zu können. Hier ist die ganze Bandbreite möglich: Von wenigen einzelnen Elementen und Bereichen – vielleicht suchen Sie sich einfach ein »Dreamteam« heraus –, die man nach und nach optimieren kann, bis hin zu einer kompletten Umgestaltung.

Eine radikale Umgestaltung sollte man grundsätzlich nicht unterschätzen. Sie ist dann angezeigt, wenn der Garten in die Jahre gekommen ist und der Wunsch nach einer weitreichenden Umgestaltung besteht oder gerade entsteht. Denn dazu benötigt man in der Regel mindestens einen Minibagger, wenn nicht sogar schweres Gerät, aber vor allem viel Mut. In ein grünes und lebendes System einzugreifen – selbst wenn es nicht so gut funktioniert oder nicht den eigenen oder eben neuen Vorstellungen entspricht –, stellt eine größere Überwindung der Hemmschwelle dar als beispielsweise das Pflaster der Garageneinfahrt zu erneuern. Dabei greifen wir ins bereits existierende System ein und zerstören erst einmal, um zu ersetzen, zu lenken und aufzubauen.

Aber seien Sie beruhigt. Auch wenn es erst einmal weh tut, so tiefe Wunden zu reißen, Störungen gibt es in der Natur permanent. Sie sind sogar eingeplant und für viele Arten extrem lebensnotwendig. Damit erzielt man am Ende die besten Effekte, natürlich nach einer gewissen Phase des Einwachsens – Natur braucht schließlich Zeit, sich zu entwickeln.

Aber auch kleine Schritte können unserer heimischen Artenvielfalt immens helfen. Selbst eine Rasenmonotonie kann Stück für Stück in eine Blumenwiese umgewandelt (→ ab S. 124, Eine Blumenwiese anlegen) oder Thujen- bzw. Kirschlorbeerhecken nach und nach mit Wildsträuchern aufgelockert werden (→ S. 192, Hecke entfernen). Optimierungen sind jederzeit möglich. Der Vorteil hierbei: Man steht nicht unter Zeitdruck und kann auch ausprobieren. Unerlässlich ist es aber, die Zusammenhänge zu erkennen und zu berücksichtigen. Was nützt das beste Wildbienenappartement im sterilen, dauergrünen Rollrasengarten, gekrönt mit Mähroboter, wenn passende Pollenspender fehlen?

Je vielfältiger das Geländeprofil, desto vielfältiger ist das Leben, das sich einstellt.

Geländeprofil

Je welliger, hügeliger oder gar abgestufter und damit vielfältiger das Geländeprofil

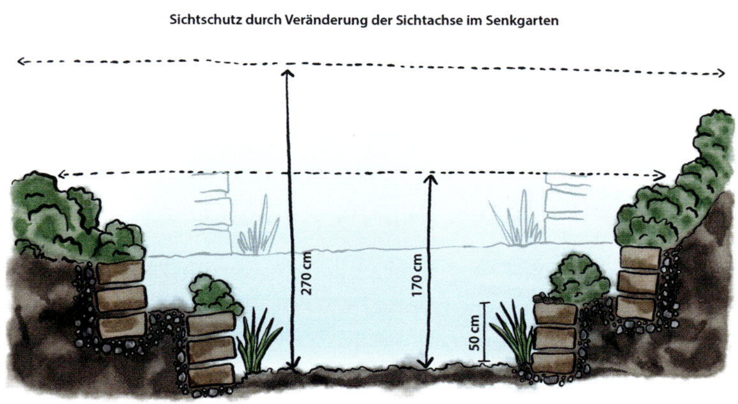

Das tiefer gelegte Bodenprofil im Senkgarten erzeugt eine geschützte Zone im Garten.

Ihres Gartens ist, desto vielfältigere Lebensräume können Sie gestalten. **Niveauunterschiede** bilden dazu eine optimale Grundlage. Falls Sie ein Grundstück am Hang besitzen, wird es Ihnen besonders leicht fallen, ein uneinheitliches Geländeprofil mit Strukturvielfalt und einer Gliederung in verschiedene Gartenräume zu gestalten. So ergeben Terrassierungen mit groben, unbehauenen Natursteinmauern in Kombination mit durchlässigen, nährstoffarmen Substraten heiße, trockene Sonnenbeete. Zudem bieten sie Insekten und Reptilien nicht nur Nahrung, sondern auch zahlreiche Aufenthaltsorte und Verstecke.
Aber auch ebene Grundstücke können Profil zeigen, indem mit Natursteinen

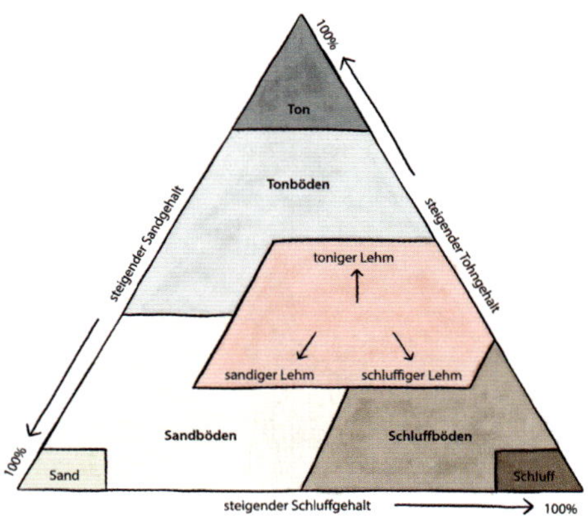

Sand weist die größte und Ton die kleinste Korngröße auf. Schluff liegt dazwischen.

eingefasste größere »Hochbeete« als Trockenstandorte und Natursteinmauern gebaut werden.
Alternativ zeigt ein **Senkgarten**, der auch vor Lichtschächten gut integriert werden kann, in die andere Richtung und erzeugt eine Tieferlegung mit besonderem Mikroklima. Damit sorgt er für eine sehr warme und geschützte Lage, in dem sich viele wärmeliebende Pflanzen und Tiere wohlfühlen und der von Ihnen bereits im zeitigen Frühjahr als Sitzplatz genutzt werden kann. Das beim Ausgraben angefallene Material können Sie zu Böschungen oder kleinen Hügeln modellieren. Gerade im Zeichen des Klimawandels sollte man wellige Profile einbauen, denn hier wird der austrocknende Wind gebremst. Und wenn es mal viel regnen sollte, fließt nicht alles ungehindert ab, sondern kann langsam in den Vertiefungen versickern. Auf diese Weise wird das Wasser auf dem Grundstück gehalten und gespeichert.
Vertiefungen als natürliche oder künstlich geschaffene Mulden ermöglichen die Anlage von feuchteren Standorten wie einer kleinen Feuchtwiese. Verdichtet man diese Bereiche zusätzlich, entstehen Feuchtstellen, in denen im Frühjahr oder bei starkem Regen sogar mal das Wasser stehen darf. Mit Folie ausgekleidet ergibt sich ein kleiner Teich.
Höhenunterschiede haben den zusätzlichen Charme, die Fläche zu vergrößern, machen also gerade aus kleinen Gärten größere Gärten.

Bodenbedingungen: mager/fett und deren Optimierungen

Der Boden gehört zu den elementaren Grundlagen für Vielfalt im Garten. Sobald der Boden schnee- und frostfrei ist, können Sie die Gelegenheit nutzen, die Zusammensetzung des Bodens zu analysieren, um gezielte Maßnahmen zu seiner Optimierung im Hinblick auf vielfältige Bedingungen für Pflanzen zu ergreifen. Bei bereits angelegten Gärten findet man meist einen nährstoffreichen Boden vor, da in der Regel bei der Anlage von Gärten mindestens 20 cm nährstoffreicher Humus aufgetragen wird. Fetter, nährstoffreicher Boden ist im Gemüsegarten, für den Golfrasen und für hochgezüchtete Weltarten (→ S. 19, Neun Grundprinzipien) notwendig.
Im Vielfaltsgarten sollte nährstoffreicher Boden lediglich im Gemüsegarten verwendet werden.

Kleine Bodenkunde

Die allermeisten Wildblumen, Wildstauden und Wildgräser wachsen auf mineralischen, mageren und damit nährstoffarmen Böden. Auch der pH-Wert (→ S. 24, Bodenanalyse) ist für Wildblumen wichtig. Sie kommen am besten mit kalkhaltigen Böden klar, der ideale pH-Wert liegt zwischen 6 und 8.
Boden ist eine Wissenschaft für sich. Hier ein paar Grundfakten im Überblick, damit Sie zumindest abschätzen können,

mit welcher Bodenart Sie es bei sich zu tun haben.

Ob ein Boden nährstoffarm oder nährstoffreich ist, hängt von seiner Hauptbodenart ab, die nach verschiedenen Korngrößen eingeteilt wird: So gibt es Ton-, Sand-, und Schluffböden. Die Hauptbodenart unterhalb der Humusschicht bestimmt, wie gut der Boden Wasser und Nährstoffe speichern kann und demzufolge, ob er mager oder fett, aber auch sauer oder basisch ist.

Tonboden besteht aus sehr kleinen mineralischen Körnern und kann Wasser und Nährstoffe sehr gut speichern. Allerdings so gut, dass weder Wasser noch Nährstoffe für Pflanzen gut nutzbar sind, da sie zu fest an den Bodenteilchen haften. Tonböden sind schwer zu bearbeiten, neigen zum Verdichten, verhärten beim Trocknen und zeigen Trockenrisse.

Sandboden besitzt deutlich größere mineralische Körner, die weder Wasser noch Nährstoffe besonders gut festhalten können.

Schluffboden zeigt eine Korngröße, die zwischen denen des Ton- und des Sandbodens liegt. Er ist zwar fruchtbar, neigt aber zur Verdichtung.

Lehmboden ist eine Mischung aus allen drei genannten Grundbodenarten und sehr fruchtbar.

Humoser Boden gehört nicht zu den Hauptbodenarten, sondern gilt als Mischung zwischen Hauptbodenart und Humus. Er befindet sich als Oberboden

BODENPROBE

Um die Art des Bodens zu bestimmen, gibt es zwei Methoden:

Man kann den Bewuchs zu Hilfe nehmen, wie auf S. 24 beschrieben. Falls Sie keine Zeigerpflanzen nutzen können, weil die Jahreszeit gerade vegetationslos ist oder weil kein Bewuchs auf dem Rohboden vorhanden ist, kann man den sogenannten **Krümeltest** durchführen, um die Stabilität der Bodenstruktur gegenüber Wasser zu testen: Dazu nimmt man eine Handvoll feuchte Erde und versucht, daraus eine Wurst zu formen.

1 | Eine feste, klebrige Wurst entsteht aus Tonboden.

2 | Ist der Boden jedoch so krümelig, dass sich daraus keine Wurst formen lässt, handelt es sich um mineralischen Boden wie beispielsweise Sand.

Ist der Boden nur schlecht zu einer Wurst formbar (ohne Abbildung), handelt es sich um Schluffboden.

3 | Gelingt das und ist die Erde fest, jedoch nicht klebrig, handelt es sich um nährstoffreichen Lehmboden.

4 | Humoser Boden lässt sich zwar zu einem Klumpen formen, enthält aber sichtbar viel organisches Material. Boden mit hohem Humusanteil erkennt man an seiner dunklen Farbe und an noch einzeln vorhandenen Fasern – optimal für den Gemüseanbau.

in den oberen 10–30 cm und enthält besonders viele Nährstoffe. Er stellt den Lebensraum für die Bodenlebewesen.

Kleine Bodenanalyse

➢ Fett oder mager?

Zeigerpflanzen können helfen, die Bodenart zu bestimmen. Je nachdem, welche Pflanzen auf dem zu bearbeitenden Boden wachsen, kann man direkt Rückschlüsse auf die Bodenart und auch auf die Lichtverhältnisse schließen:
So sind Brennnessel, Löwenzahn, Ackerwinde, Vogelmiere sogenannte Zeigerpflanzen für nährstoffreiche, humose Böden. Das Gelbe Sonnenröschen oder der Acker-Rittersporn hingegen wachsen nur auf mageren, kalkhaltigen Böden.

➢ Sauer oder basisch?

Einen wichtigen Bodenparameter bildet der pH-Wert. Er zeigt an, ob ein Boden sauer (pH 0 bis 7), neutral pH 7 oder basisch (pH 7 bis 14) ist. Sie können den pH-Wert Ihres Bodens ganz einfach selbst bestimmen, indem Sie etwas Erde in ein Glas füllen und mit Wasser vermischen. In diese nasse Bodenlösung halten Sie Lackmuspapier (erhältlich in Apotheken, gut sortierten Drogeriemärkten oder im Internet), das sich je nach Säuregehalt von rot (sauer) über violett bis blau (basisch) verfärbt.
Der pH-Wert bestimmt, welche Nährstoffe von den Pflanzen in welchem Ausmaß genutzt werden können. Wildblumen brauchen einen pH-Wert von 6–8, Sumpfpflanzen bevorzugen jedoch sauren Moorboden.
Wenn Sie es genau wissen wollen, können Sie natürlich auch eine Bodenprobe durchführen lassen (→ S. 215, Adressen).

Kleine Bodenoptimierung

Da man den für viele Wildpflanzen wichtigen mineralischen Boden im Garten eher selten vorfindet, kann man den vorhandenen Boden in Richtung mager und basisch optimieren, indem man mineralisches Material einarbeitet. Dazu nimmt man ungewaschenen Grubensand (auch Recyclingmaterial wie regelmäßig auszutauschender Spielkastensand öffentlicher Spielplätze ist möglich, wenn man ihn zur Bodenlockerung unterarbeiten möchte), ungewaschenen Kies (Wandkies), Mineralgemisch (Mineralbeton) oder kleinen, ungewaschenen Kies (Vorsieb aus dem Steinbruch am besten aus der Nähe). Dies trägt man direkt als 10 cm dicke Schicht auf. Zusätzlich kann zur Wasser-

MATERIALIEN FÜR DIE BODENOPTIMIERUNG

Material (Korngröße in mm)	Verwendung für	Bezug	Gewicht/m³ (Schüttgut)
Grubensand ungewaschen/Brechsand	magere Pflanzflächen	örtliche Sandgrube, Baustoffhandel	1,7 t
Kies ungewaschen (0/16, 0/22, ...)	magere Pflanzflächen	örtliche Kiesgrube, Baustoffhandel	1,7 t
Kies ungewaschen (0/32, 0/45, ...)	magere Pflanzflächen mit größerem Kies für Optik	örtliche Kiesgrube, Baustoffhandel	1,7 t
Kies gewaschen (4/8, 4/16)	Teich	örtliche Kiesgrube, Baustoffhandel	1,8 t
Kies gewaschen (Grobkies, 16-300)	Teich	örtliche Kiesgrube, Baustoffhandel	1,8 t
Splitt (2-5 mm, 5-8 mm, 8-11 mm, 16-22 mm)	magere Pflanzflächen und Wiese nur in Kombination mit Kompost	örtliches Natursteinwerk, Baustoffhandel	1,7 t
Mineralbeton (0/16, 0/22, 0/32, 0/45) Zusammensetzung wie Beton, jedoch ohne Zement als Bindemittel	magere Pflanzflächen	Baustoffhandel, Fuhrunternehmen	1,8 t
Kompost (0/20)	Wasserspeicherung für Blumenwiesen	örtlicher Recyclinghof, Kompostwerk	0,7 t
Kohlensaurer Kalk	Optimierung des pH-Werts von saurem Boden	Agrarhandel wie BayWa, Raiffeisen, Onlineshops	1,6 t

speicherung speziell bei Blumenwiesen eine ca. 3 mm dicke Kompostschicht aufgetragen werden, damit die Keimung besser funktioniert.
Insbesondere bei Splittflächen ist Kompost unentbehrlich, da Pflanzen in reinem Splitt ohne Nullanteile nur sehr zögerlich wachsen.
Besonders schwerer Boden im Staudenbeet sollte ca. 40 cm tief ausgekoffert (ausgehoben) werden, der Untergrund gelockert, mageres Substrat mit Kompost im Verhältnis 4–7 : 1 gemischt und eingefüllt werden.
Ist der Boden zu sauer, kann man kohlensauren Kalk (max. 200 g/m²) einarbeiten.

Vielfaltselemente

Je mehr Vielfaltselemente wie Mauern, Hecken, hohe Wildstauden, Hügel und Spaliere Sie in Ihrem Garten unterbringen, umso mehr Lebensräume entstehen und eine umso vielfältigere Tierwelt wird sich einstellen. Das kann auch auf einer topfebenen Fläche der Fall sein, und sogar sehr kleine Gärten gewinnen dadurch an optischer und gefühlter Größe. Es entsteht Vielgestaltigkeit mit kleinen unterschiedlichen Lebensräumen wie Wildstaudenbeet, Gemüsebeet, Obstbaum, Hecke, Spalier, Blumenwiese, Wasserbereich, naturnaher Weg, Trockenmauer, Second-Life-Holz-Bereiche (→ S. 30, S. 176), Böschung oder Hügel und erzeugt damit Kontraste – eine wohltuende Abwechslung fürs Auge zur ausgeräumten und langweiligen Wohn-, Garten- und Kulturlandschaft der Gegenwart. Die Anlage solcher Gartenräume verursacht sicherlich erst einmal etwas mehr Arbeit, vor allem bei der Planung, als ein großformatiger, rechteckiger, kurz gehaltener Schurrasen und das Blumenbeet am Wegrand mit Weltarten (→ S. 19). Im Alltag jedoch zahlt es sich dann aus und man verbringt wesentlich mehr Zeit im Garten mit Entdecken und Genießen als mit Arbeit.

➤ Element Zaun

Eine Grundstücksbegrenzung, meist in Form eines Zaunes, entspringt dem Bedürfnis, sich von der Umgebung abzugrenzen, abzuschirmen, um eine gefühlte Sicherheit und gewisse Privatheit zu erzeugen. Meist resultieren daraus für wandernde Tiere wie Igel und Kröten zunehmend völlig undurchlässige und damit unüberwindbare Barrieren. Die meisten heute gängigen Zäune aus Holz, Kunststoff, Metall, Maschendraht oder auch Mauern, Gabionen und Betonelemente bieten keine Schlupflöcher und reichen häufig bis zum Boden. Igel brauchen aber große Jagdreviere von mehreren Quadratkilometern und nutzen viele Gärten auf ihren nächtlichen Streifzügen. Vielfalt im Garten beginnt also nicht am Zaun, sondern mit dem Zaun.

Je mehr Elemente Sie in Ihrem Garten unterbringen, desto vielfältigere Lebensräume entstehen.

1: Natursteinmauer terrassierend, mit Ritzen und Lücken
2: Fassadenbegrünung und Dachbegrünung, Pergola
3: nicht versiegelte Wege
4: Wasserstelle/Teich
5: igeldurchlässiger Zaun
6: Käferkeller und Reisighaufen
7: Hecke aus heimischen Gehölzen
8: Blumenwiese
9: Beet mit heimischen Stauden
10: Obstbäume/baum
11: Komposthaufen (auf einer Seite von unten zugänglich)

Nistmöglichkeiten für:
12: Vögel
13: Marienkäfer
14: Florfliegen
15: Mulde für feuchtigkeitsliebende Schattenpflanzen
16: Sandarium

Bei der Neuanlage einer Grundstücksbegrenzung spielen die Rahmenbedingungen und die eigenen Bedürfnisse eine wichtige Entscheidungsgrundlage. Sofern keine hohe Lärm- und Sichtschutzwand notwendig ist, kann man grundsätzlich überlegen, ob überhaupt ein Zaun notwendig ist. Eine dichte und natürliche **Hecke** wäre hier die ideale Lösung, vielleicht kombiniert mit einem kleinen Erdwall oder einer kleinen, trocken aufgesetzten Natursteinmauer, die Löcher zum Durchschlüpfen bietet. Besitzt die Hecke zusätzlich Dornen, wehrt sie Eindringlinge ab und bildet ein geschütztes Habitat und eine Lebensversicherung für brütende Vögel, weil Katzen und andere Nesträuber ausgebremst werden. Falls ein Zaun notwendig ist, sollte man zumindest darauf achten, mit dem Zaun so viel Abstand vom Boden zu wahren oder Löcher hineinzuschneiden, damit ein Igel problemlos hindurchpasst.

→ S. 85, Den Gartenzaun igeltauglich machen

VOGELBRUTZEIT BEACHTEN!

Laut § 39 Bundesnaturschutzgesetz ist es verboten: »… Bäume, die außerhalb des Waldes … stehen, Hecken, lebende Zäune, Gebüsche und andere Gehölze in der Zeit vom 1. März bis zum 30. September abzuschneiden, auf den Stock zu setzen oder zu beseitigen …«. Deshalb sollten Sie in diesem Zeitraum Hecken und Sträucher nach Möglichkeit nicht mehr schneiden und so Rücksicht auf Vögel nehmen, obwohl »… schonende Form- und Pflegeschnitte zur Beseitigung des Zuwachses der Pflanzen oder zur Gesunderhaltung von Bäumen …« zulässig sind. Vergewissern Sie sich gründlich vor einem nicht vermeidbaren Pflegeschnitt, ob sich im Heckeninneren wirklich kein Vogelnest befindet. Denn brütende Vögel oder Jungtiere fühlen sich massiv gestört, wenn die Heckenschere dicht an ihnen vorbeirattert. Hier hilft es, sich die Situation aus Sicht des brütenden Vogels vorzustellen.

➤ Element Hecke

Sträucher und Hecken nehmen eine Schlüsselrolle ein bei der Artenvielfalt im Garten. Häufig wird der Fokus auf Blütenpflanzen von Blumenwiesen, Staudenbeeten und Pflanzkübel gelegt. Dabei sollten Sie bedenken, dass Sträucher auch zu den Blütenpflanzen zählen, als wertvolle Nektar- und Pollenspender fungieren, wie etwa Weißdorn, Schlehe oder Holunder, aber auch tolle Raupenfutterpflanzen und Nährgehölze für Vögel und kleine Säugetiere sind wie den mittlerweile äußerst seltenen Gartenschläfer. Und sie bieten Wohnraum zum Brüten, Nisten, Schlafen, Verstecken und Ansitzen für eine Vielzahl weiterer Tierarten, schaffen Struktur, aber auch Dynamik für das Mikroklima des Gartens, indem sie bestimmte Bereiche beschatten oder den Wind abhalten.
Obwohl die Äste von Sträuchern genauso verholzen wie die von Bäumen, unterscheiden sie sich von Letzteren durch das Fehlen des Hauptstamms und weil sie immer wieder neue Triebe am Boden bilden können.

➤ Element Weg

Selbst befestigte Wege können zusätzlichen Lebensraum für etliche Arten bieten. Voraussetzung dafür ist, dass wir sie nicht vollflächig versiegeln, das heißt nicht betonieren, fugenlos verlegen oder die Fugen mit Mörtel verschließen. In sandigen Pflasterfugen können winzige Wildbienen ihre Nester anlegen und kleine, trittfeste Polsterstauden wie der Feldthymian oder die zierliche Sandnelke Fuß fassen und für viele Insekten als Nahrung dienen. Im Garten selbst reicht oft der gemähte Weg zwischen den Wiesenblumen oder ein wasserdurchlässiger Kies- oder Sandweg, auf dem auch mal kleine Blütenpflanzen zum Vorschein kommen dürfen. Auch einzelne Trittsteine aus Naturstein bieten sich an und können eine Alternative zu Pflasterungen sein. Pflaster bedeutet schließlich immer einen Eingriff in den Boden, da hier eine starke und verdichtete Kiespackung als Untergrund notwendig wird.

➤ Element Garageneinfahrt

Höchstwahrscheinlich haben Sie an dieses Element als Lebensraum überhaupt noch nicht gedacht. Aber gerade in Neubaugebieten, deren Gartenbesitzer häufig den Trend des pflegeleichten »Anwesens«

aufgreifen, finden wir oft großformatige, fast straßenartige Garageneinfahrten oder -auffahrten. Häufig nehmen sie einen nicht unerheblichen Teil des Gartens ein. Hier bietet ein Kopfsteinpflaster eine gute Alternative zu den fugenlos gelegten Betonplatten. In den mit Sand verfüllten Fugen können ähnlich wie auf den teilversiegelten Wegen im Grundstück Miniaturlebensräume entstehen und sich winzige Pflänzchen ansiedeln oder auch aktiv als Fugenmischung eingesät werden, die ebenso winzigen Wildbienen und anderen kleinen Insekten Nahrung liefern und schön aussehen. Da der Untergrund aufgeschottert wird, sollten hier auch keine lästigen »Unkräuter« auftauchen. Der Wohnraum in den Sandfugen wird direkt mitgeliefert.

→ S. 215 Bezugsquellen

➤ Element: Trockenmauern

Trockenmauern oder Natursteine heizen sich in der Sonne stark auf. Sie ziehen Insekten und Reptilien, beides wechselwarme und wärmeliebende Tiergruppen, magisch an. Es ist eines der kontrastreichsten und ökologisch wertvollsten Elemente, die wir auf kleinstem Raum umsetzen können.

Einseitige Trockenmauern (Vorderseite sichtbar, Hinterseite verfüllt) aus Feldsteinen, Bruchsteinen und grob behauenen Steinen schaffen im Gegensatz zu mit Mörtel gemauerten Bereichen Rückzugsorte für eine Vielzahl von Insekten, Eidechsen und Spitzmäusen. Auch einige Trockenheitsspezialisten und Steingartenpflanzen können hier gedeihen und zaubern Abwechslung, Farbe und bieten Nahrung. Und selbst optisch bilden Trockenmauern ein eindrucksvolles Element und werden in Sonnenlagen zum Extremstandort, der in Gärten normalerweise fehlt.

Zweiseitige Trockenmauern (Vorder- und Hinterseite sichtbar) erzeugen eine Raumteilung und Abgrenzung. Hier können sogar die Nischen sowohl auf der Sonnen- als auch Schattenseite oder auf der Mauerkrone bepflanzt werden.

Wege im Garten nicht versiegeln, damit Pflänzchen gedeihen und Insekten nisten können.

An Trockenheit angepasste Tier- und Pflanzenarten fühlen sich auf Trockenmauern wohl.

➤ Element: Fugen, Ritzen, Lücken

Hohlräume, ob klein oder groß, erzeugen unterschiedlichste Mikroklimabereiche und bieten für verschiedene Arten Unterschlupf und Rückzugsort. Sie übernehmen damit eine überlebenswichtige Funktion. Deshalb ist es grundsätzlich wichtig, bei Steinelementen, aber auch bei Strukturen aus Holz Lücken zu lassen, damit Hohlräume entstehen können. In einer Trockensteinmauer entstehen sie von selbst, wenn wir gebrochene Steine statt gesägter Steine verbauen. Hohlräume können noch zusätzlich bewusst in Trockenmauern integriert werden, indem wie beim Hauseingang ein »Türstock« in Form eines großen Steines eingebaut wird. Schließlich lieben auch wir solche »Hohlräume«, um uns vor Sonne, Hitze, Kälte, Regen und womöglich unliebsamen Nachbarn gut zu schützen. Unsere Häuser liefern dafür Optimalwerte.

➤ Element: Mageres, heißes Trockenbeet als Hotspot der Arten

Magerkeit, also Nährstoffmangel, führt zu Stress und dieser wiederum zu vielfältigem Blütenreichtum. Die meisten Wildstauden, also die züchterisch unveränderten, heimischen Pflanzenarten, sind sogenannte Schwachzehrer. D. h., sie haben sich im Lauf der Evolution an den normalerweise in der Natur vorherrschenden Nährstoffmangel angepasst und kommen mit nährstoffarmen Böden hervorragend zurecht (→ S. 164, Stickstoff). Sie blühen reichlich, um ihren Fortbestand zu sichern. In nährstoffreichen Böden hingegen kümmern sie vor sich hin und werden durch wenige Starkzehrer verdrängt. Viele Weltarten oder Züchtungen, die in Gartencentern angeboten werden, benötigen viele Nährstoffe für ihre großen, meist gefüllten Blüten und um mit unseren klimatischen Bedingungen klarzukommen. Mit einem nährstoffarmen Trockenbeet schaffen wir hingegen die Grundlage für blütenreiche heimische Stauden wie Königskerze, Zwergschwertlilie, Pechnelke, Skabiosen-Flockenblume, Kartäusernelke, Gewöhnliche Ochsenzunge oder Natternkopf. Wenn wir es als Hochbeet mit Trockenmauer kombinieren, schaffen wir einen sowohl mageren als auch heißen Standort. Für ebenerdige Flächen ist in der Regel ein Erdaustausch oder zumindest eine Abmagerung des Bodens mit Sand oder feinem Kies notwendig, um Wasserdurchlässigkeit herzustellen – es sei denn, der Boden bringt diese Voraussetzungen bereits mit.

➢ **Element Blumenwiese**

Eine naturnahe Blumenwiese anzulegen ist manchmal am naheliegendsten und manchmal auch am einfachsten, um im Garten für Artenvielfalt zu sorgen. Das bedeutet, dass man niederschwellig und kostengünstig auf einen Streich **10-mal mehr Pflanzenarten** ansiedeln und blühen lassen kann als in einem durchschnittlichen und in der Regel blütenlosen Schurrasen.

Probleme mit dem Schurrasen:

➢ Die meisten Regionen Deutschlands bringen nur ungenügende Voraussetzungen für einen üppig grünen, englischen Golfrasen mit: Viel zu wenig Niederschläge, meist ungleichmäßig über das Jahr verteilt, oder durchlässige Sandböden, sodass im Sommer der Rasen verbrennt oder ausgiebig gewässert werden muss. Im Zuge von Klimawandel und zunehmender Wasserverknappung wird das zur puren Verschwendung.

➢ Damit der Rasen trotzdem jederzeit ansprechend aussieht, bedarf er einer intensiven Betreuung: Neben häufigem Wässern muss er regelmäßig gemäht und gedüngt und das Unkraut bekämpft werden, nur um dann noch häufiger gemäht werden zu müssen. All das kostet Energie: Die Herstellung von Düngemitteln und Herbiziden verschlingt ungeahnte Mengen an fossilen Ressourcen, und auch ein Rasenmäher benötigt letztendlich Strom oder Benzin und verursacht Lärm.

➢ Häufig schimmelt der Rasenschnitt dann auf dem Komposthaufen vor sich hin oder landet bei den Grüngutdeponien und Wertstoffhöfen. Nährstoffe werden somit vom Grundstück entfernt.

➢ Und das allerwichtigste in Bezug auf die Vielfalt im Garten: Leider ist solch ein kurzer Schurrasen von der Stange auch völlig nutzlos für die Artenvielfalt im Garten. So beherbergt er im besten Fall zehn verschiedene Pflanzenarten, die in der Regel nie zur Blüte kommen und auch mit ihrem Grün kaum als Insektennahrung dienen.

In einer Blumenwiese können hingegen um die hundert Pflanzenarten wachsen,

3 ARGUMENTE FÜR MAGERE UND TROCKENE STANDORTE

1 | **Viele Insekten,** die als Bestäuber fungieren und anderen Tieren als Nahrungsgrundlage dienen können, bevorzugen warme, trockene und sonnige Standorte und an sie angepasste Pflanzenarten. Solche Areale werden in der durchkultivierten und auf Effizienz getrimmten Landschaft immer seltener.

2 | **Im Zuge des Klimawandels** werden auch wir in Mitteleuropa verstärkt mit gehäuften Dürreperioden und Hitze zu kämpfen haben. Der Garten der Zukunft wird deshalb vermehrt aus trockenheitsliebenden bzw. trockenheitstoleranten Pflanzen bestehen.

3 | **Magerer Boden** bedeutet weniger störende Beikräuter und damit weniger Arbeit!!!

GELIEBTE MONOKULTUR GOLFRASEN

Woher kommt eigentlich der Wunsch, stolzer Besitzer eines edlen, eleganten Golfrasens sein zu wollen? Schon lange zeigten Aristokraten auf ihren Grünflächen vor Schlössern und Herrschaftshäusern kurz gehaltene Rasenflächen, auf denen es sich vortrefflich lustwandeln ließ. Dieser war sehr pflegeintensiv und völlig sinnfrei, da das Schnittgut keinesfalls dazu verwendet wurde, Tierfutter herzustellen, sondern einfach »Abfall« war. Diese »Un-Nützlichkeit« demonstrierte Wohlstand. Seitdem träumten viele Menschen und träumen auch heute noch zahlreiche Eigenheimbesitzer vom aristokratischen Schlossfeeling. Eine ganze Industrie hat sich mittlerweile um diesen Traum vom unnützen Luxus der Grasmonotonie herum aufgebaut – von Herstellern von Rasenmähern (man denke nur an den neuesten Hype des Mähroboters) und Rasenvertikutierern über Hersteller von Saatgut, Moos- und Unkrautvernichtern, Dünger und diversen weiteren Pflegemitteln. (Im Übrigen entspringt auch der reine Ziergarten einer ähnlichen Vorstellung.)

kombiniert mit den entsprechenden Insektenarten, und Lebensraum bieten (man denke nur an die Spinne, die hier ihr Netz aufspannen kann).

➢ Element Randstrukturen

Randstrukturen bilden wichtige, eigenständige Elemente. Ein Wildblumensaum vor der Hecke beherbergt andere Arten als die Blumenwiese. Ebenso kann eine fehlende Hecke mit einem Saum aus beispielsweise wärmeliebenden Wildstauden, die teilweise bis zu 2 m hoch werden können, ersetzt werden oder eine noch zu kleine Hecke dadurch ergänzt werden.

Mit einem Spalierbaum lässt sich auch die dritte Dimension im Garten nutzen.

➢ Element vertikale Begrünung

Die Begrünung der dritten Dimension ermöglicht gerade in kleinen Gärten zusätzliche Lebensräume, Ertragsflächen in Form von Spalierbäumen oder Beerenspalieren, Begrünung, aber auch eine Optimierung des Mikroklimas. Sei es eine Hausmauer, eine Garagenmauer oder auch nur der Maschendrahtzaun, der hinter einer Begrünung mit heimischen Kletterpflanzen verschwinden darf. Selbst ein grüner, lebender Sichtschutz kann mit Efeu, Jelängerjelieber *(Lonicera caprifolia)* oder Hopfen gestaltet werden. In zunehmend heißer werdenden Sommern erzeugt die Verdunstung durch die Blätter angenehme Kühle.

➢ Element Dachbegrünung

Lebensräume eine Etage höherzulegen, kann auf einem Flachdach oder bis zehn Grad geneigten Dach leicht gelingen und vergrößert die begrünte Fläche. Mit speziellen Systemen können sogar Neigungen bis zu 45 Grad realisiert werden. Häufig handelt es sich um sonnenbeschienene Areale, die für Insektenlebensräume die perfekte Grundvoraussetzung mitbringen. Falls bei Ihnen eine Dachsanierung ansteht, zögern Sie nicht, jetzt eine Dachbegrünung zu integrieren. Hier sollten Sie entweder einen Fachmann zu Rate ziehen oder über Fachliteratur selbst tiefer ins Thema einsteigen. Schließlich muss das Dach dicht sein.

Neben der Schaffung neuer Lebensräume wirken sich gerade Dachbegrünungen in immer heißer werdenden Sommern kühlend auf das Mikroklima aus. Ein weiterer wichtiger Aspekt: Sie können bei Starkregenereignissen Wasser aufsaugen wie ein Schwamm und damit die Kanalisation entlasten. Viele Gemeinden fördern mittlerweile die Herstellung von Gründächern, um ihre Kanalisation und Kläranlagen zu entlasten. Die Dächer von Garagen, Gartenhäusern, Häusern und sogar von Mülltonnenhäuschen bieten häufig Flächen dafür. Optimieren können Sie hier, indem Sie nicht auf Substrate und Pflanzen der Systemhersteller zurück-

greifen, sondern im Idealfall heimisches Substrat wie feinen Kies oder Schotter auftragen und Samen von Trockenrasenmischungen, angereichert mit regionalen Sedum-Arten wie dem Scharfen Mauerpfeffer einsäen. Saatgutmischungen für extensive Dachbegrünung finden Sie z. B. bei Rieger-Hofmann (→ S. 215). Second-Life Holz und kleine Sandinseln ergänzen hervorragend den Lebensraum.
Aber selbst eine Kombination von Dachbegrünung und Fotovoltaik ist möglich. Beide Systeme befruchten sich gegenseitig. Der Wirkungsgrad der Fotovoltaik nimmt mit steigender Temperatur ab, hier kann eine Dachbegrünung um bis zu zehn Grad kühlend wirken.
Aber auch die teilweise Beschattung durch die Fotovoltaik-Platten sorgt für Vielfalt auf dem Dach, denn dann kann hier ein größeres Pflanzenspektrum gedeihen.

➤ Element Second-Life Holz statt Totholz

Second-Life Holz ist ein ausgesprochen wichtiges Element im Garten und bisher meist völlig unterbewertet. Am wertvollsten für die meisten Insekten ist es in stehender und sonnenexponierter Form. Aber auch liegend im Beet schafft es attraktive Strukturen sowohl für Tiere als auch unser Auge. Besonders interessant sind Käferkeller, Second-Life-Holzhaufen und Benjeshecken (→ S. 183).

→ S. 175, Totholz? Nein, besser Second-Life Holz!

Ein Gartenteich sorgt mit Wasserfläche und Sumpfbereich für zusätzliche Lebensräume.

➤ Element Feuchtbereich

Feuchte Bereiche oder Wasserflächen bereichern jeden Garten immens. Ein völlig neuer Lebensraumtyp wird integriert. Von klein bis groß – alles erweist sich als nützlich. Als niederschwelligste Version können Mulden mit verdichtetem Erdreich bei entsprechender Bodenbeschaffenheit dafür sorgen, dass sich bei starkem Regen Wasser sammelt und zeitweise stehen bleiben kann. Völlig andere Pflanzen wie Schachbrettblume, Blutweiderich und Herbstzeitlose finden hier ihren Lebensraum.
Als nächste Stufe werten ein Sumpfgraben, der auch im Sommer mal austrocknen kann, oder kleinere Wasserflächen den Garten immens auf. Hier müssen allerdings Abdichtungen zum Untergrund eingebaut werden, um Wasser dauerhaft vor dem Versickern abzuhalten. Das kann vom Minigewässer im Holzfass auf der Terrasse, einem eingegrabenen einfachen Mörteleimer über vorgefertigte Teichelemente bis hin zum folienausgelegten Tümpel oder Sumpfgraben reichen, die sogar Platz in einem kleinen Vorgarten finden können. Ein Sumpfgraben, ca. 1 m breit und beliebig lang, muss dabei nicht linear gestaltet sein, sondern darf sich organisch schlängeln oder sogar um eine Hausecke führen. Entscheidend

ist die Lage des Wasserbereiches, die sowohl sonnig als auch schattig sein darf, jedoch einigen Abstand zu hohen Bäumen haben sollte, denn der Laubfall führt spätestens im Herbst zu Problemen.
Ein richtiger Naturteich kann zum Naturparadies werden, bedarf allerdings dann einer intensiveren Planung, deren Beschreibung über den Umfang dieses Buches hinausgeht. Hier sollten Sie einen Spezialisten oder zumindest Spezialliteratur zu Rate ziehen.

➢ Element offene Boden-, Lehm- oder Sandstellen

Entgegen der gängigen Gartenpraxis, nämlich offene Bodenstellen möglichst zuzupflanzen oder zu mulchen, damit Unkräuter keine Chance haben, bedeuten offene, das heißt unbewachsene Bodenflächen eine Lebensversicherung für viele Insekten, vor allem Wildbienen und Grabwespen. Hier graben sie Gänge, legen ihre Nester an oder versorgen sich mit Material zum Bau ihrer Nester. Offene Stellen können ein mageres, sonnenbeschienenes Trockenstaudenbeet, eine locker bewachsene Wildblumenwiese, eine kleine Lehmkuhle, ein trockener Bereich mit Erde unter dem Dachvorsprung, der dem Ameisenlöwen Lebensraum bietet, offene Fugen auf Wegen und Garagenvorplätzen oder sogar extra angelegte und relativ bewuchsfreie, sonnige Sandfläche, sogenannte Sandarien, sein.

→ S. 136, Insekten und Wildbienen

➢ Element Beleuchtung

Die Beleuchtung des Weges und am Hauseingang sollte man auf »so viel wie nötig und so wenig wie möglich« auslegen. Nicht nur Insekten werden durch die Beleuchtung massiv gestört. Dabei sollte man nicht nur auf die Lichtintensität, sondern auch auf die Lichtfarbe achten. Am besten geeignet sind Lichtfarben < 2700 Kelvin. Hier ist der für Insekten sichtbare Blauanteil stark reduziert. Eine Illumination des Gartens selbst sollte tabu sein, obwohl viele Gartenplaner sehr gern damit werben. Insbesondere eine Beleuchtung der Bäume von unten erzeugt zwar tolle Lichteffekte, hat aber eine massive Abstrahlung und damit Auswirkungen auf alle Lebewesen..

→ S. 104, Licht

Fazit

All diese Elemente helfen, Gartenräume zu formen, egal, ob organisch oder formal. Zwar kennt die Natur keine geraden Linien und gerade organische Formen, die mehr wertvolle Rand- oder Übergangsbereiche erzeugen, sogar in Kombination mit moderner Architektur des Hauses, ergeben interessante und reizvolle Aspekte, die das Gebäude hervorheben. Im Grund genommen sind das aber ästhetische Fragen, den Pflanzen und Tieren ist das letztlich egal.
Eine gute Grundlage, um zu verstehen, wie Vielfalt im Garten entsteht, ist ein

Lichtspiele im Garten gefallen zwar uns, wirken sich aber negativ auf Tiere und Pflanzen aus.

Perspektivenwechsel. Sobald wir nicht mit unserem ästhetischen Empfinden und dem Ansatz der Arbeitsvermeidung, sondern aus der Sicht der Lebewesen, die wir fördern wollen, auf den Garten blicken, werden wir ganz schnell feststellen, was wir tun können. Ganz wichtig dabei: Tatsächlich ins Tun kommen und das »Knowing-Doing-Gap« – also den inneren Schweinehund – überwinden. Denn meistens scheitert es letztendlich daran, dass man doch eigentlich sollte ..., müsste ..., wollte etwas tun, aber ... Hier zählt letztlich nur das Ergebnis und nicht das, was wir uns vornehmen. Schließlich können Gedanken und Absichten nur dann wirksam werden, wenn wir sie in die Tat umsetzen.
Der allereinfachste Einstieg kann über die »Dreamteams« gelingen. Picken Sie sich doch einfach Ihr Lieblingspaar heraus und starten Sie ohne Umschweife!

Praxisteil

In diesem Teil des Buches finden Sie die konkreten Anleitungen nicht nur, wann Sie was für einen Vielfaltsgarten tun können, sondern auch, wann Sie was in ihm entdecken können – mit den entsprechenden Seitenverweisen auf weitere Jahreszeiten oder Erläuterungen. Dabei erfolgt die jahreszeitliche Einordnung immer nach dem phänologischen Kalender. Schließlich blüht der Apfelbaum im Bergland nicht zum gleichen Datum wie in der Rheinischen Tiefebene. Jedes Kapitel gliedert sich in drei Rubriken: Planen, Erstellen & Bestellen, Pflanzen & Pflegen sowie Entdecken, Genießen & Unterstützen. Die weitere Untergliederung ist mit den jeweiligen Icons gekennzeichnet.

Planen, Erstellen & Bestellen

Zirkel: Vor der Umsetzung steht die Planung. Beide können zwar oft nicht exakt voneinander getrennt werden, dennoch gibt es beide Rubriken, da gute Maßnahmen gut überlegt sein müssen. Dabei spielt der Faktor Zeit eine wichtige Rolle. Ideen, Wünsche müssen sich erst mal im Kopf setzen. Deshalb gibt es eine phänologische Jahreszeit vor dem empfohlenen Umsetzungszeitpunkt die Gedanken- und Planungsanstöße bei größeren Vorhaben. So finden Sie z. B. im Winter viele Planungsaspekte für das zeitige Frühjahr. Dies gewährt Ihnen eine optimale Begleitung durchs artenfördernde Gartenjahr.
Mauer: Hier finden Sie für »bauliche« Maßnahmen konkrete Anleitungen, Materialien und Geräte. Planen ist wichtig, Umsetzen ist noch wichtiger.
Hammer: Mit den Anleitungen und Materialien können Sie kleinere Elemente aus Holz oder Rank- und Nisthilfen selbst bauen.

Pflanzen & Pflegen

Schaufel: Wann sollten Pflanzarbeiten oder auch das Entfernen von bestimmten Bäumen, Sträuchern und Stauden stattfinden?
Schere: Wann sind welche Pflegearbeiten sinnvoll?
Schere durchgestrichen: Im Vielfaltsgarten sollte man im Gegensatz zur herkömmlichen Gartenpraxis bestimmte Arbeiten besser unterlassen, beispielsweise im Herbst Beete leerräumen.

Entdecken, Genießen & Unterstützen

Lupe: Dieses wichtige Element im Vielfaltsgarten kommt dem Ernten gleich: Zeit nehmen zum Entdecken, Verstehen und Staunen, denn davon gibt es unerwartet viel. Wundersame Gerüche, spannende Insekten, tapfere Pflanzen, die fast jeder Trockenheit widerstehen, zauberhafte Blüten, Vogelspektakel und ganz nebenbei ganz viel Erholung.
Helfende Hand: Was tun, wenn Sie eine entkräftete Hummelkönigin, einen untergewichtigen Igel finden oder wenn ein Vogel vor die Fensterscheibe geflogen ist? Zusätzlich finden Sie hier am Ende jeder phänologischen Jahreszeit »Pflanze-Tier-Dreamteams«, die Sie gezielt fördern können. Außerdem wagen wir einen »Blick über den Gartenzaun« auf unterschiedlichste Themen zum großen Ganzen.

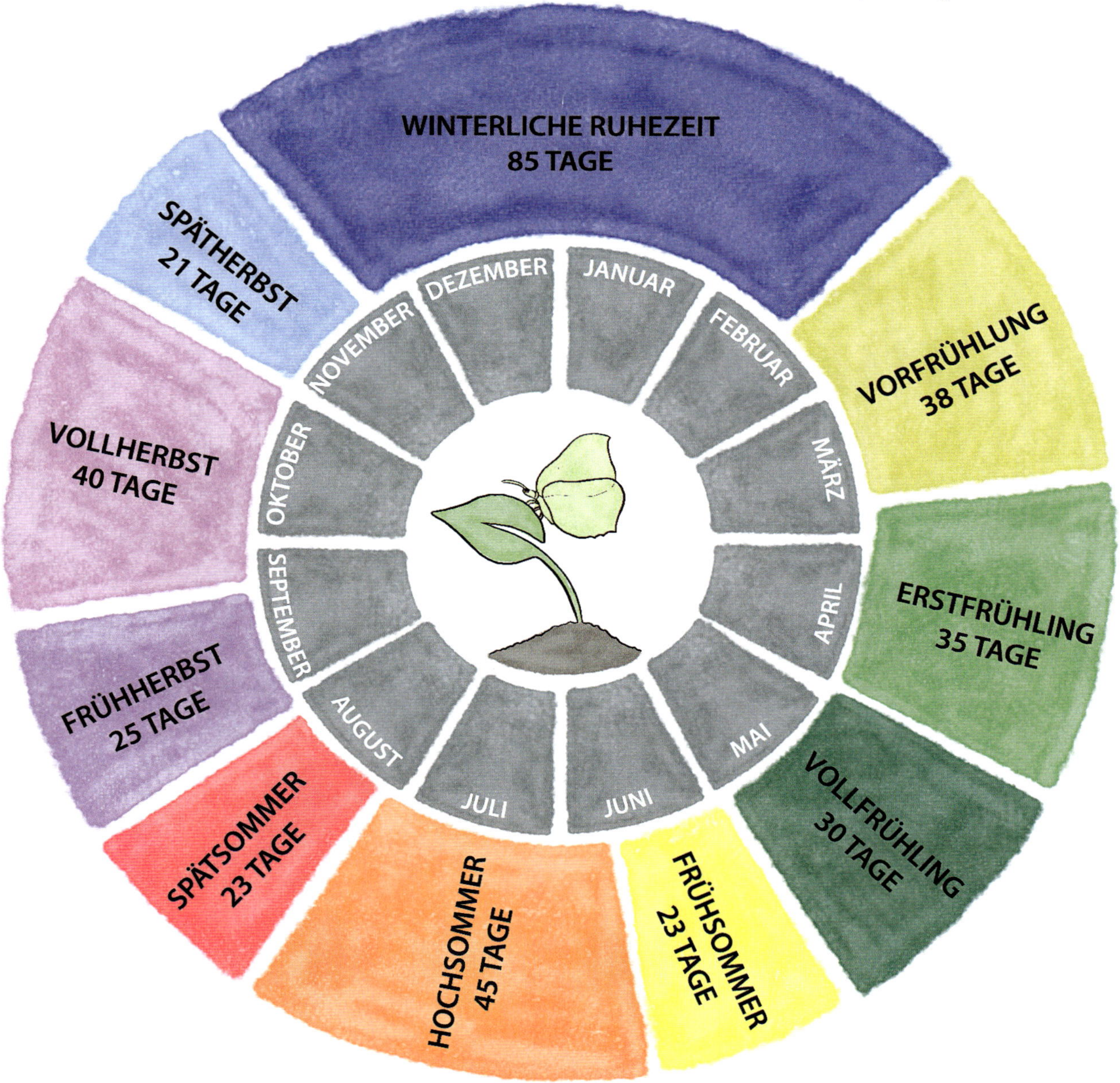
WINTERLICHE RUHEZEIT
85 TAGE
VORFRÜHLUNG
38 TAGE
ERSTFRÜHLING
35 TAGE
VOLLFRÜHLING
30 TAGE
FRÜHSOMMER
23 TAGE
HOCHSOMMER
45 TAGE
SPÄTSOMMER
23 TAGE
FRÜHHERBST
25 TAGE
VOLLHERBST
40 TAGE
SPÄTHERBST
21 TAGE
JANUAR
FEBRUAR
MÄRZ
APRIL
MAI
JUNI
JULI
AUGUST
SEPTEMBER
OKTOBER
NOVEMBER
DEZEMBER

VORFRÜHLING

Die Kornelkirsche blüht bereits und die ersten Schneeglöckchen, Winterlinge und Krokusse stecken ihre Köpfchen aus dem Boden. Sie alle künden vom Beginn des Gartenjahres. Nun ist es an der Zeit, die Pläne, die man über den Winter gemacht hatte, in die Tat umzusetzen, und sich Gedanken zu machen, was sonst noch ansteht. Denn schließlich soll der Garten zu einem Vielfaltsgarten werden, der der heimischen Tierwelt vielfältige Lebensräume bietet.

Bau von Trockenmauern

Trockenes und sonniges Wetter ab Februar eignet sich, um den Plan vom Winter für eine Trockenmauer umzusetzen.

Noch ruht weitgehend die Vegetation oder das Brutgeschäft der Vögel und man hat nicht das Gefühl, mit dem Bau einer Trockenmauer allzu stark in das Leben im Garten einzugreifen. Ein weiterer Vorteil dieses Zeitpunktes ist, dass das Hochbeet aus Natursteinen recht zügig nach Fertigstellung im Erstfrühling bepflanzt werden kann, in dieser Saison bereits in voller Blüte stehen und zum Insektenmagnet wird. Und vielleicht haben Sie bereits die Wintermonate genutzt, Elemente wie eine Thujenhecke oder andere unpassende Gehölze zu entfernen. Jetzt will der freie Platz genutzt werden. Natürlich können Sie eine Trockenmauer auch zu nahezu jeder anderen Jahreszeit bauen, jedoch müssten Sie bei einer Bepflanzung im späteren Frühjahr oder gar im Sommer mit häufigeren und intensiveren Wassergaben rechnen. Ausfälle sind hier vorprogrammiert.

→ S. 182, Mauer planen

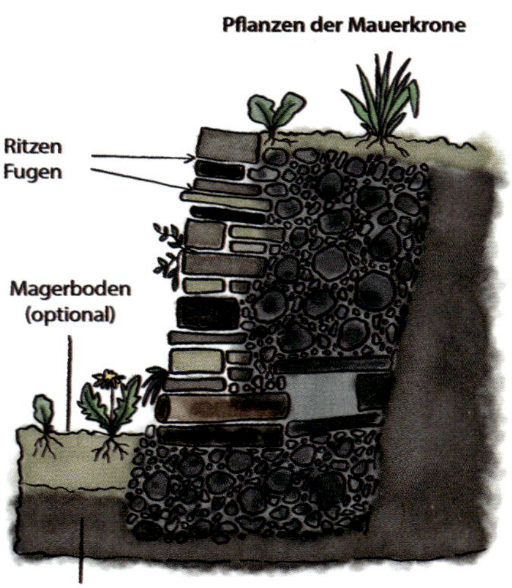

Schnitt durch eine Natursteinmauer mit Hohlräumen als Winterquartier für Tiere.

Böschungsmauern

Einseitige Natursteinmauern können Böschungen und Geländegefälle abfangen, aber auch Beete einfassen oder Beete sogar eine Etage höher legen. Wichtig hierbei ist, dass beim Mauerbau fortwährend ein Drainagematerial wie Schotter, kleine Bruchsteine oder Wandkies als Frostschutz hinterfüllt und gut festgestampft wird.

Niedrige freistehende Steinmauern, die als Raumteiler fungieren, einen Sitzplatz oder das Grundstück einrahmen oder einen Weg begleiten, können aus nur einer Steinbreite bestehen.

Höhere freistehende Mauern sollten für die bessere Stabilität beidseitig aus Natursteinen aufgebaut werden und mit einem Drainagematerial gefüllt werden.

Je nach Größe der Mauer und Zugänglichkeit im Grundstück können Sie für die Umsetzung des Fundaments einen Minibagger nutzen, Muskelarbeit in Kombination mit Spaten ist die andere Option. Stampfer oder Rüttler sind hingegen unbedingt notwendig, um Festigkeit im Fundament und Hinterfüllung herzustellen und damit Stabilität für die Mauer zu gewährleisten.

BEIM MAUERBAU BITTE BEACHTEN!

Böschungsmauern und einseitige oder beidseitig aufgebaute freistehende Mauern immer mit einem Neigungswinkel von 10–20 Prozent nach innen aufbauen.

Bei **freistehenden** Mauern ist der Sockelfuß doppelt so breit wie die Mauerkrone.

Mauerstärke immer ein Drittel der Mauerhöhe bei Mauern bis 150 cm, danach gilt es, weitere Aspekte zu berücksichtigen; besser hier einen Fachbetrieb beauftragen.

Frostsicherung durch Fundament und Hinterfüllung mit drainagefähigem Material.

Vermeiden Sie unbedingt Kreuzfugen, sie destabilisieren Mauern.

Gestalten Sie Nischen, Hohlräume für Tiere mit Tonröhren, gebauten »Brücken«.

Füllen Sie im Gegenzug einige Nischen direkt mit Erde und bepflanzen Sie sie gleich beim Bau, falls es die Witterung bereits zulässt.

Mauerhöhe bis 150 cm

➢ **Für das Fundament** sollten Sie einen 30–50 cm tiefen (ca. ein Drittel der Mauerhöhe) Graben ausheben, der auf jeder Seite ca. 20 cm breiter ist als der Fuß der Mauer. Die Grube füllen Sie mit Schotter (Körnung 0/32 mm bzw. 0/45 mm) oder vermischt mit anderen Abfallsteinen (auch alte Bruchziegel) und rütteln alles fest. Obenauf werden ungefähr 5–10 cm Splitt oder Sand aufgetragen und geglättet als Fundament für die Grundsteine.

➢ **Die Grundsteine** (größere Steine) sollten so gelegt sein, dass sie leicht nach innen kippen, um zusätzlich Stabilität zu erzeugen. Dabei können auch Hohlräume in Form von kleinen Brücken oder Tonröhren für Eidechsen oder Kröten ausgebildet werden, die weiter ins Innere der Mauer hineinreichen. Bauen Sie nun aus den kleineren Steinen Reihe für Reihe (ohne Kreuzfugen) und gestalten Sie dabei, wenn möglich, kleine Nischen oder Hohlräume. Bei den weiteren Steinreihen auf die Mauerschräge achten, d.h. die Mauerkrone muss um 10–20 Prozent zum Mauerfuß geneigt sein. Wackelige Steine mit Steinkeilen oder flachen Steinen stabilisieren. Um ein Ausdehnen des hinten anstehenden oder aufgefüllten Erdreiches oder sonstigen Materials bei Frost abzufangen und damit für Frostsicherheit zu sorgen, muss mit Drainagematerial wie Schotter, Kies oder Sand ca. 20–30 cm dick hinterfüllt und festgestampft werden. Anderweitig würden unter Umständen Steine aus der Mauer herausgedrückt werden, Risse oder Verwerfungen entstehen, und im schlimmsten Fall stürzt die Mauer ein. Bauen Sie ab und zu tiefer in die Hinterfüllung hineinragende Bindersteine ein, um eine sicherere Verzahnung mit der Hinterfüllung zu erreichen.

→ S. 27, Element: Fugen, Ritzen, Lücken

Mauer höher als 150 cm

Hier lohnt es sich, einen Fachmann zurate zu ziehen.

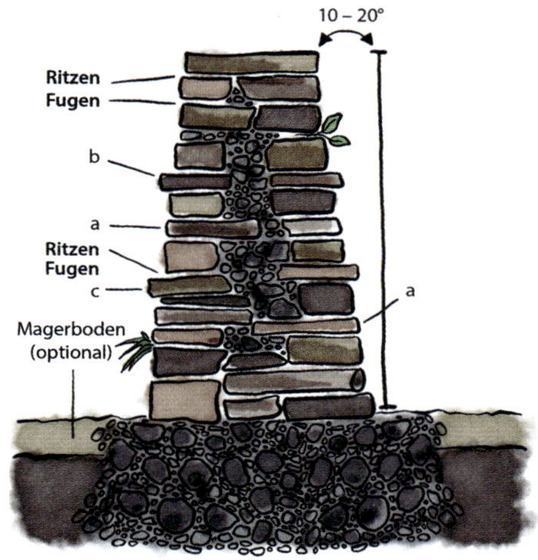

Eine freistehende Natursteinmauer kann Sichtschutz, Raumteiler und Strukturelement sein.

Eidechsenburg bauen

Sollte noch Material wie Sand und Natursteine übrig sein, können Sie daraus eine Eidechsenburg bauen.

→ S. 168, Krötensteine aufschichten

Erde austauschen

Steht ein Erdaustausch an, um die Erde abzumagern, stellt sich auch hier die Frage: Minibagger oder Muskelkraft.

Je nach Größe der Fläche, nach Beschaffenheit des Bodens und nach Lust, aber auch nach Zeit können Sie mit schwerem Gerät, Minibagger oder mit Spaten und Muskelkraft vorgehen.

➢ Soll das Niveau gleich bleiben, sollten Sie im Staudenbeet 20–40 cm auskoffern.

➢ Ist eine gewisse Erhöhung des Niveaus unproblematisch, können Sie alternativ eine 10–15 cm dicke Sandschicht auf den vorhandenen abzumagernden Boden auftragen und dann einarbeiten.

Grundsätzlich sollten Sie beim Erdaustausch darauf achten, dass im Untergrund keine Staunässe entstehen kann, d.h. also, dass Sie feste Ton- oder Lehmerde noch etwas mit Sand auflockern. Stauden für trockene Standorte mögen keine nassen Füße.

→ S. 24, Tabelle Materialien

→ S. 124, Eine Blumenwiese anlegen

Natursteinmauern im Garten integrieren

Natursteinmauern, trocken aufgesetzt, können für einige Elemente im Garten nützlich sein.

Terrassierung durch einseitige Natursteinmauern

Terrassierungen bieten eine gute Möglichkeit, auch stärkere Geländeunterschiede mit mehreren kleineren Natursteinmauern stufenweise abzufangen (→ Foto S. 21). Im Gegensatz zu einer hohen ungestuften Mauer kann man diese auch selbst umsetzen.

Ein Senkgarten kann im Garten integriert werden, aber auch vor einem Lichtschacht.

Senkgarten

Hier müssen Sie beim Ausheben der Fläche unbedingt Fundamente und Hinterfütterungen von Natursteinmauern mit berücksichtigen (→ S. 37). Terrassierungen eignen sich auch hier, um mehr Breite zu gewinnen, kombiniert mit einem angenehmen Blick heraus aus dem Senkgarten auf Stauden anstatt auf eine bloße Steinmauer. Der anfallende Bodenaushub kann als kleiner Wall modelliert werden, um den Rand des Senkgartens zu erhöhen, oder an anderer Stelle für Hügel oder sanfte Wallstrukturen – auch an der Grundstücksgrenze – genutzt werden. Das Steigungsverhältnis der Hügel sollte nicht steiler als 2:1 sein. Das bedeutet, dass bei einer Hügelhöhe von 1 m die Breite am Hügelfuß 4 m betragen sollte, damit er sich harmonisch ins Gesamtbild einfügt.

Anlegen von heißen Trockenbeeten

Befüllen Sie die gebauten Beete aus Natursteinmauern oder bis zu 40 cm tief ausgekofferte Staudenbeete mit den angegebenen mageren und durchlässigen Materialien bereits jetzt. Vor der Pflanzung sollte das Substrat ein paar Wochen Gelegenheit zum Setzen haben. Stauden können sich dann besser selbst von unten mit Wasser versorgen. Je nach Menge des Materials bedenken Sie das Gewicht und ob Sie die Arbeiten mit Schaufel und Schubkarre erledigen können oder ob doch ein Minibagger notwendig wird. In der Tabelle sind ebenfalls die Gewichte der Materialien angegeben.

→ S. 24, Tabelle Materialien für die Bodenoptimiereung

Anlegen eines »Sandariums«

Für Sandhaufen oder Vertiefungen, die mit Sand gefüllt werden, um Nistraum für Insekten zu schaffen, sollten Sie ein bis zu einem gewissen Grad bindiges Material verwenden. Eine kleine Hilfestellung für seine Beschaffenheit: Stellen Sie sich vor, Sie sind eine kleine Wildbiene und möchten einen Gang graben. Wegrieseln sollte dabei nichts, aber es sollte auch so leicht zu graben sein, dass man bis zu 50 cm tiefe Gänge anlegen könnte. Machen Sie die Sandkuchenbackprobe: Den trockenen Sand in ein Sandförmchen oder in einen kleinen Blumentopf füllen, festdrücken und stürzen. Bleibt die Form bestehen, ist das Material geeignet, rieselt es hingegen weg, ist es ungeeignet. Das Sandarium sollte mindestens 1 m² groß sein, da gerade viele Sandbienenarten kommunal nisten und andere Insektenarten auch noch Platz finden möchten. Graben Sie den Boden an einer sonnenexponierten Stelle spatentief aus und füllen Sie das Loch, mit dem restlichen Sand bilden Sie einen Hügel. Manchmal kann eine Umrandung mit Steinen oder Ähnlichem sinnvoll sein. Achten Sie darauf, dass das Sandarium nicht zuwächst. Keimende Pflanzen vorsichtig entfernen, da auch unsichtbar im Sand etliche Tiere leben und nicht gestört werden wollen.

Insektenfreundliche Beete

Planen Sie spätestens jetzt die Bepflanzung neu anzulegender insektenfreundlicher Beete oder die Optimierung bereits existierender Staudenpflanzungen

Pflanzplan erstellen

Lassen Sie sich Zeit für Recherche. Zudem lässt sich die Beschaffung immer noch nicht so einfach umsetzen wie die konventioneller Gartenpflanzen. Orientieren Sie sich an den Pflanzenlisten ab Seite 200. Erkundigen Sie sich frühzeitig bei Ihrer örtlichen Staudengärtnerei, ob sie Ihnen die gewünschten Pflanzen – im Idealfall in Bio-Qualität – beschaffen können. Falls das – wie leider oft – nicht der Fall ist, finden Sie Bezugsadressen im Anhang. Ein ortsnaher Bezug ist natürlich immer einem Versand vorzuziehen. Hier kann man im Idealfall sogar die Pflanztöpfe zurückgeben. Falls einige Wildstauden nicht erhältlich sind, wählen Sie alternativ aus den »insektenfreundlichen Gartenstauden« (→ S. 207). Für die Planung sollten Sie unbedingt eine Skizze anfertigen, die das Trachtfließband (bestäuberfreundliche Bepflanzung über das ganze Jahr) berücksichtigt und in Ruhe Pflanzenhöhe, Blütenfarbe, Blühzeitraum, Blattfarbe und Bedürfnisse aufeinander abstimmen. Stehen Sie erst einmal im Beet mit all den Stauden, womöglich nur mit lateinischen Namen bezeichnet, werden Sie ohne Pflanzplan sehr schnell den Überblick verlieren. Auch bei einem Vielfaltsgarten gelten ähnliche Pflanzregeln und -abstände wie bei konventionellen Staudenanlagen, damit er ästhetisch wirkt. Pflanzen Sie in Gruppen, höhere Stauden eher nach hinten, kleinere nach vorn, lassen Sie aber bewusst ab und an Platz für freien, nackten Boden. Denn nur hier können Insekten wie Wildbienen ihre Nester anlegen. Ist Ihr Garten bereits bepflanzt, ist jetzt ebenfalls die geeignete Zeit, sich Gedanken über eine insektenfreundliche Optimierung der Bepflanzung zu machen.

→ S. 215, Bezugsadressen von Wildstauden

TIPP!

Pflanzen bestellen

Wichtig dabei: Geben Sie grundsätzlich in Gärtnereien die wissenschaftlichen Namen an, da es bei den deutschen Bezeichnungen durch Namensdoppelungen oder regionale Bezeichnungen zu Verwechslungen kommen kann! Somit ersparen Sie sich zeitraubende Nachfragen oder sogar Fehlkäufe.

Pflanzen für die Blumenwiese

Falls Sie sich für die Anlage einer Blumenwiese im Frühjahr entschieden haben, sollten Sie spätestens jetzt Samenmischungen mit regionaltypischen Wildpflanzen bestellen.

Samen für eine Blumenwiese bestellen

Bestellen Sie jetzt die Samenmischungen mit regionaltypischen Wildpflanzen, da auch hier unter Umständen Engpässe und Vorlaufzeiten zu berücksichtigen sind. Achten Sie bei der Bestellung auf die Lage (Sonne, Halbschatten, Schatten), die Bodenbeschaffenheit, auf Ihre Region und entsprechendes Regiosaatgut. Investieren Sie lieber ein paar Euro mehr in qualitativ hochwertiges Saatgut, das mittel- und langfristige Ergebnis wird Ihnen recht geben und letztendlich helfen Geld zu sparen. Blumenwiesen brauchen Zeit zur Entwicklung. Verwenden Sie keine Blühmischungen aus dem Supermarkt oder Baumarkt, die im ersten Jahr eine sofortige bunte Blütenfülle versprechen. Hier handelt es sich meist um Samenmischungen aus einjährigen Pflanzen und »Exoten«, die unsere Insekten nicht besonders gut versorgen. Solche Flächen müssen im Folgejahr erneut hergestellt werden – nicht nur durch Ansäen, sondern auch durch Auflockern und anschließendes Festwalzen des Bodens.

→ S. 124, Eine Blumenwiese anlegen

Nisthilfen anbringen

Spätenstens jetzt sollten Sie die im Winter gebauten Behausungen für Wildbienen, Hummeln, Fledermäuse und Vögel anbringen. Erste Wohnungssuchende sind bereits unterwegs.

Wildbienen-Nisthilfe

Die Nisthilfen müssen jetzt an Ort und Stelle, da Anfang März bereits frühe Arten wie die Gehörnte Mauerbiene *(Osmia cornuta)* nach Nistmöglichkeiten suchen. Am geeignetsten ist ein vollsonniger und möglichst regengeschützter Platz an Hauswand, Garage, Gerätehaus oder Zaun in Ost- und Südausrichtung und in der Nähe der Futterpflanzen. Nach Westen ausgerichtete Nisthilfen werden auch angenommen, allerdings sollte der Regen nicht ungebremst darauffallen können. Wichtig ist, dass die Nisthilfe fest montiert ist und nicht in der Luft schwingt – also nicht an einen Ast hängen. Schaukeln mögen Wildbienen nicht so gern.

→ S. 184, Nisthilfern für Wildbienen

Hummelhaus aufstellen

Hummelköniginnen begeben sich zum Teil bereits im Februar auf Nestplatzsuche. Im Gegensatz zur Wildbienen-Nisthilfe muss das Hummelhaus allerdings ganztägig im Schatten stehen! Auf Nummer sicher gehen Sie damit auf der Nordseite des Hauses oder eines anderen Gebäudes. Grund hierfür ist das Baumaterial, aus dem Hummeln Brutwiegen und Honigtöpfchen bauen: Wachs. Bereits ab 40 °C schmilzt das Material. Diese Temperatur wird in der Sonne im Hummelhaus leicht erreicht. Sie können aber auch einen Platz im Schatten eines Baumes suchen. Im Idealfall befindet sich das Einflugloch sehr nahe am Boden und ist so positioniert, dass es nach Osten oder Süden zeigt. Am besten stellen Sie es auf drainagefähigen Untergrund oder leicht erhöht auf flache Steine oder ein paar alte Fliesen und schaffen damit einen kleinen Abstand zum feuchten Boden.
Angeblich attraktiver wird das Hummelhaus, wenn es nach Maus riecht. Falls Sie aus irgendeinem Grund Mäusekot zur Verfügung haben, können Sie ihn am Eingang deponieren. Möglicherweise animiert das die Königin zumindest zu einer Besichtigung der Immobilie.

→ S. 186, Ein Haus für Hummeln

Fledermauskästen aufhängen

Fledermauskästen sollten so hoch wie möglich, aber mindestens 5 m über der Erde aufgehängt werden. Wichtig ist dabei, dass Fledermäuse die Nisthilfen frei anfliegen können: Besser nicht in dicht belaubte Bäume, sondern an die Hauswand in Dachnähe aufhängen, gern gen Osten, da sich die Kästen im Hochsommer tagsüber in der Sonne zu sehr aufheizen.

→ S. 190, Bauanleitungen für Säugetiere

Nistkästen für Vögel aufhängen

Einige Vögel suchen bereits ihr Quartier und betätigen sich mit Reviergesängen. Jetzt drängt die Zeit, die im Winter gebauten Nistkästen aufzuhängen. Meisenkästen werden mindestens 2 m über dem Boden an einem Baumstamm angebracht. An der Hauswand befestigte Kästen werden gern von Rotschwänzen angenommen, der Starenkasten findet Platz hoch oben im Kirschbaum. Hat ein Starenpaar ihn bezogen, bedienen sie sich zwar an den Kirschen, verteidigen den Baum jedoch gegen plündernde Heerscharen anderer Stare.

→ S. 188, Bauanleitung für Vögel

SECOND-LIFE-HOLZZAUN, HOLZHAUFEN ODER KÄFERKELLER

Second-Life-Holz-Elemente sind lebenswichtig für viele Insektenarten. Falls jetzt Baum- oder Strauchschnitt anfallen sollte und Sie noch keinen Ort im Garten angelegt haben, um ihn auf der Fläche halten zu können, dann sollten Sie spätestens jetzt aktiv werden und ein Second-Life-Holz-Element installieren.

→ S. 183, Hecke oder Benjeshecke aus Second-Life Holz

Pflanzarbeiten

Sobald der Boden frostfrei ist, können Sie im Obst- und Gemüsegarten aktiv werden.

➤ **Beerensträucher pflanzen:** Alle Beerensträucher, insbesondere die heimischen Arten, erfreuen sich bei unseren Insekten großer Beliebtheit als Nektar- und Pollenquelle. Wenn Sie im Spätherbst nicht dazugekommen waren, Beerensträucher zu setzen, ist jetzt noch der richtige Zeitpunkt dafür.

→ S. 170, Beerensträucher pflanzen

➤ **Säen im Gemüsegarten:** Sie sollten nicht vergessen, so früh wie möglich Radieschen und Rucola (Rauke) zu säen, um später ein paar einzelne Exemplare »durchwachsen« zu lassen, die dann blühen dürfen. Sie bereichern das Nahrungsangebot für allerlei Insekten und werden intensiv besammelt.

Radieschen früh aussäen als Insektennahrung.

Frühlingsblumen kaufen

Um den Winterblues zu vertreiben, bieten Gärtnereien und Gartencenter jetzt zahlreiche, im Treibhaus vorgezogene Frühblüher an.

So verlockend es auch sein mag, verzichten Sie auf sterile Stiefmütterchen, knallige Primeln, gefüllte Tausendschön und Co. und entscheiden Sie sich für Frühlingszwiebelpflanzen mit Mehrwert wie Schneeglöckchen, Winterlinge, Krokusse, Traubenhyazinthen, Blaustern, Schneestern, Narzissen oder für die sich immer noch im Angebot befindlichen Christrosen. »Mehrwert« bedeutet, dass diese Pflanzen nicht nur unser Auge erfreuen, sondern den früh fliegenden Insekten Nahrung liefern. Falls Sie Frühlingszwiebelpflanzen für die Wohnung angeschafft haben, können Sie sie nach dem Abblühen bei frostfreiem Wetter in den Garten pflanzen – von ihnen kann man nie genug haben. So agieren Sie nachhaltig. Eine weitere sinnvolle, aber auch hübsche Alternative bildet das Lungenkraut. Dieser Frühblüher ist allerdings nur für den Außenbereich geeignet, aber dort ist er einer der Stars der Blüten. Ähnlich wie der Beinwell zeigt das Lungenkraut einen Farbumschlag der Blüten. Unbestäubte Blüten präsentieren sich rosa, bereits bestäubte verfärben sich bläulich. All diese Blüten ergänzen das Nektarangebot an den ersten warmen Tagen, wenn Zitronenfalter und Hummelköniginnen hungrig auf Nahrungssuche sind. Auch die Stinkende Nieswurz *(Helleborus foetidus)* ist besonders für Hummeln wertvoll. Sogenannte Nektarhefen in den Blüten sorgen dafür, dass hier die Temperatur etwas höher liegt als außerhalb und den Hummeln ein kurzes Aufwärmen bietet.

Winterlinge – frühe Nektarquelle für Insekten.

Die Lungenkrautblüten sind ein Insektenmagnet.

Pflanzen (zurück-) schneiden

Wenn Sie die wenigen im Vielfaltsgarten verbliebenen Schneidearbeiten zur richtigen Zeit erledigen, danken es Ihnen die Pflanzen mit reichlich Blüten und versorgen so viele Tiere.

Kiwi

Bevor die Knospen schwellen, sollten Sie ähnlich wie beim Wein zur Schere greifen und Kiwis schneiden. Im dritten Standjahr ist die Zeit reif für den ersten Schnitt. Falls sich Ihre Kiwi an einer Wand entlanghangelt, sollten Sie Triebe, die nach hinten abgehen, komplett herausnehmen. Triebe, die sich im letzten Jahr entwickelt haben, können Sie jetzt auf rund zwei Drittel herunterschneiden. Gleiches gilt für die Fruchttriebe. Achten Sie dabei allerdings darauf, dass mindestens sechs Knospen übrigbleiben. Dann ist ein bisschen Puffer da, falls noch starke Spätfröste kommen sollten.

Bäume, Hecken und Sträucher

Falls Sie noch nicht während des Winters Bäume und Hecken zurückgeschnitten haben, sollten Sie dies, falls überhaupt notwendig, dringend jetzt tun und die Arbeiten spätestens bis 1. März erledigt haben. Ab 1. März bis 30. September gilt laut bundesweitem Vogelschutzgesetz Schonzeit. In dieser Zeit dürfen Vögel nicht bei ihrem Brutgeschäft gestört werden. Ab dem 1. März nicht mehr zu schneiden, bedeutet neben dem Vogelschutz auch Schmetterlingsschutz. Denn einige Arten wie der Zitronenfalter legen im zeitigen Frühjahr ihre Eier direkt an Ästen ab, diese würden bei einem späteren Schnittzeitpunkt verloren gehen.

→ S. 26, Info Vogelbrutzeit beachten
→ S. 169, Pflanz- und Pflegearbeiten

Kompost umsetzen

Im März und Anfang April oder auch schon nach der Schneeschmelze können Sie den Kompost umsetzen.

Bevor Sie den Kompost umsetzen, vergewissern Sie sich, ob nicht etwa eine Kröte, ein Igel oder ein anderes Tier ihn sich als Überwinterungsquartier ausgesucht hat. Wenn das der Fall sein sollte, warten Sie noch bis zum Mai mit dem Umsetzen. Die frisch gewonnene Erde können Sie zum Pflanzen oder auch für Aussaaten nutzen. Dabei sollten Sie nur wirklich reifen Kompost verwenden, indem Sie das Material gut durchsieben und unvollständig Verrottetes zusammen mit den Kompost- und Regenwürmern, aber auch mit den Larven von Rosenkäfern und im Glücksfall sogar von Nashornkäfern zurück in den Kompost geben oder aber auf einen extra für Nashornkäferlarven angelegten Komposthaufen geben. Die darin enthaltenen, noch nicht vollständig abgebauten Pflanzenstoffe hemmen das Keimen von Samen und erschweren auch das Anwachsen von Jungpflanzen. Richtig reifen Kompost finden Sie in der Regel mittig im unteren Bereich der Kompostmiete. Er sieht aus wie Blumenerde und ist wunderbar feinkrümelig. Zum Pflanzen von Gehölzen können Sie vorhandenen Boden mit einem Viertel Kompost vermischen. Ähnlich können Sie beim Pflanzen von Stauden vorgehen: Unbedingt noch etwas reifen Kompost als Starthilfe beim Neuansetzen hinzufügen.

→ S. 158, Bokashi herstellen
→ S. 67, Tiere unterstützen

TIPP!

Die richtige Stelle für den Komposthaufen wählen

Ein Komposthaufen darf in einem Vielfaltsgarten nicht fehlen. Um effektiv arbeiten zu können, darf er nicht auf Steinplatten oder Ähnlichem stehen, sondern die Unterseite muss in Kontakt mit dem Erdreich kommen, damit Regenwürmer, Käfer, Asseln und andere Tiere einwandern können. Sie zersetzen die Pflanzenabfälle. Anderweitig verfault oder vertrocknet der Kompost. Er muss vor Austrocknung durch Sonne und Wind geschützt im Schatten aufgestellt werden.

Bitte unterlassen!

In vielen Gartenratgebern werden folgende Maßnahmen empfohlen. Im Sinne des Artenschutzes sollten Sie dies bitte unterlassen!

Rosen nicht schneiden
Das ist im Frühjahr bei Wild- und Kletterrosen nicht angebracht, es sei denn, Sie schneiden kranke und beschädigte Triebe ab. Die ideale Zeit für den Schnitt ist der Frühsommer, nachdem Sie kontrolliert haben, dass sich kein Vogelnest im Rosenstrauch befindet, oder noch besser zu Zeiten des Heckenschnitts im Herbst/Winter, wenn die Hagebutten von Vögeln und Kleinsäugern abgeerntet sind.

Reste im Gemüsebeet belassen
Halten Sie durch und lassen Sie Reste von Wintergemüse stehen wie Grünkohl und Feldsalat. Grünkohl treibt, wenn noch nicht geschehen, jetzt an den Blattachseln erneut aus, liefert damit frisches, zartes Gemüse und zeigt spätestens zu Beginn des Vollfrühlings Anfang Mai seine gelben Blüten. Damit lockt er unzählige Insekten an. Aber auch Feldsalat beginnt zu blühen, dient als Insektennahrung und kann sich, wenn gewünscht, selbst aussäen.

Vertrocknete Stauden stehen lassen
Auch im Staudenbeet sollten Sie noch Geduld walten lassen und vertrocknete Staudenstängel und Blätter stehen lassen. Viele Insektenpuppen haben ihre Metamorphose zum erwachsenen Insekt noch nicht beendet und würden verschimmeln, wenn sie jetzt auf dem Kompost landen. Alternativ können Sie zwar die Beete vorsichtig abräumen, das Material aber locker übereinandergelegt und vor Regen geschützt zwischenlagern, damit die Entwicklung der Insekten beendet werden kann. Noch immer stabile Staudenstängel wie etwa von der Königskerze sollten Sie nach Möglichkeit senkrecht und vor Regen geschützt im Freien aufbewahren. Möglicherweise befinden sich Wildbienenlarven im Mark der Stängel.

Mäuselöcher nicht zerstören
Keinesfalls sollten Sie, wie in vielen Gartenratgebern als Schneckenprävention empfohlen, Mäuselöcher und Mäusegänge zerstören. Mäuselöcher sind eines der wichtigsten Hummelquartiere, einerseits als Versteck- und Überwinterungsmöglichkeit für Hummelköniginnen, andererseits als Hohlraum für die Nestanlage verschiedenster erdnistender Hummelarten wie Dunkle Erdhummel, Gartenhummel, Bunte Hummel, Feldhummel, Ackerhummel und Steinhummel.

Schnecken nicht absammeln/töten

Schnecken sind ein spannendes und gleichzeitig eines der leidigsten Themen – gerade in einem Vielfaltsgarten.

Welcher Gartenbesitzer weiß hier kein Klagelied zu singen. Selbst ein Vielfaltsgarten bleibt davon nicht verschont, denn Schnecken lieben nicht nur zarten Salat, sondern auch Wildpflanzen. Gegensteuern können Sie in einem besonders schneckenbelasteten Garten, indem Sie Stauden und Kräuter pflanzen, die bei Schnecken weniger beliebt sind, und im Gegenzug bei Schnecken beliebtere Arten vermeiden.
Grundsätzlich sollten Sie aber auch immer im Auge behalten, dass Schnecken ein Teil des Ökosystems Garten sind und einen gar nicht unwichtigen Platz in der Nahrungskette einnehmen. Im Vielfaltsgarten gehören Schnecken auch dazu, um verschiedenste Tiere wie Spitzmaus, Erdkröte, Laufkäfer, Igel, Vögel, sogar spezielle Schneckenarten und weitere Tiere in der Nahrungskette zu ernähren. Letztlich macht ein unselektiver Vernichtungsfeldzug gar keinen Sinn.

→ S. 44, Schneckenjäger – Helfer der Gärtner
→ S. 50, Schnecken erkennen
→ S. 51, Schnecken erkennen (Info)

Schneckenjäger – Helfer der Gärtner

Oft wird der Igel als Schneckenvertilger gepriesen. Dabei sind Igel sehr wählerisch, welche Schnecke sie verzehren und welche nicht.

Igel sind Insektenfresser und Schnecken stehen lediglich zu 10 Prozent auf ihrem Speiseplan. Bei zu wenig Insekten, was immer häufiger vorkommt, wächst notgedrungen der Anteil an Schnecken in ihrer Nahrung, die aber ihrer Verdauung nicht zuträglich sind. Vielmehr benötigen sie das Chitin von Laufkäfern, um ihren Darm von Parasiten zu reinigen.
Setzen Sie daher lieber auf echte Schneckenliebhaber wie Spitzmäuse, Erdkröten, Lurche und nachtaktive Gliedertiere, insbesondere Spinnentiere, verschiedene Käferarten und Hundertfüßer, aber auch auf Schneckenfliegen. Bieten Sie ihnen einen Lebensraum in Ihrem Garten wie feuchte Stellen unter Second-Life Holz, Steine, Moos, Erdlöcher, leere Schneckenhäuser, Steinhaufen, Laubhaufen und Rotteflächen und ähnliche Rückzugsmöglichkeiten. Auch am Boden von Wiesengräsern finden sich geeignete Verstecke für zahlreiche Gliedertiere.

Schneckenfressende Käfer

➢ **Leuchtkäfer,** allgemein als Glühwürmchen bekannt, sind Schneckenvertilger. Insbesondere die Larven sind sehr gefräßig und verspeisen selbst Schnecken, die zehnmal größer sind als sie selbst. Sie spüren die Schleimspur der Schnecke auf, folgen ihr und beißen und lähmen die Schnecke mit einem Gift. Auch die erwachsenen Käfer ernähren sich von Schnecken, nehmen aber insgesamt nicht mehr viel Nahrung zu sich.

➢ **Laufkäfer:** Unter den Schaufelläufern ist der bedeutendste Schneckenjäger der Gewöhnliche Schaufelläufer, der weit verbreitet insbesondere auf feuchten Wiesen und an Waldrändern und damit auch in der Nachbarschaft von Gärten anzutreffen ist. Sowohl Gehäuseschnecken als auch Nacktschnecken zählen zum Beuteschema. Die Käfer haben sich im Lauf der Evolution anatomisch mit einem langen, schmalen Kopf an das Eindringen in Schneckenhäuser und Schneckenkörper angepasst.

➢ **Weitere Käfer** wie der Schneckenräuber *(Drilus flavescens)* aus der Familie Schneckenhauskäfer, bei dem der Name Programm ist. Aaskäfer und Scheinaaskäfer verzehren vorrangig Schnecken und deren Eier – entweder die Käfer selbst oder ihre Larven. Insbesondere Raubkäfer werden in den USA seit ungefähr 20 Jahren im Gartenbau als Nützlinge eingesetzt.

Weitere Schneckenjäger

➢ **Hundertfüßer:** Die räuberischen Hundertfüßer verzehren neben Springschwänzen, Regenwürmern und anderen kleinen Gliedertieren auch gern Schneckeneier und Jungschnecken. Sie besitzen eine Giftdrüse, ähnlich wie Spinnen, und nutzen sie, um Gift und Verdauungssäfte in die Beute zu injizieren und die Beute vorverdaut auszusaugen. Sie lieben lockeren, humusreichen und feuchten Boden und fühlen sich auch auf Komposthaufen sehr wohl. Dieser Lebensraum passt hervorragend zum Lebensraum der Schnecken und macht Hundertfüßer zu Verbündeten gegen Schnecken.

➢ **Kröten, Blindschleichen, Molche und Frösche:** Kröten fressen neben Ameisen, Spinnen, Fliegen, Käfern, Ohrwürmern, Asseln auch große Nacktschnecken bei ihren nächtlichen Streifzügen – einfach alles, was in ihr Maul passt. Der Kleine Teichfrosch und der Seefrosch sind die einzigen Frösche, die Kapuzinerschnecken fressen. Aber auch Grasfrosch,

Die Larven vom Leuchtkäfer, auch Glühwürmchen genannt, sind eifrige Schneckenjäger.

Blindschleiche, Kammmolch, Bergmolch und Teichmolch sind als Schneckenliebhaber bekannt.

➢ **Spinnentiere:** Die relativ seltenen Schneckenkanker *(Ischyropsalididae)* zählen zu den Weberknechten und besitzen eine Körpergröße von ca. 6–8 mm. Sie reißen mit ihren riesigen, 1 cm großen Kieferklauen, die mit bezahnten Scheren versehen sind, Stücke aus ihrer Lieblingsbeute.

➢ **Hornfliegen:** Diese 2–14 mm großen und sehr schmalen, spezialisierten Fliegen werden sogar als Schneckenfliegen bezeichnet, da viele Arten im Larvenstadium Schnecken parasitieren. Sie bevorzugen feuchte Lebensräume, das Refugium von Schnecken.

➢ **Vögel:** Nicht zuletzt helfen auch einige Vögel, insbesondere die an Boden und Streu gebundenen Weichfresser Zaunkönig oder Rotkehlchen, beim Verzehr von Schneckeneiern.

Schutzmaßnahmen gegen Schnecken:

➢ Schneckenzäune aus Zink, Kupferbarrieren, Kunststoffringe mit abgeschrägtem Rand

➢ Streumittel in Form von Streifen aus Fichtennadeln, Holzasche, Sägemehl oder Sand um die gefährdeten Pflanzen, die zur Austrocknung des Schneckenschleims führen und deswegen von Schnecken gemieden werden

➢ Lebende Barrieren aus Pflanzen wie Rainfarn, Lavendel, Wermut, Buchsbaum, Eberraute, Kamille, Koriander, Liebstöckel, Majoran, Minzen, Oregano, Thymian, Ringelblumen, Rosmarin, Salbei, Wacholder, Zwiebeln und Knoblauch, um hier nur ein paar zu erwähnen

➢ Verschiedene Pflanzenjauchen um die Pflanzen als Schutzring gießen

➢ Großflächige Bewässerungen mit Regner oder auch Schlauch sollten Sie in Gemüsebeeten mit Schneckengefahr vermeiden. Nutzen Sie besser die Gießkanne, um gezielt die Pflanzen mit Wasser zu versorgen. Gute Alternative ist eine Tröpfchenbewässerung.

➢ Das Zerstören der Schneckengelege gehört eher zu den seltenen Chancen, die sich bei der Schneckenbekämpfung ergeben. Beispielsweise legt die Genetzte Ackerschnecke ihre Eier bis zu 10 cm tief in den Boden ab, und einige *Arion*-Arten legen bis zu 400 Eier in bis zu 15 Gelegen ab. Falls Sie ein Schneckengelege entdecken, achten Sie auf die Farbe der Eier: Bei durchsichtigen Eiern handelt es sich um ein Gelege des Tigerschnegels, das also schonen. Alle anderen Schneckenarten legen weißliche oder gelbliche Eier. Die Eier der Kapuzinerschnecke sind 3 mm groß, gelblich, von Schleim ummantelt und werden in großen Gelegen von 50–400 Stück abgelegt. Die weißen Weinbergschneckeneier hingegen sind mit einer dünnen Kalkschale umschlossen und werden in selbst gegrabenen Erdhöhlen abgelegt.

➢ Schnecken sammeln und in Nachbars Garten werfen bringt bei der Kapuzinerschnecke nichts, es sei denn der Nachbar hat selbst Leckereien anzubieten.

Schneckenmanagement betreiben

Der Begriff hört sich etwas technisch und beschönigend an, denn im Grund genommen geht es um das Töten von Nacktschnecken. Leider reichen oft selbst vielfältige Schutzmaßnahmen **nicht** vor ausufernden Fraßschäden.

Schnecken richtig töten

Bei einem Übermaß an Schnecken ist das Absammeln der Tiere die angezeigte Maßnahme. Weinbergschnecken und Tigerschnegel können Sie an schneckengeeigneten Stellen in der Natur aussetzen. Bei den »Schadschnecken« werden Sie um das Töten der Tiere nicht herumkommen. Hier empfiehlt es sich, die am wenigsten qualvolle Methode zu verwenden: nach dem Absammeln die Schnecken anschließend mit kochendem Wasser zu überbrühen – analog der Zubereitung von Krebsen, Hummern und Weinbergschnecken. Diese Maßnahme zerstört sehr schnell alle Nervenbahnen. Qualvoll hingegen ist das Einsalzen oder das Zerschneiden der Tiere, da sie kein Zentralhirn besitzen, dafür aber zehn dezentrale Nervenzentren. Wenn Sie das Herz beim Zerteilen der Tiere nicht direkt treffen, was meistens der Fall ist, stirbt die Schnecke qualvoll erst später an Organversagen.

Hummeln unterstützen

Bereits jetzt kann man an besonders sonnigen und warmen Tagen die ersten Hummelköniginnen fliegen sehen und vor allem brummen hören.

Erste Hilfe für Hummelköniginnen

Die bereits befruchteten Königinnen haben den Winter in Erdspalten und Mäuselöchern verbracht und sind jetzt sehr hungrig. Falls Sie eine geschwächte Hummelkönigin finden, die schwerfällig herumkrabbelt, sollten Sie ihr eine Starthilfe geben:

- Setzen Sie sie an Frühjahrsblüher wie Schneeglöckchen, Traubenhyazinthe oder Ähnliches und beobachten Sie, ob sie sich stärken kann und mobiler wird.
- Bieten Sie alternativ Zuckerwasser an. Dazu lösen Sie einen halben Teelöffel Zucker komplett in einem Teelöffel warmem Wasser. Es sollten keine Zuckerkristalle mehr vorhanden sein, denn sie können den Rüssel verstopfen. Innerhalb weniger Minuten kann die Hummel ein Drittel des Energieshots mit ihrem Saugrüssel aufnehmen.
- Pflanzen Sie eine duftende Winter-Heckenkirsche *(Lonicera* x *purpursii)* als mittel- bis langfristige Unterstützung. Sie blüht ab Februar, manchmal sogar bereits ab Januar, verströmt einen sommerlich süßen Duft mitten im kalten Winter und versorgt zahlreiche Hummelköniginnen zuverlässig bis in den April hinein mit Nektar. Obwohl sie nicht einheimisch ist, macht es Sinn, sie zu pflanzen, da sie so viel Mehrwert im zeitigen Frühjahr bietet, wenn Bienennahrung noch Mangelware ist. Allerdings ist noch nicht ganz klar, ob sie sich nicht doch noch etwa zu einem invasiven Neophyten entwickelt. Deshalb heißt es hier: beobachten!

Hummeln aktiv ansiedeln in einem Nistkasten

Spätestens jetzt sollten Sie die Nisthilfe gebaut haben (→ S. 186). Nestsuchende Hummelköniginnen erkennt man daran, dass sie ohne Pollenhöschen langsam und suchend knapp über dem Erdboden fliegen, ab und zu mal Spalten und Löcher im Boden prüfen, um dann beharrlich weiterzusuchen. Sind bereits Pollenhöschen zu sehen, hat die Königin schon mit dem Nestbau begonnen.
Die aktive Ansiedlung kann mit einer Einsetzhilfe (große, vorn abgeschnittene Kunststoffspritze) erfolgen. Dazu bohrt man mit einem Besenstiel in der Nähe des Nistkastens einige ungefähr 10 cm tiefe Löcher, die Mäuselöchern ähneln. Inspiziert eine Hummel ein solches Loch, wird die Einsetzhilfe über das Loch gesetzt und gewartet, bis die Hummel in die Einsetzhilfe gekrabbelt ist. Jetzt die Öffnung vorn mit einem Pappstückchen zuhalten und die Einsetzhilfe direkt auf die Öffnung des Hummelkastens setzen. Vorsichtig den Kolben der Spritze nach vorne schieben, ohne ein Hummelbeinchen einzuquetschen. Sobald sich die Hummel im Kasten befindet, die Öffnung mit etwas Gras schnell und lichtdicht verstopfen, damit die Hummel den Kasten nicht gleich wieder verlässt, sondern das Innere des Kastens inspizieren kann. Nach 2–3 Minuten die Öffnung wieder freimachen. Mit ein bisschen Glück nimmt sie die Nisthilfe an, was man an einem sogenannten Orientierungsflug erkennt. Dabei schaut sie in Richtung Eingang und fliegt kleine und dann immer größer werdende Schleifen, um sich den Ort einzuprägen.
Das Einsetzen sollte nicht hektisch passieren, da die Hummel dies bemerkt, unruhig wird und sicherlich das gutgemeinte Angebot keinesfalls annehmen wird.

→ S. 186, Ein Haus für Hummeln

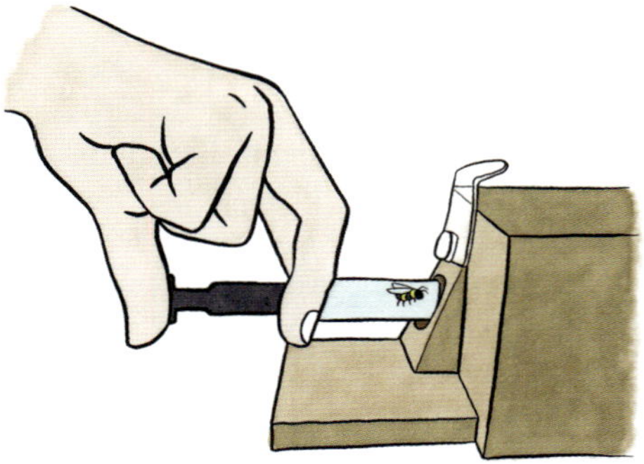

Mit etwas Unterstützung und ein wenig Glück lassen sich Hummeln im Garten ansiedeln.

Vogelschutz

Vögel zu füttern, zu schützen und auch zu beobachten, ist eine interessante und befriedigende Ganzjahresaufgabe.

Vögel füttern

Auch wenn es zum Teil schon frostfrei und der Boden aufgetaut ist, vergessen Sie nicht, weiterhin Vögel, aber auch Eichhörnchen zu füttern. Das Futterangebot in der Natur ist noch dürftig. Amseln und andere Drosseln, aber auch Rotkehlchen freuen sich in dieser Jahreszeit noch über Lageräpfel, die anderweitig nicht mehr verwendbar sind. Gerade jetzt findet die Entwicklung der Eier statt, die entsprechend mehr Energie verbraucht. Aber auch die Partnersuche und der Nestbau kosten viel Energie.

Jungvögel vor Schaden bewahren

Spätestens jetzt sollten Sie die Fallrohre Ihrer Dachrinnen mit einem Laubsieb sichern, damit Jungvögel nicht hineinstürzen und auf tragische Weise verenden. Die kostengünstigere Alternative kann aus engmaschigem Draht selbst zurechtgebogen und in die Öffnung des Fallrohres geklemmt oder darübergelegt werden. Die Konstruktion sollte so stabil sein, dass sie nicht verrutschen kann, auch wenn ein Vogel darauf herumhüpft oder Laub bei starkem Regen herangeschwemmt wird.

Katzen- und Marderabwehr

Installieren Sie bereits jetzt vor der Brutsaison Abwehrgürtel unterhalb von Vogelnistkästen. Die käuflich erhältlichen Abwehrgürtel aus Metall sind nur bedingt geeignet. Filigrane und flinke Katzen und Marder können hindurchschlüpfen. Sie können diese Abwehrgürtel mit Draht oder mit eingeflochtenen Zweigen von Rosen und anderen Sträuchern optimieren und so die Räuber effektiver am Hochklettern zu Vogelnestern oder Nistkästen hindern. Seien Sie kreativ und probieren Sie Neues aus. Noch besser lassen sich Nistkästen schützen, indem man eine Eichhörnchen-, Marder- und Katzenschutzblende am Einflugloch anbringt. Die Blende verhindert, dass der Nesträuber ins Innere des Kastens greifen kann. Zudem können auch Spechte dann nicht mehr versuchen, das Einflugloch größer zu hämmern. Im Handel gibt es Nistkästen mit integriertem Katzen- und Marderschutz. Dies hat den gleichen Effekt wie die Blende.

→ S. 215, Bezugsadressen Schwegler

Einen Nistkasten in Reserve halten

Falls Sie mehrere Nistkästen (gebaut) haben, hängen Sie einen davon noch nicht auf, sondern halten Sie ihn in Reserve für später erscheinende Zugvögel wie den Trauerschnäpper, die ebenfalls Höhlenbrüter sind. Sie haben oft das Nachsehen, weil alle Nisthilfen von den Vögeln vor Ort bereits besetzt sind.

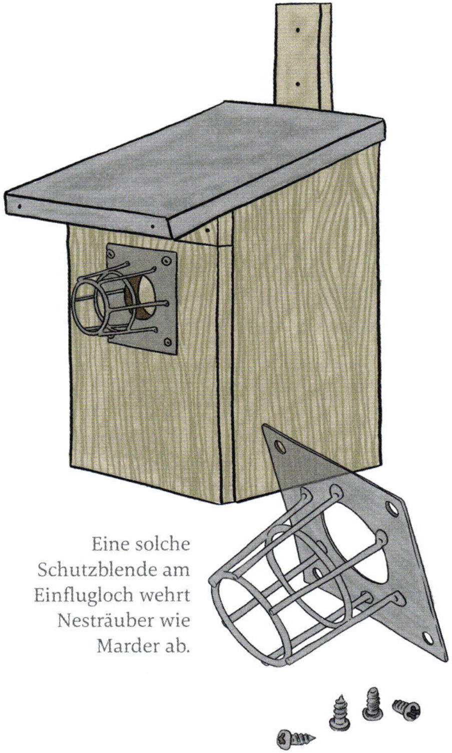

Eine solche Schutzblende am Einflugloch wehrt Nesträuber wie Marder ab.

Dieser Abwehrgürtel am Baum hindert Katzen am Hochklettern zum Nistkasten nur bedingt.

Auf Entdeckungstour

Nutzen Sie erste wärmende Sonnenstrahlen und begeben Sie sich auf Entdeckungstour durch den Garten. Sie werden staunen, wer schon alles unterwegs ist.

Tiere beobachten

➢ **Hummelköniginnen:** Bereits ab 2 °C kann man im Februar oder März Hummelköniginnen fliegen sehen. Sie benötigen jetzt dringend Nektar. Gern besuchen sie zeitige Frühlingsblüher wie Schneeglöckchen, Nieswurz, Lungenkraut, Traubenhyazinthen, Weidenkätzchen oder, falls Sie bereits eine duftende Winter-Heckenkirsche gepflanzt haben, mit Sicherheit deren Blüten. Sehr schön kann man jetzt beobachten, wie sie ihre lange Zunge zur Nektaraufnahme verwenden.

➢ **Zitronenfalter:** Mit den ersten wärmeren Sonnenstrahlen kann man gemächlich gaukelnde Zitronenfalter beobachten. Sie sind aus ihrer Winterstarre erwacht und wie Hummeln ebenfalls auf der Suche nach Nektar. Jetzt zahlt es sich aus, wenn Sie im Herbst vorgesorgt haben und genügend Zwiebeln von Frühlingsblühern gesteckt haben.

➢ **Tagpfauenauge:** Auch sie gehören zu den Arten, die als fertiger Schmetterling überwintern. Etwas später als die Zitronenfalter, aber immer noch sehr früh im Jahr kann man sie an Weiden, Huflattich, Schlehen, Löwenzahl Nektar tanken sehen. Zu dieser Jahreszeit sind sie nicht wählerisch und nehmen, was es gibt. Im Sommer zeigen sie eine Vorliebe für rote und blauviolette Blüten.

DAS HUMMELJAHR

Je nach Art fliegen die im Sommer oder Herbst des Vorjahres begatteten Jungköniginnen zwischen Februar und Mai. Sie müssen sich mit Nektar versorgen und suchen nach einem Nistplatz. Mäuselöcher, Steinspalten, Second-Life-Holzhaufen, unter Grasbüscheln, Vogelnistkästen oder Vogelnester kommen dafür in Frage. Zuerst trägt die Hummelkönigin Moosteilchen und trockene Blätter hinein und formt daraus eine Nestkugel. Darin baut sie einen Wachsring, stattet ihn mit Pollen und Nektar aus und legt dann 6–12 Eier hinein. Zusätzlich baut sie fingerhutgroße Wachstöpfchen, die sie mit Honig als Schlechtwetterreserve füllt. Hummelköniginnen bebrüten ab und an sogar ihre Eier, die sich bei Temperaturen von 32 °C optimal entwickeln. 4 Wochen später schlüpfen die ersten Arbeiterinnen, die zunehmend das Nektar- und Pollensammeln übernehmen und sich um die Aufzucht der Geschwister kümmern. Die Königin legt nur noch Eier. Im Hochsommer entwickeln sich Drohnen und Jungköniginnen, die sich paaren. Anschließend geht das Hummelvolk zugrunde, nur die befruchteten Hummelköniginnen überwintern in Mäuselöchern oder Erdspalten.

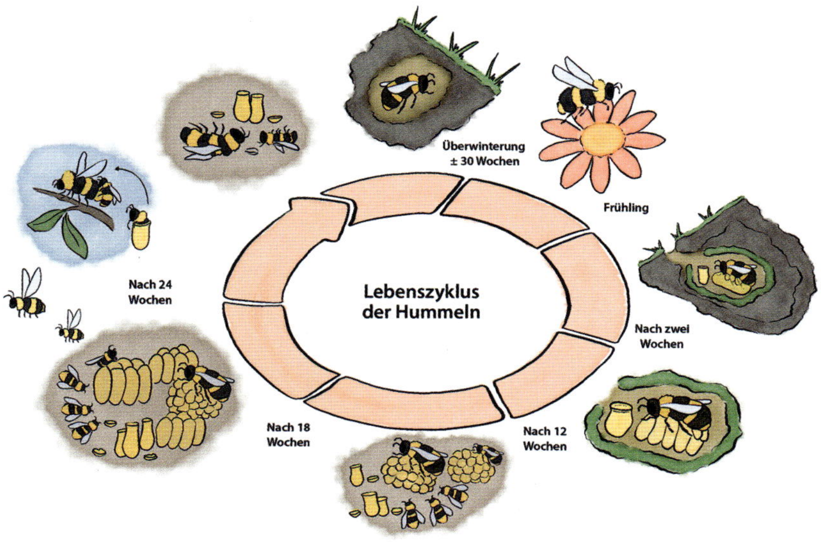

➢ **Feuerwanzen:** Sie gehören mit zu den ersten Tieren, die im zeitigen Frühjahr zu entdecken sind, wenn sie sich in der Frühjahrssonne aufwärmen. Mit ihrer charakteristischen knallrot-schwarzen Färbung sind sie gut zu bestimmen. Häufig sieht man sie schon paarweise mit aneinandergedockten Hinterleibern, kurios gemeinsam vorwärts und rückwärts krabbelnd, so als ob sie sich nicht entscheiden könnten, in welche Richtung es gehen soll. Sie saugen Pflanzensaft von Malvengewächsen und von Bäumen wie Linden und Rosskastanien. Tote Kleintiere und Insektenbrut werden auch immer wieder gern genommen. Im Lauf des Jahres steigen sie auf Früchte oder Samen um, indem sie ein zersetzendes Sekret injizieren, um den Saft auszusaugen.

➢ **Hummelschweber:** Sie sind dicht bepelzte, wie Hummeln aussehende Fliegen, besitzen einen ca. 2 cm langen, nach vorn gestreckten Rüssel und fliegen hektisch mit hohem Summton. Vor einer Blüte bleiben sie in der Luft wie ein Hubschrauber stehen, sie beherrschen den sogenannten Schwirrflug ähnlich wie die Schwebfliegen. Sie sind häufig von März bis Juni im Garten anzutreffen und nutzen den Blütennektar verschiedener Pflanzen.

Hummelschweber sind Parasiten mit ungewöhnlichen Fähigkeiten. Die Weibchen können im Flug ihre Eier werfen und treffen auch noch die Brutröhren und -löcher ihrer Wirtsbienen – meist Mauerbienen –, wenn diese zum Nektar- und Pollensammeln ausgeflogen sind. Die frisch geschlüpften Hummelschweberlarven robben in die Brutröhren und lassen sich vom Wirt mit einmauern. Dann verzehren sie den Proviant, später auch die Bienenlarve und schlüpfen im nächsten Frühjahr statt der Mauerbienen.

➢ **Gehörnte Mauerbienen am Insektenappartement:** Die Gehörnte Mauerbiene ist die erste im Jahr, die am Insektenappartement zu beobachten ist. An sonnigen Tagen knabbern die Mauerbienen von innen die Nestverschlüsse auf und schlüpfen. Als Erstes erscheinen die Männchen, wenige Tage später die Weibchen. Begattungsversuche enden häufig in großen Tumulten, da sich meist mehrere Männchen auf ein Weibchen stürzen. Nach der Paarung sterben die Männchen und die Weibchen sammeln Pollen und legen neue Nester in den Brutröhren an. Die Gehörnte Mauerbiene, aber auch die Rote Mauerbiene werden als Kokons aus Zucht angeboten und im kommerziellen Obstbau eingesetzt, da sie als ideale Bestäuber von Kernobst und Erdbeeren gelten. Erdbeeren werden durch die Mauerbienenbestäubung wohlgestaltiger, süßer, aromatischer als durch die Bestäubung durch Honigbienen.

Hummelschweber sind Fliegen und parasitieren im Boden brütende Wespen- oder Bienenarten.

FUNKTION DER PARASITEN

Auch wenn man Mauerbienen fördern und schützen möchte, so erfüllen Parasiten wie der Hummelschweber eine wichtige Funktion. Sie steuern und sorgen für das **Gleichgewicht in Ökosystemen** und sind damit das berühmte Zünglein an der Waage. Nimmt eine Art überhand, wächst auch die Population des jeweiligen Parasiten. Schrumpft daraufhin die Population der Wirtsart wieder, schrumpft auch die Anzahl der Parasiten.

Parasiten sind wichtige **Treiber der Evolution**. Der Wirt versucht, durch weitere Anpassungen dem Parasiten wieder zuvorzukommen. Daraufhin passt sich der Parasit an die Änderung an und der Wirt muss wiederum eine Änderung herbeiführen, um zu überleben. Das passiert passiv durch Änderungen im Genmaterial, wodurch verschiedene Varianten entstehen – die Tiere mit der Variante, die am besten angepasst ist, setzen sich durch.

Schnecken erkennen

Schnecken sind der Schrecken jedes Gärtners. Doch nicht jede Schnecke hat diesen schlechten Ruf verdient. Es gibt auch Arten, die Sie im Garten tolerieren oder sogar fördern sollten.

Schnecken mit geringfügigem oder keinem Schadpotenzial für den Gärtner:

Weinbergschnecke *(Helix pomatia)*: Sie kommt nur auf kalkreichen Böden vor, ist wärmeliebend, mag es aber nicht zu trocken. Sie ist geschützt und wird nur bei Massenauftreten zum Gartenschädling. Sie kann bis zu 20 Jahre alt werden, Forscher vermuten sogar noch älter. Sie ernährt sich vorwiegend von verrottendem Pflanzenmaterial.

Bänderschnecken *(Cepaea)*: Im Garten trifft man auf die **Gartenbänderschnecke** *(Cepaea hortensis)* und die **Hainbänderschnecke** *(Cepaea nemoralis)*, auch Hain-Schnirkelschnecke genannt: Beide Arten ernähren sich hauptsächlich von abgestorbenen oder verrottenden Pflanzenteilen, Algen und Pilzen. Seltener fressen sie frische Pflanzen. Sie können bis zu 8 Jahre alt werden.

Tigerschnegel *(Limax maximus)*: Sie ist ein sogenannter Detritusfresser, das heißt, sie ernährt sich von verrottenden Pflanzenteilen, aber mitunter auch von Eiern anderer Schneckenarten. Sie zählt zu den nützlichen Schnecken, die Sie auf keinen Fall bekämpfen sollten.

→ S. 117, Weitere Tiere entdecken

Wegschnecken *(Aronidae)*

➢ **Rote Wegschnecke** *(Arion rufus)*: Diese gefährdete einheimische Art darf nicht bekämpft werden. Sie kommt im Kulturland kaum noch vor, da sie von der Kapuzinerschnecke verdrängt wurde bzw. unter deren Bekämpfung gelitten hat.

➢ **Braune Wegschnecke** *(Arion fuscus)* und **Schwarze Wegschnecke** *(Arion ater)*: Beide Nacktschneckenarten werden wie die Rote Wegschnecke häufig mit der Spanischen oder Kapuzinerschnecke verwechselt, obwohl sie nahezu kein Schadpotenzial aufweisen.

Schnecken mit hohem Schadpotenzial für den Gärtner:

Kapuzinerschnecke *(Arion vulgaris)*: Die gefräßigste Schnecke und berüchtigt als Spanische Wegschnecke (wobei sie gar nicht aus Spanien stammt, sondern aus Nordwestfrankreich und möglicherweise von den britischen Inseln) und leicht mit der Roten Wegschnecke zu verwechseln.

Weinbergschnecken sind geschützt. Sie ernähren sich von verrottendem Pflanzenmaterial.

Auch die Hainbänderschnecke frisst insbesondere abgestorbene oder verrottete Pflanzenteile.

Der Tigerschnegel frisst neben verrottendem Pflanzenmaterial auch Schneckeneier.

Die Rote Wegschnecke kann bis 15 cm lang werden. Sie ist gefährdet.

Die Genetzte Ackerschnecke – ein gefürchteter Schädling im Gemüsegarten.

Die eingeführte Kapuzinerschnecke hat kaum Feinde, weil sie bitter schmeckt.

Nur Jungtiere werden von den meisten Schneckenjägern gefressen, da die älteren bitter schmecken. Eine Ausnahme bilden Kröten. Ihnen machen die Bitterstoffe nichts aus, sie fressen auch große Kapuzinerschnecken. Weitere Durchsetzungsvorteile: Sie frisst mehr, vermehrt sich schneller, scheut auch mal weder die pralle Sonne noch trockenen Rasen oder gekieste Wege. Vor allem profitiert sie von öden Gärten ohne Wildwuchs, denn hier fehlen die Feinde der Jungschnecken.

Echte Gartenwegschnecke *(Arion hortensis)* und **Gemeine Gartenwegschnecke** *(Arion distinctus):* Sie sind 3–4 cm lang, in der Regel braungrau bis dunkel gefärbt. Sie ernähren sich von frischen Pflanzenteilen, gern auch von unterirdischen Knollen und Wurzeln.

Genetzte Ackerschnecke *(Deroceras reticulatum)*: Als Allesfresser bevorzugt sie Frischpflanzen, daher ist sie der zweitgefräßigste Gartenschädling. Sie bleibt deutlich kleiner als die anderen Schadschnecken im Garten und wird bis zu 5 cm groß und weist auf hellgrauer bis graubeiger Grundfärbung schwarze, nicht scharf abgegrenzte Flecken auf.

Als nachtaktive Art versteckt sie sich tagsüber bevorzugt unter Steinen und anderen, im Boden vorhandenen Unterschlupfen. Gerade jetzt im zeitigen Frühjahr erscheinen schon die hungrigen Ackerschnecken, die als adulte Tiere den Winter in Erdspalten verbracht haben.

NICHT JEDE PFLANZE WIRD GLEICH ZUM SCHNECKENFUTTER

Schnecke, schleich dich!: Aster, Beinwell, Blutstorchschnabel, Blutweiderich, Borretsch, Bunte Kronwicke, Christrosen, Disteln, Dost, Eisenhut, Gamander, Gilbweiderich, Rundblättrige und Breitblättrige Glockenblume, Hornklee, Lavendel, Melisse, Karde, Kartäusernelke, Klatschmohn, Königskerze, Kornblume, Kornrade, Kugeldistel, Labkraut, Lein, Leinkraut, Lungenkraut, Malve, Mädesüß, Maiglöckchen, Minze, Nachtkerze, Natternkopf, Ochsenauge, Ochsenzunge, Platterbse, Prachtnelke, Rosmarin, Salbei, Sterndolde, Taubenskabiose, Taubnessel (rot), Thymian, Waldgeißbart, Wermut, Wiesenstorchschnabel, Witwenblume, Wolfsmilch, Ysop, Ziest. **Geht so:** Akelei, Bergflockenblume, Eibisch, Nesselblättrige und Wiesen-Glockenblume, Kuckucks-Lichtnelke, Wiesensalbei, Wegwarte. **Schneckenlieblingsfutter:** Acker-Glockenblume, Diptam, Fingerhut (rot), Herzgespann, Muskatellersalbei (alle Schnecken!), Wald-Glockenblume, Wiesenflockenblume.

Zitronenfalter, Faulbaum und Kartäusernelke

Zitronenfalter

+ Faulbaum

+ Kartäusernelke

Juhu, ein erster sonnig-warmer Tag im Februar oder März und schon zieht der Frühling ein:
Ein Zitronenfalter gaukelt über Vertrocknetes. Völlig überraschend und jedes Jahr aufs Neue bringt er die fröhliche Leichtigkeit in unser Leben zurück. Er überwintert dank des Frostschutzmittels Glycerin angehängt an Ästen im Gebüsch, in Baumspalten oder Grasbüscheln als fertiger Schmetterling. Glycerin verhindert, dass sich im Blut und im Gewebe feine Kristalle bilden, die die Zellen zerstören würden. Bis zu –20 °C übersteht er damit schadlos. Im Gegensatz zu vielen anderen Schmetterlingen, die lieber als Ei oder in einer Puppenhülle überwintern, lassen sie sich mit zusammengeklappten Flügeln einfrieren und trotzen in dieser Form Schnee und Winterstürmen. Sie sind die Schmetterlinge mit der längsten Lebenserwartung in unseren Breiten und können bis zu 12 Monate alt werden. Nach der winterlichen Hungerperiode benötigen sie dringend Nahrung, die sie an Weiden, Schlüsselblumen, Seidelbast oder

anderen Frühblühern finden. Zitronenfalter sonnen sich gerade im Frühling häufig. Dabei breiten sie ihre Flügel nicht wie andere Schmetterlinge aus, sondern lassen sie geschlossen und lassen sich seitlich von der Sonne bescheinen. Seine offenen Flügel besitzen UV-Signale, die nicht nur von Zitronenfalterweibchen wahrgenommen werden, sondern auch von Vögeln. Deshalb gehen sie lieber auf Nummer sicher!

Jetzt werden Paarungspartner gesucht, der eigentliche Akt dauert drei Stunden. Im Gegensatz zum gelben Männchen besitzt das Weibchen eher eine weißgrüne Färbung. Von den ähnlichen Weißlingen lässt sich der Zitronenfalter an den zugespitzten Enden der Flügel leicht unterscheiden, die beim Kohlweißling abgerundet sind.

Das Weibchen legt ihre Eier einzeln am liebsten an die Knospen des Faulbaums *(Frangula alnus),* aber auch an andere Kreuzdornarten. Ein weiterer wissenschaftlicher Name des Faulbaums lautet *Rhamnus frangula,* der auch im wissenschaftlichen Namen des Zitronenfalters *(Gonepteryx rhamni)* auftaucht und die Beziehung zwischen Falter und Faulbaum dokumentiert. Das Problem: Sowohl Faulbaum als auch Kreuzdorn werden immer seltener in der freien Landschaft und dadurch auch der Zitronenfalter. Nach der Eiablage, spätestens aber im Juni stirbt die Vorjahresgeneration. Die grüne Raupe mit einem Längsstreifen an den Seiten hält sich am liebsten auf der Mittelrippe des Blattes auf, von dem sie sich ernährt, und tarnt sich damit hervorragend vor Fressfeinden. Ab Juli schlüpft die neue Generation Falter, die erst mal gern an violetten und pinkfarbenen Blüten saugt. Sehr beliebt bei Zitronenfaltern ist der Nektar der Kartäusernelke. Ein wunderbares Bild: Knalliges Gelb auf grellem Pink. Weitere rotviolette Blüten wie Flockenblume, Kratzdisteln oder Blutweiderich finden Zitronenfalter attraktiv. Im Hochsommer bekommt man sie während der heißen Zeit eher selten zu Gesicht, da sie sich gut versteckt in eine ungefähr zweimonatige Sommerruhe begeben. Danach fliegen die Schmetterlinge wieder.

Der Faulbaum, der völlig zu Unrecht diesen unschönen Namen trägt, ist ein unermüdlicher und reicher Nektarlieferant: Zwischen Ende Mai und bis weit in den September hinein bildet er 6–12 mm winzige grünlich weiße Blüten, die begehrt bei Hummeln, Schlupfwespen, Käfern und Wildbienen sind. Es ist der heimische Wildstrauch mit der längsten Blütezeit und damit enorm wichtig für das Trachtfließband für unsere Insektenwelt. Gerade im Hoch- und Spätsommer kann es durchaus schon mal zu Nahrungsengpässen kommen. Außerdem dient er weiteren Schmetterlingsraupen als Futterpflanze wie dem Faulbaum-Bläuling *(Celastrina argiolus)* oder dem Grünen Zipfelfalter *(Callophrys rubi).*

Wegen seiner langen Blütezeit schmückt er sich gleichzeitig mit grünen, roten und schwarzen Früchten, die zwischen September und Dezember reifen und besonders von Wacholder- und Misteldrosseln geschätzt werden.

Seinen unrühmlichen Namen verdankt er der Tatsache, dass die angeritzte Rinde einen leichten Fäulnisgeruch verströmt, der als Abwehrmechanismus gegen Wildverbiss dient. Die Rinde enthält pharmazeutisch wirksame Stoffe gegen Verstopfung. Da sein Holz eine besonders aschearme Holzkohle ergibt, aus der Schwarzpulver gewonnen wurde, ist ein weiterer Name »Pulverholz«.

Obwohl der Faulbaum Auen und feuchte Standorte schätzt, kommt er auch mit trockenen und mageren Standorten klar und ist damit auch für Gärten bestens geeignet.

Invasive Arten

Die Arten dieser Welt werden immer mobiler. Die Entdeckung Amerikas war eine wichtige Landmarke, aber die heutige Globlisierung beschleunigt die Verbreitung invasiver fremder Arten um ein Vielfaches.

Zuerst kamen fremde Arten als begehrenswerte Exoten, mittlerweile auch unbeabsichtigt im Schlepptau unseres Mobilitätsverhaltens und der Globalisierung, sei es im Ballastwasser, in Frachträumen von Tankern oder in Touristenkoffern. Die meisten von ihnen überleben das nicht. Einige integrieren sich unauffällig, ein paar wenige verhalten sich jedoch invasiv und verdrängen einheimische Arten, da natürliche Feinde oder Nutzer bzw. Parasiten fehlen und sie sich besonders gut anpassen können. Das führt zu reichlich Problemen in den jeweiligen Lebensräumen. Forscher warnen daher eindringlich vor der zusätzlichen, rasant zunehmenden Bedrohung unserer Natur durch solche Eindringlinge und fordern sofortiges Handeln, um ihre weitere Ausbreitung möglichst zu stoppen. Gerade Inseln wie Neuseeland leiden massiv unter diesen neuen Arten. Ihre endemische, d. h. nur dort vorkommende Pflanzen- und Tierwelt, ist extrem in Gefahr. Neuseeland lässt sich das Unsummen kosten, um Invasoren zu managen. Strengste Kontrollen bei Importware nicht nur an den Einfallstoren wie Häfen und Flughäfen der Insel, sondern auch in den Herstellerländern, um zu verhindern, beispielsweise die aus Asien stammende Marmorierte Baumwanze Neuseeland erreicht. Aber auch uns plagen invasive Tierarten wie Waschbär oder Asiatischer Laubholzbockkäfer sowie botanische Eindringlinge.

Gärten als Hort exotischer Pflanzen

Gärten sollten bis dato immer besondere Pflanzen, am besten exotische Gewächse ferner Länder beherbergen, also solche, die man jenseits des Gartenzauns nicht findet, und damit für einen »Wow-Effekt« sorgen. Aber auch hier droht Gefahr. So hat man beispielsweise das Drüsige Springkraut wegen der besonderen Optik in Gärten angepflanzt – mit dem Resultat, dass es ruckzuck über den Gartenzaun gesprungen ist und mittlerweile nahezu sämtliche Bachufer und Feuchtflächen Süddeutschlands in Beschlag genommen hat. Blutweiderich und Mädesüß, die heimischen Pflanzen für diese Bereiche, haben nur noch wenig Chancen. Ähnliches passierte mit der Kanadischen Goldrute, die von Imkern gut meinend als hervorragende Bienentrachtpflanze eingeführt wurde. Mittlerweile überwuchert die anspruchslose Pflanze Freiflächen und wird zur dominierenden Art in der freien unbewirtschafteten Landschaft.

Vom Garten in die Natur

Manchmal haben solche Pflanzen ihren Weg in die freie Natur über unrechtmäßig abgeladenen Gartenabfall gefunden, wie möglicherweise die Silber-Goldnessel *(Galeobdolon argentatum),* ein sich schnell ausbreitender Bodendecker. So zeigt die Schwarze Liste für Gefäßpflanzen in Deutschland, dass sich von den über 2400 in Deutschland wild lebenden gebietsfremden Gefäßpflanzen 38 als invasiv und 42 als potenziell invasiv verhalten. Arten der europäischen »Black-List« (Unionsliste, der Verkauf dieser Arten ist nicht mehr erlaubt) können sich dennoch bereits im Garten befinden. Folgende Pflanzen (gelten nach der Deutschen Liste bzw. Unionsliste als invasive oder potenziell invasive Arten) sollten Sie im Garten nicht anpflanzen oder – falls bereits vorhanden – nach Möglichkeit entfernen:

Die Silber-Goldnessel – eine invasive Arten – ist aus den Gärten in die freie Natur entkommen.

Bäume: Eschen-Ahorn *(Acer negundo)*, Drüsiger Götterbaum *(Ailanthus altissima)*, Schmalblättrige Ölweide *(Elaeagnus angustifolia)*, Rotesche *(Fraxinus pennsylvanica)*, Amerikanische Gleditschie *(Gleditsia triacanthos)*, Schwarzkiefer *(Pinus nigra)*, Bastardpappel *(Populus × canadensis)*, Späte Traubenkirsche *(Prunus serotina)*, Gewöhnliche Douglasie *(Pseudotsuga menziesii)*, Roteiche *(Quercus rubra)*, Essigbaum *(Rhus typhina)*, Robinie *(Robinia pseudoacacia)*
Sträucher, strauchartige Bodendecker und Kletterpflanzen: Kreuzstrauch *(Baccharis halmifolia)*, Schmetterlingsstrauch *(Buddleja davidii)*, Teppich-Zwergmispel *(Cotoneaster dammeri)*, Sparrige Zwergmispel *(C. divaricatus)*, Fächer-Zwergmispel *(C. horizontalis)*, Stachelgurke *(Echinocystitis lobata)*, Bastard-Staudenknöterich *(Fallopia bohemica)*, Japan-Staudenknöterich *(F. japonica)*, Sachalin-Staudenknöterich *(F. sachalinensis)*, Henrys Geißblatt *(Lonicera henryi)*, Tataren-Heckenkirsche *(L. tatarica)*, Gewöhnliche Mahonie *(Mahonia aquifolium)*, Lorbeerkirsche *(Prunus laurocerasus)*, Pontischer Rhododendron *(Rhododendron ponticum)*, Gewöhnliche Schneebeere *(Symphoricarpos albus)*, Gewöhnlicher Flieder *(Syringa vulgaris)*, Lederblatt oder Runzelblättriger Schneeball *(Viburnum rhytidophyllum)*
Stauden: Wunderlauch *(Allium paradoxum)*, Gewöhnliche Seidenpflanze *(Asclepias syriaca)*, Gewöhnliches Tellerkraut oder Winterportulak *(Claytonia perfoliata)*, Große Nelke *(Dianthus giganteus)*, Drüsenblättrige Kugeldistel *(Echinops sphaerocephalus)*, Silber-Goldnessel *(Galeobdolon argentatum)*, Mammutblatt *(Gunnera tinctoria)*, Topinambur *(Helianthus tuberosus)*, Riesenbärenklau *(Heracleum mantagazzianum)*, Springkräuter wie das Drüsige Springkraut *(Impatiens grandulifera)*, Staudenlupine *(Lupinus polyphyllus)*, Durchwachsener Knöterich *(Persicaria perfoliata)*, Kaukasus-Glanzfetthenne *(Phedimus spurius)*, Kartoffelrose *(Rosa rugosa)*, Schlitzblättriger Sonnenhut *(Rudbeckia lanciniata)*, Kanadische Goldrute *(Solidago canadensis)*, Späte Goldrute *(S. gigantea)*, Lanzett-Herbstaster *(Symphotrichum lanceolatum)*, Neubelgien-Herbstaster *(S. novi-belgii)*, Große Telekie *(Telekia speciosa)*, Amerikanische Strauchheidelbeere *(Vaccinium atlanticum)*
Gräser: Japanisches Stelzgras *(Microstegium vimineus)*, Silberfahnen-Gras *(Miscanthus sacchariflorus)*, Chinaschilf *(Miscanthus sinensis)*, Afrikanisches Lampenputzergras *(Pennisetum setaceum)*
Sumpf- und Wasserpflanzen: Alligatorkraut *(Alternanthera philoxeroides)*, Großer Algenfarn *(Azolla filiculoides)*, Karolina-Haarnixe *(Cabomba caroliniana)*, Wasserhyazinthe *(Eichhornia crassipes)*, Kanadische Wasserpest *(Elodea canadensis)*, Schmalblättrige Wasserpest *(E. nuttallii)*, Großer Wassernabel *(Hydrocotyle ranunculoides)*, Wechselblatt-Wasserpest *(Lagarosiphon major)*, Gelbe Scheinkalla *(Lysichiton americanus)*, Brasilianisches Tausendblatt *(Myriophyllum aquaticum)*, Verschiedenblättriges Tausendblatt *(M. heterophyllum)*, Wassersalat *(Pistia stratiotes)*, Wasserschraube *(Vallisneria spiralis)*
Im Zusammenhang mit der Bedrohung unserer natürlichen Vielfalt ist es notwendig, statt Exoten wieder verstärkt auf heimische Wildpflanzen zu setzen. Damit fördert man nicht nur heimische Pflanzen, die in der freien Natur immer weniger vorkommen, sondern man bietet auch der heimischen Tierwelt wieder Lebens- und Nahrungsräume.

ERSTFRÜHLING

Mit den Traubenhyazinthen und Blausternen lässt der Erstfrühling sein »Blaues Band« flattern und Vögel zwitschern, was das Zeug hält. Nutzen Sie die Euphorie des Erstfrühlings, um zahlreiche insektenfreundliche Stauden zu pflanzen. Im Sommer werden Sie dafür mit vielen Insektenbesuchen belohnt. Aber auch bereits jetzt machen Entdeckungstouren durch den Garten Sinn: Frühlings-Pelzbienen, die Chimären zwischen Hummeln und Fliegen zu sein scheinen, Hummelköniginnen auf der Suche nach Nestern und erste Zugvögel sind zu sehen.

Teich/Sumpfgraben planen

Die Planung eines Teiches und die Bestellung der Materialien und der Pflanzen sollten Sie jetzt in Angriff nehmen. Ziehen Sie dazu Fachliteratur zurate.

Material und Pflanzen bestellen

Achten Sie dabei auf möglichst umweltfreundliches Material (FPO-Folie, also flexible Polyolefine, statt PVC-Folie) und heimische Pflanzen (→ unten) für die verschiedenen Wasserzonen.

Auch wenn Seerosen in der Vorstellung der meisten zu einem Teich gehören, sind sie keinesfalls die Pflanzen, die die Wasserqualität, d.h. einen hohen Sauerstoffgehalt garantieren. Seerosen beziehen ihre Nährstoffe über die Wurzeln und nehmen kaum gelöste Nährstoffe aus dem Wasser auf, die für ein vermehrtes Algenwachstum verantwortlich sind. Unterwasserpflanzen wie Hornblatt, Tausendblatt und Laichkraut nehmen hingegen die Nährstoffe über ihre Blätter und Stängel direkt aus dem Wasser auf, bilden somit eine Konkurrenz zum Algenwachstum, produzieren jede Menge Sauerstoff und garantieren klares Wasser.

Am Teichrand oder im Sumpfgraben findet eine Vielzahl von heimischen Stauden Platz: Engelwurz, Mädesüß, Schlangenknöterich, Fieberklee, Sumpfkratzdistel, Bach-Nelkenwurz, Wasserminze, Blutweiderich, Wasserdost, Sibirische Schwertlilie, Gelbe Schwertlilie, Sumpfdotterblume, Sumpf-Vergissmeinnicht oder auch Schilf und sogar Orchideen (Knabenkraut). Mit ihnen kommen viele Tiere wie verschiedene Libellenarten, Wasserläufer, Ruderwanzen und mit viel Glück sogar Frösche, Kröten, Molche und in sehr naturnaher Umgebung sogar Ringelnattern. Hier haben Mückenlarven wenig Chancen.

Verzichten Sie auf Fische! Goldfische stellen zwar den Inbegriff des meditativen und beruhigenden Effekts eines Teiches dar, wirken sich aber äußerst negativ auf die Gesamtökologie eines solch kleinen Gewässers und damit auf die Vielfalt aus. Da Fische Raubtiere sind und weit oben in der Nahrungskette stehen, bedeutet ihre Anwesenheit die Abwesenheit von Molchen, Libellen, Fröschen oder Kröten, aber auch von Rückenschwimmern oder Gelbrandkäfern, dafür aber zu viele frei verfügbare Nährstoffe im Wasser und damit reichlich Algen.

Die Anlage erfolgt idealerweise im Vollfrühling, da dies der beste Zeitpunkt zum Setzen der Wasserpflanzen ist. Berücksichtigen Sie, dass Sie die Pflanzen setzen müssen, unmittelbar bevor Sie das Wasser einfüllen.

→ S. 74, Feuchtbereich anlegen

NICHT TÄUSCHEN LASSEN

Trauen Sie grundsätzlich nicht den Schildern in Gärtnereien, wenn es heißt »Bienenpflanzen«, »Hummelpflanzen«, »Bienenweide«, »Gut für Insekten« etc., außer es handelt sich dabei um die Gärtnerei Ihres Vertrauens. Oftmals stellt sich bei genauerer Betrachtung heraus, dass diese Pflanzen lediglich für die äußerst anspruchslosen Honigbienen geeignete Nahrung liefern. Gerade auf diesem Gebiet herrscht häufig nur ein rudimentäres Halbwissen und meist wird irgendwo gutgläubig abgeschrieben. Selbst Empfehlungen von öffentlichen Instituten oder Anstalten sind skeptisch zu betrachten, da hier oft nicht aus Gründen des Biodiversitätsschutzes beurteilt wird. In den meisten Fällen handelt es sich bei den angepriesenen Pflanzen um züchterisch veränderte Varianten, die vielleicht gerade noch Generalisten wie eben die Honigbiene bedienen, aber unserer heimischen Insektenwelt kaum nützen. Deshalb: Kontrollieren Sie, ob es sich bei den angebotenen Pflanzen um Wildformen handelt oder um züchterisch veränderte Varianten. Letztere erkennen Sie daran, dass zum botanischen Namen ein Sortenname angegeben ist, wie beispielsweise beim Färberginster *Genista tinctoria* 'Royal Gold', der kompakter wächst als die Wildform des Färberginsters und kräftiger goldgelbe Blüten hat.

Zu beobachten ist, dass Insekten manche Zuchtform durchaus interessiert anfliegen, aber sich kaum niederlassen, um Nektar und Pollen zu sammeln. Also auch hier mehr Schein als Sein. An der Wildform sammeln beispielsweise verschiedenste Blattschneiderbienenarten, unter ihnen die Garten-Blattschneiderbiene *(Megachile willughbiella)*.

Wichtige Pflanzarbeiten

Endlich ist es soweit! Wir können wieder säen und pflanzen. Damit steigt die Spannung auf ein hoffentlich gutes Gelingen.

Anlage einer Blumenwiese

Falls Sie mit der Anlage einer Blumenwiese nicht mehr bis zum Sommer warten wollen oder es bei Ihnen im Frühjahr ausreichend regnet, können Sie jetzt eine Blumenwiese anlegen.

→ ab S. 124, Eine Blumenwiese anlegen

Säen von Wildstauden

Sie können Wildstauden leicht aus selbst gewonnenen oder auch gekauften Samen ziehen, da sie viel robuster sind als gärtnerische Ziersorten. Achten Sie dabei darauf, ob es sich um Licht- oder Dunkelkeimer (wobei die meisten Wildpflanzen Licht zum Keimen benötigen) bzw. Kalt- oder Warmkeimer handelt. Jede Wildblumenart benötigt ihr eigenes Milieu.

Anleitung:

1. Füllen Sie torffreie Bio-Anzuchterde oder selbst hergestellte Anzuchterde (je 1/3 feinkrümelige Gartenerde, Sand und reifer Kompost) in Saatschalen oder Töpfe, geben das Saatgut darauf und drücken es etwas fest. Die Lichtkeimer nicht mit Erde bedecken. Unbedingt ausreichend kennzeichnen, man vergisst schneller, als man glaubt, in welche Schale man welche Pflanzen gesät hat.
2. Stellen Sie die Schalen an einen hellen Ort und halten Sie die Erde in den nächsten Wochen feucht. Sobald die ersten Pflänzchen sichtbar werden, können sie nach draußen umziehen.
3. Sobald sich das erste Blattpaar über den Keimblättern zeigt, können sie in größere Töpfe pikiert werden und ab Juni ins Beet gepflanzt werden. Aber auch zur zusätzlichen Bestückung einer im August oder September des Vorjahres eingesäten Wildblumenwiese eignen sie sich, da sie dann bereits kräftige Pflanzen ausgebildet haben.

Für die Wildblumenwiese reicht es auch, die Wildstauden erst zu Beginn des Frühsommers zu säen, um ein langes Bewässern der Töpfchen zu vermeiden.

Füllen Sie die Lücken zwischen Stauden im ersten Jahr mit Einjährigen wie Mohn oder Kornblume.

Stauden pflanzen

Falls Sie die Stauden noch nicht im Herbst pflanzen konnten, ist jetzt die richtige Zeit dafür. Handelt es sich um einen frisch aufgefüllten Boden, sollten Sie mindestens 2 Wochen mit dem Einpflanzen warten, damit sich der Boden etwas setzen kann.

Beerensträucher als Containerware pflanzen

Noch können Sie Beerensträucher pflanzen, die in der Regel als Containerware zu bekommen sind. Hier gehen Sie genauso vor wie zu einer anderen Pflanzzeit, müssen aber häufigeres und stärkeres Gießen einplanen. Modellieren Sie deshalb einen extragroßen, stabilen Gießring.

→ S. 170, Beerensträucher pflanzen

STAUDENPFLANZUNG ERGÄNZEN MIT EINSAAT VON EINJÄHRIGEN

Frisch gepflanzte Stauden nehmen im ersten Jahr noch nicht so viel Raum ein wie eingewachsene. Allzu große Lücken kann man mit schnell blühenden Einjährigen wie Mohn, Kornblumen oder Acker-Rittersporn füllen und entsprechende Farbakzente setzen. Um Selbstaussaat zu verhindern, die Samenstände entfernen, oder Sie setzen bewusst auf Blackbox-Gardening, d.h., Sie lassen die Pflanzen wachsen, wie sie mögen, und geben der Dynamik und dem Zufall eine Chance. Überraschungen sind im nächsten Jahr garantiert.

Pflegearbeiten

Ein paar Pflegearbeiten stehen auch in einem Vielfaltsgarten an – beileibe aber nicht so viele wie in einem konventionellen Garten.

Frisch gesetzte Bäume, Gehölze, Beerensträucher, Stauden richtig wässern

Das richtige Gießen entscheidet über das langfristige Gelingen eines arbeitssparenden und dennoch auch Hitzeperioden überstehenden Vielfaltsgartens. Grundsätzlich gilt: Lieber durchdringend, dafür aber seltener wässern, um die Wurzeln in die Tiefe zu leiten. Eine so ausgestattete Pflanze kann auch längere Trockenperioden überstehen, da sie sich selbst mit Feuchtigkeit aus der Tiefe versorgen kann. Alle frisch gepflanzten Bäume, Sträucher und Stauden sollten Sie bei trockener Witterung nicht täglich, dafür aber durchdringend wässern. An Bäume können Sie den nur wenig aufgedrehten Gartenschlauch legen und ihnen eine größere Menge Wasser gönnen, ohne dass der Gießrand ständig überläuft.

Seltener wässern statt ständig gießen bedeutet:

- für Bäume besser 30 l statt 10 l
- für Gehölze und Beerensträucher je nach Größe besser 15 l statt 5 l
- für Stauden besser 2 l statt 0,5 l

Die Blütenstände von letztjährigen Stauden können Sie Ende April aus den Beeten entfernen.

Erde im Gemüsebeet lockern

Lockern Sie im Gemüsebeet die Erde nach Möglichkeit nur mit einer Grabegabel, statt die Erde mit dem Spaten umzugraben. Einfach mit der Grabegabel hineinstechen und etwas hin- und herbewegen. Damit erhalten Sie zum einen die Kapillaren, die für eine gute Wasserversorgung der Gemüsepflanzen von unten in den heißen Monaten wichtig werden. Zum anderen bringen Sie das Bodenleben nicht durcheinander, da viele Organismen nur in bestimmten Erdschichten leben und durch tiefes Umgraben alles auf den Kopf gestellt würde. Denken Sie daran, direkt danach das Gemüsebeet zu mulchen, um das Bodenleben zu fördern und Feuchtigkeit im Boden zu halten.

Altgras auf der Wiese entfernen

Entfernen Sie in der Blumenwiese die Bereiche, auf denen das Gras über Winter stehen blieb, sofern eine Nährstoffreduzierung guttut. Vieles liegt vertrocknet am Boden und kann ganz einfach mit dem Laubbesen wie Heu zusammengerecht und entfernt werden. Blütenstände können Sie wie bei den Stauden abknicken und noch etwas aufbewahren. Falls die Wiese bereits sehr mager ist, können Sie alternativ den Abschnitt sogar 2 Jahre stehen lassen, da es Insekten gibt, die mageren Boden bevorzugen und eine 2-jährige Entwicklungszeit benötigen.

Letztjährige Blütenstände von Stauden entfernen

Ende April/Anfang Mai können Sie die vertrockneten, letztjährigen Blütenstände von Stauden im Staudenbeet oder der Säume vorsichtig entfernen, ohne bereits frisch Ausgetriebenes zu beschädigen. Im trockenen Zustand lassen sie sich jetzt ganz leicht abknicken. Das spart die lästige Arbeit des Abschneidens im frischen Zustand, wenn im Herbst die Beete »leer geräumt« werden. Im Idealfall können Sie die Samenstände noch zwei Wochen stehend und trocken aufbewahren, um auf Nummer sicher zu gehen, dass wirklich alle Insekten geschlüpft sind, die noch festgeklebt an oder gut verstaut in ihnen schlummern, bevor das Material auf den Kompost wandert.

Sommer- und herbstblühende Wildstauden teilen

Horstig wachsende Wildstauden teilen Sie genauso wie gärtnerisch gezüchtete

Stauden, indem Sie sie ausgraben, mit dem Spaten in etwa faustgroße (größere Stücke wachsen häufig nicht so gut an) Stücke teilen und sie lückig auf der neu zu bepflanzenden Fläche verteilen. Bei fleischigen Wurzeln trocknen Sie die Wundfläche ab und reiben sie mit etwas zerstoßener Holzkohle gegen Pilzbefall ein. Bei der Pflanzung gehen Sie genauso vor wie bei einer Neupflanzung.

Mediterrane Halbsträucher und Besenheide schneiden
Schneiden Sie mediterrane Halbsträucher wie Lavendel, Rosmarin und Salbei, aber auch die Besenheide um ein Drittel bis zur Hälfte kugelig zurück, um ein Vergreisen zu verhindern. Im Anschluss treiben die Pflanzen umso kräftiger aus und liefern viele Blüten für unsere Insektenbesucher.

Bitte nicht!

Auch wenn es in den Fingern kribbelt, bleiben Sie entspannt, wenn sich erste Blattlausinvasionen oder Ameisenkolonien abzeichnen.

Leere Schneckenhäuser nicht zerstören oder entfernen
Leere Schneckenhäuser sollten Sie an Ort und Stelle belassen oder, falls sie stören, einsammeln und an den Fuß von Stauden, aber dennoch sonnig ins Beet legen. Schnirkelschneckenhäuser werden von der Zweifarbigen Mauerbiene *(Osmia bicolor)* und Weinbergschneckenhäuser von der Goldenen Mauerbiene *(Osmia aurulenta)* als Nistraum benötigt. Außerdem werden sie von den Larven der Schneckenhauskäfer bewohnt, die Jagd auf Schnecken machen.

→ S. 44, Schneckenjäger – Helfer der Gärtner
→ S. 68, Schnirkelschnecke und Zweifarbige Mauerbiene

Verteilen Sie leere Schneckenhäuser an sonnigen Stellen und locken Sie damit Mauerbienen an.

Blattläuse nicht bekämpfen
Blattläuse sollten Sie keinesfalls, wie häufig empfohlen, bekämpfen. Sie sind wertvolle Nahrung für allerlei Nützlinge. Auch wenn Vögel häufig größere Insekten zur Fütterung ihrer Jungen bevorzugen, sind die Läuse Nahrungsgrundlage für Marienkäfer, Florfliegen, Ohrwürmer und viele andere. In einem Vielfaltsgarten stellt sich im Lauf der Zeit ein Gleichgewicht ein, sodass Sie nicht mehr mit einer Blattlausplage, die ganze Bestände vertilgt, rechnen müssen. Also bezähmen Sie Ihren Drang nach Aktion und versuchen Sie, Blattläuse zu tolerieren.

Ameisennester nicht zerstören
Ameisen werden von etlichen Menschen als störend, lästig bis hin zu gefährlich wahrgenommen. Ganz im Gegenteil sollten wir uns über Ameisen im Garten freuen, denn sie vertilgen eine Menge Insekten und werden wiederum von vielen Tieren verzehrt. Deshalb die Nester nicht zerstören!

→ S. 80, Ameisen nicht bekämpfen

Auflaufendes Unkraut im Blumenbeet noch nicht jäten
Überall sprießt es, auch auf nicht bedecktem Boden. Lassen Sie die Pflänzchen größer werden, damit Sie erkennen, um welche Art es sich handelt. Es wäre schade, Keimlinge von Mannstreu, Glockenblumen, Muskatellersalbei oder Wiesensalbei zu vernichten. Unter Umständen können Sie solch selbst gekeimte, wertvolle Stauden später umsetzen.

Käferlarven nicht töten!

Engerlinge werden häufig als Schädlinge wahrgenommen. Dabei fressen sie in der Regel lediglich abgestorbenes Material.

Engerlinge nicht vernichten

Beim Anlegen von Frühbeeten, bei anderweitigen Grabungsaktivitäten im Gemüsebeet oder beim Umsetzen des Komposthaufens tauchen oft Engerlinge auf. Diese sollten Sie keinesfalls vernichten oder als Vogelfutter verwenden! Besser ist es, sie so schnell wie möglich in den halbfertigen Kompost oder an einen anderen geeigneten Platz zurückzusetzen, denn sie helfen mit, das unvollständig verrottete Material z.B. im Kompost zu zersetzen.

Verschiedene Käferarten entwickeln sich über Engerlinge:

➢ Der überwiegend metallisch grün schillernde, bis zu 2 cm große Rosenkäfer *(Cetonia aurata)* ist eine geschützte Art, deshalb müssen die Engerlinge in der Erde bleiben. Er ernährt sich von Pollen und Blütennektar der verschiedensten Blütenpflanzen. Die Larven entwickeln sich in vermoderndem Holz, aber auch im Kompost.

➢ Der Maikäfer *(Melolontha melolontha)* kann bis 3 cm groß werden. Die Käfer fressen die Blätter verschiedener Laubbäume, die Larven leben im Boden, wo sie sich von den Wurzeln krautiger Pflanzen und Bäume ernähren.

➢ Der knapp 2 cm große Junikäfer *(Amphimallon solstitiale)* ist dämmerungs- und nachtaktiv. Er frisst an verschiedenen Bäumen und Sträuchern. Seine Larve lebt im Boden und ernährt sich im Garten und Gemüsebeet von den Wurzeln von Gemüsepflanzen und Gräsern. Die Entwicklungszeit dauert 3 Jahre.

➢ Der häufig im Garten vorkommende Garten-Laubkäfer *(Phyllopertha horticola)* ist tagaktiv und frisst an Blättern und Blüten von Sträuchern und Bäumen. Die Larven leben im Boden von Wurzeln. Wenn Sie die Engerlinge von Mai-, Juni- oder Garten-Laubkäfer sehen, nicht töten, sondern am besten umsiedeln in unkritische Bereiche.

MAIKÄFERPLAGE?

In manchen Landstrichen kommen ab und an Maikäfer sogar noch als Plage vor. Hier sollten Sie abwägen, ob Sie sie bekämpfen oder gewähren lassen und darauf vertrauen, dass sich viele Nützlinge wie Vögel (Eulen, Krähen, Greifvögel) und Fledermäuse einstellen, die die Käfer fressen. Ihre Engerlinge werden ebenfalls von Vögeln wie Grünspechten, Amseln, Stare, Krähen, aber auch von Möwen verspeist. Zudem stehen Igel, Maulwurf, Spitzmäuse, aber auch parasitäre Dolchwespen, Raupen- und Schmarotzerfliegen, Laufkäfer, Steinkriecher und parasitäre Nematoden *(Steinernema carpocapsae)* auf die kompakten Proteinlieferanten.

ENGERLINGE ERKENNEN

Die Larven der Blatthornkäfer, die Engerlinge, leben versteckt im Boden.

1 | Rosenkäfer

2 | Engerling des Rosenkäfers hat ganz kleine, kurze Füßchen, 3 auf jeder Seite. Bei Berührung dreht er sich auf den Rücken und bewegt sich auf dem Rücken robbend vorwärts.

3 | Maikäfer

4 | Engerling des Maikäfers ist etwas schlanker und agiler, hat längere Füßchen. Er bewegt sich seitlich eingerollt fort.

5 | Junikäfer

6 | Engerling des Junikäfers entspricht im Aussehen und Verhalten dem Engerling des Maikäfers.

Gartenarbeit ruhen lassen

Weniger ist mehr. Gerade für die Gartenarbeit trifft das in einem Vielfaltsgarten zu, denn viele Tiere würden dabei gestört.

Erde seltener oder gar nicht bearbeiten
Vermeiden Sie wenn möglich das normalerweise übliche Hacken im Staudenbeet. Dabei würden Sie möglicherweise letztjährige oder neuangelegte Insektennester – insbesondere Nester von im Erdboden nistenden Wildbienen – vernichten! Außerdem stören Sie Keimlinge auch von Wildstauden wie Königskerze oder Wiesensalbei. Lieber etwas wachsen lassen und im größeren Zustand selektieren, welche Kräuter weiterwachsen dürfen und welche Beikräuter wie Melde oder Berufkraut entfernt werden sollten. Melde kann dann beispielsweise auch gut in Smoothies, als Beigabe zum Salat, kleingeschnitten in Kräuterbutter oder Quark oder kurz gedünstet als Spinat verwendet werden.

Reste von Wintergemüse stehen lassen
Wintergemüse wie Grünkohl sollten Sie unbedingt immer noch stehen lassen. Er treibt schon eine ganze Weile aus den Blattachseln und an der Spitze wieder aus. Als zweijährige Pflanze möchte er unbedingt noch blühen und Samen produzieren. Bereits im April erscheinen seine gelben Kreuzblüten und ziehen viele Insektenarten magisch an. Von großen Hummeln über Sandbienen bis hin zu winzigen Schmalbienchen, aber auch Schwebfliegen schätzen die nektar- und pollenreichen Blüten. Gerade zarte Blättchen sowie Knospen und Blüten sind zudem ein wertvolles und willkommenes Frühjahrsgemüse und können im Salat, kurzgebraten im Wok oder in Smoothies ihre volle Kraft entfalten. Der Grünkohl treibt bis in den Hochsommer immer wieder neue Blüten, sofern nur die Blättchen gezupft und die Blattachseln erhalten werden.

Rasen seltener mähen
Mähen sollten Sie so selten und so wenig Fläche wie möglich, denn die kleinen Maschinen haben eine große negative Wirkung auf das Leben im Rasen, das von Haus aus zwar nicht so artenreich ist wie in einer Wiese. Dennoch stellen Rasenmäher eine Gefährdung für Insekten dar.

Hausrotschwanz beobachten

Hausrotschwänzchen und viele andere Vögel sind jetzt in einer aktiven Phase und sind weder zu übersehen noch zu überhören

Der Hausrotschwanz ist ein Teilzieher und kommt schon im März aus dem Mittelmeerraum und nördlichen Afrika zurück. Im Siedlungsbereich nimmt er im Gegensatz zum Gartenrotschwanz, der anspruchsvoller ist, gern Halbhöhlenkästen als Nisthilfen an.
Die Insektenfresser sind ständig auf der Suche nach Nahrung und verteidigen ihr Revier vehement auch gegen größere Gegner. Beim Sitzen zittern sie mit ihrem rostroten Schwanz. Obwohl Hausrotschwänze noch nicht gefährdet sind, nehmen ihre Bestände ab. Nistmöglichkeiten fehlen zunehmend an Gebäuden und der intensive Einsatz von Insektiziden lässt nur noch wenige Insekten übrig.

→ S. 188, Bauanleitung für Vögel

Das Hausrotschwanzmännchen singt jetzt schon früh am Morgen auf einer erhöhten Warte.

Auf Entdeckungstour

Der Erstfrühling lockt immer mehr Tiere hervor, viele Insekten sind bereits zu beobachten, aber auch Kleinsäuger wie Spitzmäuse.

Weibchen des Nashornkäfers fehlt das namensgebende Horn, das bis 1 cm lang sein kann.

Es gibt auch Männchen mit nur kleinem oder sogar fehlendem Horn.

Nashornkäfer beobachten

Nashornkäfer *(Oryctes nasicornis)* sind geschützt und gehören wie Rosenkäfer, Mai- und Junikäfer zur Familie der Blatthornkäfer *(Scarabaeidae)* und dort zur Unterfamilie der Riesenkäfer *(Dynastinae)*. Ihre Larven können fingerdick und bis zu 12 cm lang werden, sind walzenförmig und wie ein C gekrümmt, besitzen eine rotbraune, feste Kopfkapsel und 3 lange Beinpaare. Der vordere Körperteil ist weißlich bis cremefarben, der hintere gräulich und häufig etwas verdickt. Ihre Entwicklung dauert 3–5 Jahre. Die Larven leben im Kompost, wo sie wichtige Funktionen beim Abbau von totem Pflanzenmaterial übernehmen. Ihre Nahrung besteht aus Zellulose, auch aus Holzfasern und weiterem faserigen Material. Wenn die Larven während ihrer Wachstumsphase gestört werden, können sie sich nicht bis zum Endstadium entwickeln. Deshalb beim Umsetzen des Komposts sehr vorsichtig vorgehen. Falls Sie auf Larven stoßen, am besten zurück in den Kompost setzen.

→ S. 67, Tiere unterstützen

Die erwachsenen Käfer sind 20–40 mm groß, leben ungefähr 4–6 Wochen und sind dämmerungs- und nachtaktiv. Ihr Körper ist walzenförmig und unterseits behaart, die kastanienbraunen Flügeldecken glänzen. Männchen tragen das bis zu 10 mm große und nach hinten gebogene Horn auf der Kopfoberseite, um sowohl bei den Weibchen Anklang zu finden als auch ihre Rivalen zu beeindrucken oder mit ihnen zu kämpfen. Weibchen hingegen reicht ein Minihorn.

Umzug der Spitzmäuse

Im spitzmausfreundlichen Garten kann man mit sehr viel Glück von März bis Oktober eine sogenannte Spitzmauskarawane, bestehend aus Muttertier und Jungtieren, beobachten: Dabei beißt sich der jeweilige Hintermann an der Schwanzwurzel des Vordermanns fest und das vorderste Jungtier an der Schwanzwurzel der Mutter. Auf diese Weise bringt die Mutter alle ihre Jungen sicher von einem Quartier in ein anderes, denn Spitzmäuse sind ziemlich blind und so geht kein Spitzmauskind beim Umzug verloren.

NASHORNKÄFER-MÄNNCHEN OHNE HORN

Es gibt auch Nashornkäfer-Männchen, die nur ein winziges Horn tragen, vergleichbar dem der Weibchen. Dies sind kleine Männchen, die vortäuschen, ein Weibchen zu sein, und sich so von den anderen Männchen unbemerkt unter die Nashornkäfer-Weibchen mogeln können. Während die großen Männchen miteinander um die Gunst der Weibchen kämpfen, paaren sich die cleveren kleineren Männchen mit den unbewachten Weibchen.

Winterlibelle

Ab Anfang April bis Ende Mai/Anfang Juni entdeckt man die Winterlibelle *(Sympecma fusca)* mit etwas Glück auch am heimischen Gartenteich. Da sie im erwachsenen Zustand überwintert hat, ist sie die erste Libelle im Jahr, die man an Stängeln sitzend sehen kann. Im Gegensatz zu anderen Teichjungferarten legen sie ihre Flügel gefaltet an den Körper an. Dann sind die erwachsenen Tiere mit ihrer braunen Körperfärbung gut getarnt. Noch dazu drehen sie sich bei Annäherung potenzieller Feinde auf die andere Blatt- oder Astseite.

Marienkäfer

Die Sonne scheint, viele Pflanzen treiben aus und werden von den ersten Blattläusen heimgesucht. Doch schon tauchen auch die ersten Marienkäfer aus dem Winterschlaf auf. Ende April bis Anfang Mai legt das Marienkäfer-Weibchen bis zu 400 meist hellgelbe bis orangefarbene, winzige, längliche Eier, bis zu 60 Stück pro Gelege. Jedes einzelne wird an die Blattunterseite von Pflanzen geklebt in der Nähe von geeigneter Nahrung wie Blattlauskolonien.

Häufige Arten im Garten

➤ Der Siebenpunkt-Marienkäfer *(Coccinella septempunctata)* ist einer der häufigsten heimischen Marienkäfer. Ihn zieren auf seinen roten Flügeldecken 7 rundliche schwarze Flecken. Auf dem schwarzen Kopf befinden sich 2 weiße Punkte, auf dem schwarzen Halsschild 2 weiße Flecken. Die graue Larve weist am Rand orange und über den ganzen Körper schwarze Flecken auf. Larve und Käfer sind eifrige Blattlausvernichter.

➤ Der Zehnpunkt-Marienkäfer *(Adalia decempunctata)* ist variabel gefärbt, es gibt helle Formen mit schwarzen Flecken auf gelbem Grund und dunkle Formen mit roten Flecken auf schwarzem Grund und alle Übergangsformen, auch solche ohne Punkte. Käfer und Larven ernähren sich von Blattläusen.

➤ Der Zweiundzwanzigpunkt-Marienkäfer *(Psyllobora vigintiduopunctata)* hat auf gelben Deckflügeln 22 schwarze Punkte. Auf dem gelben Halsschild befinden sich schwarze Punkte. Auch die Larven sind gelb mit schwarzen Punkten. Der Käfer ernährt sich neben Läusen noch vom Echten Mehltau, einem Pilz.

➤ Der Harlekin-Marienkäfer *(Harmonia axyridis)* stammt aus Asien. Er besitzt ein eher weißgefärbtes Kopfschild mit einem schwarzen W oder M auf der Stirn, je nach Betrachtungsrichtung. Die Färbung fällt kontraststärker aus mit eher eckigen, großen Tupfen, die flickenartig verteilt sind im Gegensatz zu den klar abgegrenzten Kreisen des Siebenpunkts. Die Larve ist schwarz und weist an jeder Seite eine gelbe bis orangefarbene Linie auf.

Zur Unterscheidung: Heimische Marienkäfer haben eher ein schwarzes Kopfschild mit weißen Augen.

Siebenpunkt-Marienkäfer

Harlekin-Marienkäfer

Larve des Siebenpunkt-Marienkäfers

Larve des Harlekin-Marienkäfers

Wildbienen beobachten

Viele Wildbienen sind schon aktiv und können an blühenden Sträuchern oder Stauden, aber auch beim Nestbau beobachtet werden.

Sandbienen

Sandbienen (Gattung *Andrena*) sind allein in Mitteleuropa mit 148 Arten vertreten. Falls Sie in dieser Zeit eine Wildbiene mit Beinbürste an den Hinterbeinen sehen, handelt es sich meist um eine Sandbiene. Wie der Name schon sagt, legen sie gern im sandigen Boden ihre Nester an.

Hummeln

Sehen wir zu Beginn des Erstfrühlings hauptsächlich Hummelköniginnen, so erscheinen zum Ende hin vermehrt auch Arbeiterinnen, die deutlich kleiner sind. Eine Zuordnung zu einer bestimmten Art ist oftmals gar nicht so einfach, da Hummeln in ihrem Aussehen selbst innerhalb eines Volkes variieren können. Ein paar grundsätzliche Merkmale helfen zur Orientierung bei den am häufigsten in Siedlungsbereichen vorkommenden Arten. Das beste Unterscheidungsmerkmal ist die Hinterleibsspitze (→ Grafik).
Da Hummeln Sommerstaaten bilden, müssen viele Hummelarbeiterinnen von April bis Oktober Nahrung für viele Larven sammeln können. Deshalb können sie es sich nicht leisten, spezialisiert zu sein. Wer Hummeln gezielt fördern möchte, sollte die ganze Vegetationsperiode hindurch für blühende Pflanzen mit reichlich Nektar und Pollen sorgen. Hummeln lieben Lippenblütler wie Schwarznesseln oder Echtes Herzgespann, Schmetterlingsblütler wie Esparsetten, Hauhecheln, Wiesen- und Weiß-Klee, Borretschgewächse wie Beinwell, aber auch Heidekraut und Weidenkätzchen.

→ S. 201, Liste mit Hummelpflanzen

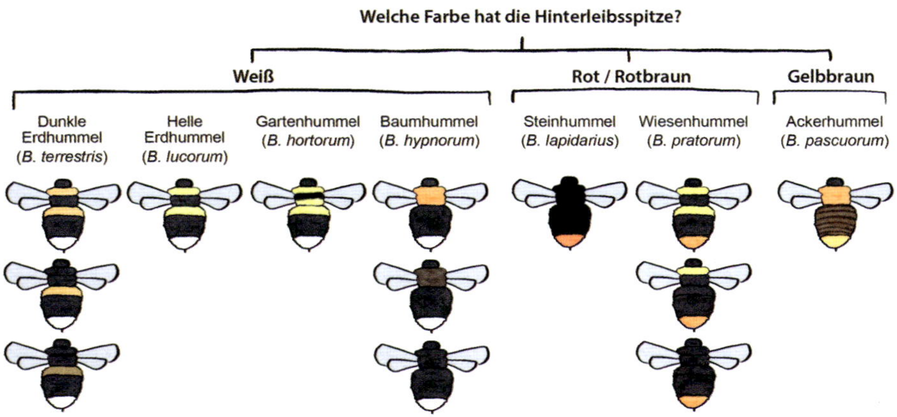

An der Farbe ihrer Hinterleibsspitze lassen sich die Hummeln am ehesten unterscheiden.

Frühlings-Pelzbiene

Die auch Gemeine Pelzbiene *(Anthophora plumipes)* genannte Biene wird etwa 14–15 mm groß, ist relativ häufig, pelzig behaart und damit warm eingepackt. Man kann sie bereits im März beobachten. Mit ihrem kompakten Körper ist sie leicht mit einer kleinen Hummel zu verwechseln. Der entscheidende Unterschied: Sie beherrscht den Schwirrflug wie eine Schwebfliege oder das Taubenschwänzchen.
Die Paarungsversuche sind ein wahres Schauspiel: Die Männchen überfallen die Weibchen bis zu 11-mal pro Minute im Flug – bis die Weibchen genug haben und die Blüten wechseln. Sie nisten sowohl in Steilwänden als auch im lössigen, sandigen oder lehmigen Boden, häufig aber auch auf ebenen Flächen und gern gesellig.

Tiere unterstützen

Vögel zu füttern ist schon Pflicht, einen käferfreundlichen Komposthaufen anzulegen bedeutet die Kür und fördert die Vielfalt an Tieren im Boden.

Vögel weiterhin füttern

Füllen Sie das Futterhaus regelmäßig auf, auch für Weichfresser. Sobald die Jungen geschlüpft sind, sind die Vogeleltern unablässig dabei, Raupen und andere Insekten in deren Schnäbel zu stopfen, sodass die sichere Energiequelle am Futterhaus von den Eltern sehr gern genutzt wird. Da es immer weniger Insekten gibt, gestaltet sich die Suche nach Raupen immer schwieriger und zeitraubender. Gut, wenn sie diesen Job gestärkt antreten können. Bedenken, dass die Jungen mit dem Futter aus dem Futterhaus versorgt werden, muss man nicht mehr haben, seit Beobachtungen in England gezeigt haben, dass sich die Vogeleltern nur selbst damit versorgen und ihre Jungen weiterhin mit dem artgerechten Insektenfutter.

Fütterung der Jungen im Nest – eine kräftezehrende Aufgabe für die Amseleltern.

Käferfreundlichen Kompost anlegen

Neben dem Käferkeller sollten Sie auch Ihren Komposthaufen käferfreundlich anlegen. Der Kompost übernimmt eine wichtige Schlüsselfunktion für den Lebensraum von Käfern wie Goldlaufkäfer, Asseln, Tausendfüßern, Hundertfüßern, Schnurfüßern, Drahtwürmern, Kompostwürmern, Regenwürmern – nur um einige zu nennen, und damit auch für deren Räuber wie Igel und Spitzmäuse. Möglicherweise können Sie damit sogar den Nashornkäfer fördern, der mittlerweile in einigen Regionen – insbesondere im Westen Deutschlands – fast verschwunden ist. Im Osten der Republik ist er hingegen noch häufiger anzutreffen. Die Riesenkäfer und deren Engerlinge lieben Holzmulm alter Bäume und sind den Menschen in die Gärten gefolgt.

Günstige Bedingungen für eine Nashornkäfer-Kinderstube im Kompost:

- Wichtig ist ein halbschattiger bis schattiger Standort, gern unter Bäumen oder Großsträuchern, der Kompost sollte nicht austrocknen.
- Der Komposthaufen sollte direkten Bodenkontakt haben, jedoch sollte der Boden mit einem Wühlmausgitter zum Schutz vor Maulwürfen bedeckt werden, schließlich lieben Maulwürfe Engerlinge.
- Die untere Schicht des Komposthaufens sollte aus groben holzhaltigen Materialien wie Baumschnitt bestehen.
- Mit unterschiedlichen Schichten aus ungekochten Küchen- und zerkleinerten Gartenabfällen sowie Zwischenlagen aus Stroh, Laub oder benutzter Kleintiereinstreu aus Sägespänen bestücken.
- Haben Sie Nashornkäferlarven beim Umsetzen des Kompostes entdeckt, sollten Sie einen extra Komposthaufen anlegen, die Käferlarven einsetzen und ihn nach Möglichkeit sogar einige Jahre unberührt lassen, denn die Entwicklung der Larven dauert 3–5 Jahre. Jede Störung in dieser Zeit bedeutet eine Gefahr für die Entwicklung der Larven dieses besonders geschützten Käfers.
- Erwachsene Käfer nicht in das Material, sondern auf die Oberfläche des Kompostes setzen, damit sie sich nicht erst mühsam durch den Kompost arbeiten müssen, um ihre Flugsaison zu starten.
- Laufenten vom Kompost abhalten. Dazu können Sie den Kompost grobmaschig einzäunen, damit Spitzmäuse und Igel noch hindurchkommen. Manchmal mögen die Enten lieber Käfer und Käferlarven als Schnecken – so auch die seltenen und geschützten Nashornkäfer.

→ S. 42, Kompost umsetzen
→ S. 64, Auf Entdeckungstour
→ S. 183, Bauanleitungen für Insekten

Schnirkelschnecke und Zweifarbige Mauerbiene

Mauerbiene

Gehäuse der Hainbänderschnecke

Zweifarbige Mauerbiene tarnt das Nest

Gemächlich gondelt die Zweifarbige Mauerbiene mit der riesigen Kiefernnadel unterm Bauch über den Boden. Endlich Gelegenheit für uns, sie in Ruhe zu beobachten.

Gartenbänderschnecke *(Cepaea hortensis)* und Hainbänderschnecke *(Cepaea nemoralis)*, umgangssprachlich auch Schnirkelschnecken genannt, zeigen erstaunlich vielfältige Zeichnungen und Färbungen ihres Schneckenhauses. So können sie keine, aber auch bis zu fünf dunkle Bänder aufweisen, kombiniert mit unterschiedlichen Grundfarben von Hellgelb über Rosé bis hin zu hellem Braunrot. Mit diesem extremen Polymorphismus gehören sie zu den optisch variabelsten Tieren der europäischen Fauna und sorgen bereits seit Darwins Zeiten für wissenschaftliche Forschung. Das Ergebnis: Ihre Evolution geschieht im Eiltempo und hat etwas mit Anpassung ihrer Tarnung zu tun. Bänderschnecken, die in sonnigen und sandigen Gebieten leben, weisen helle Färbungen und kaum Bänder auf. Sie schützen sich damit vor starker Erhitzung und tarnen sich vor ihren Feinden, insbesondere Vögeln, die das Kalzium für Knochen und Eierschalen benötigen. In strukturreichen Gebieten hingegen sind die Schneckenhäuser dunkler gefärbt und stärker gemustert und verschmelzen optisch mit dem Hintergrund. So hat wohl der Anteil der helleren Farben und geringerer Streifenzahl in den letzten 50 Jahren zugenommen – möglicherweise eine Anpassung an die Klimaerwärmung

Auch Gehäuseschnecken wie die Schnirkelschnecken nutzen Schleim zur Abwehr von Feinden, aber bei Weitem nicht in dem Maß, wie es Nacktschnecken tun. Denn ihre wichtigste Schutzfunktion besteht in einem Haus aus Kalk. Ihr Schneckengehäuse besteht anders als das von Muscheln aus einem einzigen Stück in Form einer spiralförmig gewundenen Röhre, in dem die Schnecke in einem Eingeweidesack all ihre wichtigen Organe unterbringt. Aus diesem Schutzmantel ragt ihr Weichkörper heraus, der mit seiner Kriechsohle nebst Schleimsekretdrüsen für die Fortbewegung und für die Nahrungsaufnahme zuständig ist. Wenn die Schnecke wächst, muss auch das Haus mitwachsen. Dazu sondert sie ein Sekret mit Kalziumkarbonat ab, das zu kohlensaurem Kalk aushärtet, und baut im Lauf ihres Wachstums dünne Schicht für dünne Schicht dieses Kalkes am Rand des Schneckengehäuses an. Aber dem noch nicht genug: Die Schnecke kann sogar ihr Haus reparieren. Treten kleinere Schäden an der äußeren Hülle auf, nimmt sie vermehrt Kalk mit ihrer Nahrung auf, um genügend Baumaterial zur Verfügung zu haben. Treten stärkere Schäden auf oder ist das Haus sogar verformt, liegen ihre bei Vögeln und anderen Räubern begehrten inneren Organe schutzlos offen, dann fällt sie häufig ihren Feinden zum Opfer.

Stirbt eine Schnecke, nutzen viele andere Tiere ihr Kalkhaus als Unterschlupf. Beispielsweise schlafen die Männchen der Zweifarbigen Mauerbiene *(Osmia bicolor)* manchmal sogar gemeinsam in solchen Schneckenhäusern. Die Weibchen bauen ihr Nest hinein – ein Ei pro Schneckenhaus. Die Zweifarbige Mauerbiene zählt zu den interessantesten und am leichtesten zu beobachtenden Wildbienenarten und ihre Körperbehaarung besitzt eine markante schwarz-rote Färbung. Zu Beginn inspiziert sie verschiedene leere Schneckenhäuser. Sobald sie sich für eines entschieden hat, wird es anstrengend. Als Erstes dreht sie das Schneckenhaus so herum, dass die Öffnung nach oben zeigt. Manchmal beklebt sie es von außen mit Pflanzenmörtel aus zerkauten Blättern. Jetzt trägt sie Pollen hinein, den sie von verschiedensten Pflanzenarten sammelt, legt das Ei darauf, verschließt das Nest zuerst mit Pflanzenmörtel aus z.B. Erdbeerblättern oder Fingerkräutern und anschließend den Schneckenhauseingang mit einem bis zu 2 cm dicken Pfropfen aus Erdbröckchen und Steinchen. Sie dreht das Schneckenhaus so, dass der Verschluss zum Erdboden zeigt. Manchmal gräbt sie dazu ein wenig Erdboden weg, sodass der Eingang etwas versenkt ist. Zum Schluss transportiert sie unermüdlich Kiefernnadeln, Eibennadeln, trockene Grashalme, kleine Stöckchen – teilweise bis zu 4-mal so lang wie sie selbst – zum Nest, um es zu tarnen. Dabei kann man sie gut beobachten, da sie sehr langsam und balancierend mit ihrer sperrigen Last fliegen muss und so gut sichtbar wird. Manchmal flicht sie sogar das Material ineinander, damit das Konstrukt richtig stabil wird und auch einem Sturm standhalten kann. Diese akribischen Sicherungsarbeiten können einige Tage in Anspruch nehmen und die Tarnpackung entsprechend groß werden lassen. Auf diese Weise legt die Biene zwischen März und Juni mehrere Nester an. Ihre Brutpflege geht so weit, dass sie bereits fertig angelegte Nester auf ihre Tarnung hin kontrolliert und diese sogar ausbessert, falls irgendetwas verrutscht, entfernt oder zerstört sein sollte.

Was bedeutet Biodiversität?

Oft wird Biodiversität mit Artenvielfalt gleichgesetzt, was aber nur zu einem Drittel zutrifft. Denn Biodiversität bedeutet auch die Vielfalt ihrer Gene und ihrer Lebensräume.

Allein wenn die genetische Vielfalt fehlt, steigt die Wahrscheinlichkeit, dass die Art ausstirbt, da damit eine permanent notwendige Anpassung an sich ändernde Umweltbedingungen nicht mehr stattfinden kann. Die Flexibilität, auf neue Umwelteinflüsse zu reagieren, nimmt ab. Diese Gefahr besteht im Übrigen auch bei Kulturpflanzen, von denen es nur noch wenige Sorten gibt.

Die Stabilität der Ökosysteme, die uns etliche sogenannte Ökosystemdienstleistungen wie sauberes Wasser durch Filtration und saubere Luft zur Verfügung stellen, entsteht durch eine entsprechend hohe Anzahl unterschiedlicher Arten, die miteinander durch ein dichtes Netz an Beziehungen und Abhängigkeiten verwoben sind. Je dichter das Netz, desto resilienter bzw. stabiler ist das jeweilige Ökosystem und desto besser kann es auf störende Einflüsse von außen reagieren.

Die Biodiversität auf der Erde ist stark bedroht. Wie stark und warum das so ist, hat die Erdsystemforschung mit der Definition von planetaren Grenzen versucht zu verdeutlichen. Die Wissenschaftler fragten, innerhalb welcher Grenzen wir uns bewegen können, damit zukünftige Generationen auf der Erde leben können, und wie das Verhältnis der einzelnen menschlichen Einflüsse auf das Erdsystem aussieht (→ Grafik links). Dabei stellt der grüne Bereich im Inneren des Kreises den sicheren Raum dar. Mit Gelb und Orange nehmen die Unsicherheiten zu.

Die Forscher identifizierten und quantifizierten 9 unterschiedliche Einflussfaktoren. Die aktuelle Grafik zeigt, dass der vielbeachtete Klimawandel zwar lediglich an Position 4 steht, sich aber klar bereits im Unsicherheitsbereich (gelb) befindet.

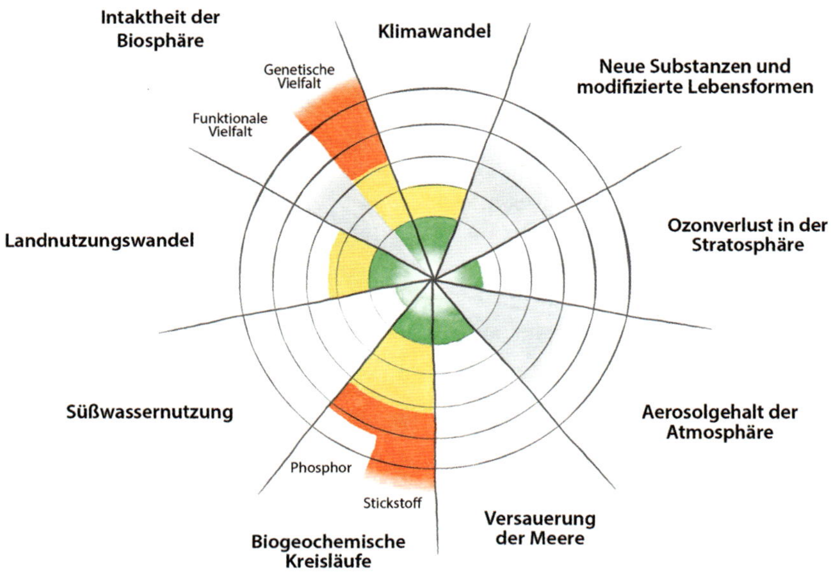

Planetare Grenzen des Erdsystems: vom sicheren Bereich (grün) zum Hochrisikobereich (rot).

Unberührte Natur ist nur noch in strengen Schutzgebieten wie Nationalparks möglich.

Die Menge und die Wirkung chemischer Verbindungen auf das Erdsystem sind bisher noch nicht ermittelt worden, ebenso wenig die Menge der Aerosole in der Atmosphäre, die massive Auswirkungen auf das Klima haben. Drei Bereiche befinden sich erfreulicherweise noch im sicheren Bereich, nämlich der stratosphärische Ozonabbau – also das Schrumpfen der Ozonschicht –, die Ozeanversauerung und der Frischwasserverbrauch. Landsystemänderungen bedeuten eine Umwandlung von natürlichen Lebensräumen in intensiv genutzte Bereiche. Beispiele dafür sind das Abholzen der Regenwälder für den Tierfutteranbau, Versiegelung der Böden für Infrastruktur, Bau von Gewerbegebieten, aber auch die Umwandlung von Blumenwiesen in Maisäcker. Ein Bereich, der die planetaren Grenzen sprengt, sind die biogeochemischen Stoffkreisläufe von Phosphor und Stickstoff. Diese Kreisläufe sind durch Eingriffe des Menschen insbesondere in den letzten 100 Jahren so massiv verändert worden, dass die natürlichen Phosphatvorkommen zur Neige gehen (der menschliche Organismus benötigt ca. 2 g Phosphat pro Tag) und der natürliche Stickstoffkreislauf aus dem Ruder gelaufen ist (→ S. 164). Der Verlust der biologischen Vielfalt stellt jedoch das dramatischste Tortenstück dar, wobei der Aspekt »Verlust ökologischer Funktionen« noch nicht sicher quantifiziert ist, das Artensterben jedoch weit über die planetaren Grenzen hinausragt. Ist eine Art einmal ausgestorben, kommt sie nicht wieder zurück. Die Gründe für den Biodiversitätsverlust können aus dieser Darstellung leicht herausgelesen werden, denn alle menschlichen Einflüsse wirken auf die Biodiversität. Dies macht dieses Tortenstück zu einer sogenannten Endpoint-Kategorie, zu einem Sammelbecken, im Vergleich zu allen anderen Tortenstücken, die als Midpoint-Kategorien gelten. Dies alles führt dazu, dass wir momentan das 6. Artensterben der Erdgeschichte erleben – eines nach dem Aussterben der Dinosaurier. Allerdings läuft dieses Artensterben 100- bis 1000-mal schneller ab als üblicherweise.

Die Ökosysteme wiederherstellen

Analog zu den Weltklimakonferenzen diskutiert die Weltgemeinschaft auf Biodiversitätskonferenzen gemeinsame Maßnahmen, um das Artensterben zu stoppen und die Ökosysteme wiederherzustellen. Die Vereinten Nationen haben die Jahre 2021 bis 2030 als die Dekade zur Wiederherstellung der Ökosysteme ausgerufen. Das sehr ambitionierte Ziel, 30 Prozent der Erdoberfläche unter Schutz zu stellen und der Natur wieder zurückzugeben, wird gerade verhandelt. Als Beispiel: Deutschland weist aktuell 6,3 Prozent der Fläche als Naturschutzgebiete aus, wobei viele in ihrer Funktion so beeinträchtigt sind, dass sich Natur weder ungehindert entwickeln kann noch ein genetischer Austausch zu anderen Naturschutzgebieten möglich ist. 16 Nationalparks in Deutschland bedecken 0,6 Prozent der Fläche, was im europäischen Vergleich gering ist. Festgelegt ist, dass sie mindestens 10.000 ha groß sein und damit ein oder mehrere Ökosysteme vollständig umfassen sollten, auf 75 Prozent ihrer Fläche weitgehend natürlich sein müssen und nicht dem Schutzzweck entgegenstehend genutzt werden dürfen. Zum Vergleich: Österreich besitzt 3 Prozent Nationalparks.

VOLLFRÜHLING

Apfelblüten überziehen die Gärten und eine Etage tiefer beginnen Blutstorchschnabel, Ochsenzunge und Günsel zu blühen. Nestlinge und erste Ästlinge der Meisen vollführen ihr Spektakel und lassen den Vogeleltern keine Sekunde Ruhe. Lassen Sie sich von der Geschäftigkeit anstecken und pflanzen Sie Gewürze, die Insekten lieben, aber auch wärmeliebende Obstsorten wie Kiwi. Falls noch nicht geschehen, können Sie jetzt noch Johannisbeeren & Co. als Insektennahrung und heimisches Superfood pflanzen.

Feuchtbereich anlegen

Jetzt ist die beste Jahreszeit, um das Projekt Teich oder Sumpfgraben in Angriff zu nehmen.

Teich anlegen

An dieser Stelle seien jedoch nur grob die Vorgehensweise und wichtige Eckpunkte genannt, da hier Spezialwissen nötig ist: Je nach Größe reichen Minibagger oder Spaten, um die Vertiefung auszuheben. Gestalten Sie dabei die Uferböschung nicht zu steil, damit jetzt bei der Anlage das Substrat nicht abrutscht und später ins Wasser gefallene Tiere wie Igel wieder leichter herausfinden. Den Untergrund von spitzen Steinen oder Wurzeln befreien, mit einer Sandschicht versehen und darauf Wurzelschutzvlies auslegen. Auf diese Lage kommt die nach Möglichkeit PVC-freie Teichfolie. Als Substrat verwenden Sie niemals normale Gartenerde oder Lehmboden, da zu viele Nährstoffe gelöst werden können und ein Algenwachstum fördern. Verwenden Sie lieber spezielles Teichsubstrat oder Sand.

Gepflanzt werden sollte erst ab einer Nachttemperatur über 10 °C. Unterwasserpflanzen können direkt in das Substrat gesetzt und am Boden mit einem Stein beschwert werden, um nicht aufzuschwimmen. Weiterhin werden in der Tiefwasserzone die Seerosen und Teichrosen gepflanzt, am besten in Extrakörben, um ihre Wuchskraft etwas unter Kontrolle zu halten. Sobald die unterste Ebene bepflanzt ist, sollte dieser Bereich mit Wasser befüllt werden. Am besten tun Sie das vorsichtig, damit Ihre frisch gesetzten Pflanzen nicht herausgespült werden bzw. nicht zu viel Substrat aufgewirbelt wird. Jetzt können mitteltiefe Bereiche und die Uferzone bepflanzt werden und der Teich komplett mit Wasser befüllt werden.

Gehen Sie davon aus, dass es je nach Größe bis zu 2 Jahre dauern kann, bis sich ein Gleichgewicht im Teich eingestellt hat. Erst dann wird sich ein richtiges Ökosystem herausgebildet haben.

Sumpfgraben anlegen

Heben Sie einen ca. 50 cm tiefen (je nachdem, wie breit der Graben werden soll, auch tiefer oder flacher) Graben aus mit entsprechender Böschung, auf der das Substrat hält und nicht abrutscht. Befreien Sie den Boden von spitzen Steinen und dicken Wurzeln, legen Sie ein Wurzelschutzvlies unter die Folie, die sorgfältig abgedichtet werden muss, falls Sie anstückeln müssen. Eine 10 cm dicke Sandschicht eignet sich als Substrat. Bitte keinen Gartenboden verwenden, er modert wegen des hohen Anteils an organischer Substanz. Wie beim Teich nur vorsichtig mit Wasser befüllen.

→ S. 58, Teich/Sumpfgraben planen

Sind die Sumpfpflanzen im Sumpfgraben eingesetzt, können Sie langsam Wasser zulaufen lassen.

Rankgerüst für Kletterpflanzen

Bauen Sie spätestens jetzt Rankgerüste für Ihre Kletterpflanzen.

Bauen Sie spätestens jetzt Rankgerüste, je nach Art der Kletterpflanze freistehend oder auch an einer Fassade, denn sie treiben mit voller Kraft und ihr Volumen nimmt jetzt rasch zu.

- Für Fassaden eignen sich gitterartige Holzgerüste oder Haken, zwischen denen Sie waagerecht Stahlseile spannen.
- Freistehenden Rankern dienen Pergolen oder Spaliere.
- Für einfache Spaliere können Sie verzinkte Ständer verwenden, wie sie im Weinbau üblich sind, die mit Drahtseilen bespannt werden.
- Für die Leichtgewichte unter den Kletterern wie Clematis oder Wicken können Sie aus Weidenruten oder Bambus selbst Gitter bauen.
- Hopfen liebt es, an Stahlseilen emporzuklettern, je höher desto besser.

Achten Sie auf ausreichende Stabilität, indem Sie das Spalier ca. 80 cm tief einbetonieren, da gerade freistehende Spaliere mit dichtem Bewuchs bei den zunehmenden Stürmen einer enormen Windlast ausgesetzt sind.

Über ein Rankgerüst können zum Beispiel Bohnen die Hauswand erobern.

Staudensamen bestellen

Kümmern Sie sich bereits jetzt um Samenbestellungen für seltenere Stauden oder Wildstauden, die Sie nur schwer in den normalen Gärtnereien bekommen.

Nach wie vor gestaltet es sich als Herausforderung, entsprechende Stauden pflanzfertig kaufen zu können. Warum also nicht Samen kaufen und selbst ansäen, zudem können Sie damit Kosten und Ressourcen in Form von Kunststofftöpfen, Verpackung und Versand sparen. Im Früh- und Hochsommer ist dann die richtige Zeit für die Aussaat. Handelt es sich um Kaltkeimer, kann man vorgequollenen Samen in kleine mit Sand gefüllte Schalen säen und in eine klare Plastiktüte gehüllt zum Keimen in den 0–4 °C kalten Kühlschrank stellen. Gepflanzt werden kann je nach Bedarf und Entwicklung der Pflänzchen entweder im Spätsommer und Herbst oder auch im nächsten Frühjahr. Gerade bei großen Flächen, die im nächsten Jahr mit heimischen Stauden blühen sollen, lohnt sich das.
Falls Sie im Spätsommer eine Blumenwiese anlegen wollen, können Sie auch Ansäen mit Staudenpflanzung kombinieren.

→ S. 124, Blumenwiese anlegen
→ S. 39, Pflanzen für die Blumenwiese

Viele Wildstauden wie Königskerzen können Sie leicht selbst vorziehen.

Pflanzen und bepflanzen

Wärmeliebende Gewürzkräuter und südländische Obstsorten sollten jetzt erst in den bereits warmen Boden gepflanzt werden.

Gewürzgarten für Insekten

Viele Gewürze, insbesondere mediterrane Kräuter, sind im blühenden Zustand wahre Insektenweiden. Rosmarin, Thymian, Salbei, Oregano lieben eher magere, wasserdurchlässige Böden. Basilikum, Dill, Estragon, Koriander, Pfefferminze, Zitronenmelisse bevorzugen feuchte Böden. Borretsch kommt mit beidem gut klar. Bei Basilikum sei besonders das rote Basilikum als dauerblühender Insektenmagnet empfohlen, das sich auch gut als Zierpflanze im Blumenkübel macht.
Rosmarin und Salbei sollten Sie besser als Pflanzen einsetzen, die restlichen Kräuter lassen sich auch gut ansäen. Bei Basilikum funktioniert beides. Man kann es vorgezogen im Topf kaufen, insbesondere spezielle Sorten wie rotes Basilikum oder Thai-Basilikum. Sind die Pflänzchen noch nicht größer als 10 cm, können Sie sie auch vereinzeln und jede Pflanze zu einem kleinen Busch werden lassen, indem Sie die äußeren Enden entspitzen.

Teich bepflanzen

Sobald es nachts wärmer als 10 °C ist, können die Teichpflanzen gesetzt werden. Dabei auf die nötigen unterschiedlichen Wassertiefen achten. So können am Rand typische Sumpfpflanzen wie Mädesüß, Blutweiderich oder Bach-Nelkenwurz gepflanzt werden. Etwas tieferes Wasser benötigen z.B. Fieberklee und Pfeilkraut. Das tiefe Wasser gehört den Unterwasserpflanzen, aber auch den Schwimmblattpflanzen wie Teich- oder Seerose. Weitere Pflanzen → S. 58.

Pflanzen setzen

➢ **Wärmeliebende Obstbaumsorten:** Gerade frostempfindlichere Obstbäume wie Aprikose und Pfirsich sollten Sie jetzt erst pflanzen, damit sie den Sommer über und ohne Kälteperioden genügend einwurzeln können. Beim Pflanzen hier auf ausreichend wasserspeichernde Kompostgaben, aber auch für eine gute Drainage sorgen. Insbesondere Staunässe mögen Aprikosen- und Pfirsichbäume gar nicht.

➢ **Kiwis:** Die aus China stammenden Kiwis sind hervorragende Pollenlieferanten für wenig spezialisierte Insekten wie Hummeln. Auch sie sollten jetzt gepflanzt werden, dann können sie als starkwüchsige Ranker Hauswände begrünen oder über Pergolen gezogen für sommerlichen Schatten sorgen. Mit viel Kompost im Pflanzloch werden sie optimal mit Nährstoffen versorgt. Gewährleisten Sie eine ausreichende Wasserversorgung. Bei bestimmten Sorten benötigen Sie weibliche und männliche Pflanzen.

➢ **Heimische Obstbäume, Sträucher und Beerensträucher:** Obwohl die beste Pflanzzeit die frostfreie, aber vegetationsfreie Zeit ist, können Sie dank Containerware auch jetzt noch Sträucher, Obstbäume und Beerensträucher pflanzen und für Tier- und Pflanzenvielfalt sorgen. Achten Sie dabei aber auf eine intensive Bewässerung.
→ S. 60, Pflegearbeiten

➢ **Stauden:** Für das Pflanzen von Stauden gilt das Gleiche wie für heimische Obstbäume. Auch ihre ideale Pflanzzeit liegt im Spätsommer oder im Vorfrühling, doch jetzt im Mai können Stauden ebenfalls noch gepflanzt werden. Solange die Pflanzen noch nicht eingewurzelt sind, sind auch hier intensive Wassergaben notwendig. Es gilt: Selten aber durchdringend gießen.

➢ **Erdbeeren:** Erdbeeren sind gute Pollen- und Nektarlieferanten für unsere Insekten. Pflanzen Sie am besten frühblühende und spätblühende Sorten, um sowohl Nektarangebot als auch Ernte der Früchte über einen längeren Zeitraum ausdehnen zu können.

➢ **Artischocken:** Pflanzen Sie neben anderem Gemüse auch unbedingt Artischocken. Nicht um sie zu ernten, sondern um sie blühen zu lassen. Als Distelpflanze liefern sie über lange Zeit hervorragend Nektar und Pollen und Hummeln und weitere Wildbienen, Schwebfliegen und Schmetterlinge finden sich gern ein.

Pflegemaßnahmen

Bei Kletterpflanzen, in Stauden- und Obstbeeten stehen verschiedene Pflegearbeiten an.

Kletterpflanzen anleiten/hochbinden

➢ Die Ranker und Winder unter den Kletterpflanzen wie Kiwi, Winde oder Hopfen winden sich mit ihrem ganzen Spross um die vertikale Stützhilfe. Außer Geißblatt *(Lonicera)* sind alle von oben betrachtet Linkswinder. Beachten Sie dies beim ersten händischen Aufwinden. Befestigen Sie sie ab und an zusätzlich mit etwas Draht an der Stützhilfe, um ein Herunterrutschen zu vermeiden. Clematis und Wicken benötigen höchstens bleistiftdicke Rankhilfen. Verwenden Sie hier am besten gitterartige Konstruktionen in Form von Seilen, käuflichen Gittern oder sogar Baustahlgittern.

➢ Spreizklimmer wie Him- und Brombeeren oder Kletterrosen bilden lange, feste Triebe, die Halt brauchen – entweder im Geäst von Bäumen oder angebunden an stabilen, waagerechten Kletterhilfen.

➢ Im Gegensatz dazu benötigen Selbstklimmer wie Efeu und Wilder Wein keine Rankhilfen, da sie Haftfüßchen ausbilden und sich selbst an Bäumen, Mauern und Wänden halten können.

Stauden stützen

Der Mai lässt auch verschiedene Stauden wie Ochsenauge, Wilde Karde, Wegwarte, aber auch Pfingstrosen in die Höhe schießen. Sie benötigen eine Stützhilfe, um nicht beim erstbesten Sturm auf dem Boden zu liegen.

Clematis schneiden

Eigentlich muss die heimische Alpen-Waldrebe *(Clematis alpina)*, die sehr früh im Jahr blüht, nicht geschnitten werden. Hat sie jedoch nur begrenzt Platz, sollten Sie sie direkt nach der Blüte schneiden. Sie treibt danach kräftig aus und bildet im nächsten zeitigen Frühjahr am einjährigen Holz die Blüten. Als Waldpflanze gedeiht sie gut im Schatten und kann selbst meterhohe Bäume beranken. Aber auch die Begrünung eines Maschendrahtzaunes kann mit ihr gelingen. Achten Sie immer auf einen beschatteten Fuß!

Kompost wässern

Der Kompost darf nicht austrocknen, um die Abbauprozesse in Gang zu halten und um den Tieren im Kompost nicht die nötige Feuchtigkeit vorzuenthalten.

Verblühtes bei Frühjahrsblühern wie Narzissen ausbrechen

Damit Pflanzen, die nicht zur Selbstaussaat geeignet sind, wie Narzissen, nicht allzu viel Kraft in Samen stecken, sollten Sie die Samenstände spätestens jetzt ausbrechen.

Himbeerruten entfernen

Neue Himbeerruten sollten Sie jetzt entfernen, da sie oft nicht besonders kräftig sind. Spätere Neutriebe garantieren eine reiche Blüte und Ernte und somit auch viel Insektenfutter im nächsten Jahr.

Beerensträucher mulchen

Wichtig ist es jetzt, Beerensträucher zu mulchen. Viele von ihnen sind ursprünglich Sträucher des Waldrandes, als Flachwurzler sind sie es gewohnt, bedeckte Füße zu haben. Das schützt vor unnötiger Verdunstung.

MULCHEN

Mulchen übernimmt im Vielfaltsgarten eine wichtige Funktion, obwohl wir vorrangig magere und trockenere Standorte nutzen oder schaffen wollen. Gerade aber bei Beerensträuchern oder im Gemüsebeet sorgt es für Vielfalt. Es erhöht den Humusanteil, hält feucht und schafft ein optimales Mikroklima für vielfältige Organismen, die durch ihre Abbautätigkeiten Nährstoffe freisetzen und so einen wichtigen Beitrag leisten, den Einsatz von Mineraldünger überflüssig zu machen. Falls bei Ihnen nicht genug Mulchmaterial anfallen sollte, weil Sie eine Blumenwiese statt eines Rasens besitzen und Beikräuter länger überleben dürfen, fragen Sie doch einfach Ihren Nachbarn, ob er Ihnen Rasenschnitt abgibt, sofern es sich um einen unbehandelten Rasen handelt.

Blumenwiese pflegen

Damit sich eine Blumenwiese dauerhaft etabliert, müssen einige Dinge bei der Pflege berücksichtigt werden. Durch falsche Pflege kann das Gras wieder überhandnehmen.

Schröpfschnitt als Entwicklungspflege neu angelegter Blumenwiesen
Schröpfschnitte können 2- bis 3-mal im ersten Jahr erforderlich sein.

➢ **Im Spätsommer des vorherigen Jahres angelegte Wiese:** Wenn das Gras noch dominiert oder viele Unkräuter aufkommen, sollten Sie während der Grasblüte einen Schröpfschnitt durchführen. Da die Gräser schon viel Energie in ihre Entwicklung und die Blüte gesteckt haben, werden sie dadurch geschwächt. Dies verschafft den Blumenpflanzen einen Vorteil und vor allem Licht. Dazu schneiden Sie die Wiese ungefähr 10 cm hoch, um aufgegangene Wildblumen und Tiere am Boden zu schonen.

➢ **Im zeitigen Frühjahr des gleichen Jahres angelegte Blumenwiese:** Wenn die Blumenpflanzen am Ende des Vollfrühlings, aber manchmal bereits nach 6–8 Wochen von unerwünschten Beikräutern wie Melde oder auch Gräsern überwuchert werden, sollten Sie mit dem Schröpfschnitt nicht zögern, um die Blumenpflanzen zu fördern.

Besonders insektenfreundliche Staffelmahd
Schneiden Sie hierfür nur eine Hälfte der Wiese, bevor die Gräser blühen, die zweite Hälfte ungefähr 4 Wochen später. Dadurch können Sie sicherstellen, dass immer etwas auf der Fläche blüht und die Insekten Nahrung finden.

Erster Schnitt der Fettwiese
Fettwiesen schneidet man grundsätzlich 2- bis 3-mal im Jahr. Auch hier bietet sich die Staffelmahd an, um regelmäßig Nährstoffe zu reduzieren.
Der erste Schnitt sollte jetzt im Vollfrühling erfolgen.

→ S. 128, Die Blumenwiese pflegen

Pflanzen schützen

Blüten von Lauch oder Schnittlauch bieten Wildbienen reichlich Nahrung – blühen lassen!

Auch im Vielfaltsgarten möchte man Gemüse und Obst ernten. Hier können Sie zu schonenden Methoden greifen.

Kulturschutznetz im Gemüsegarten
Im Vielfaltsgarten sollten Sie in gewissem Maße vorbeugenden Pflanzenschutz betreiben, denn Gemüse wollen Sie ernten und nicht alles den verschiedensten Insekten überlassen. Ein Kulturschutznetz schützt vor Verdruss mit Kohlfliege, Lauchmotte und Lauchminierfliege, die jetzt unterwegs sind und Eier an verschiedenen Kohlarten ablegt. Die Maden fressen sich durch Rettich und Radieschen, was sich durch Fraßgänge zeigt. Übrig gebliebene Lauchstangen vom Vorjahr nehmen Sie dabei aus, da ihre Blüten für zahlreiche Insekten Nahrung liefern sollen.

Pheromonfallen in Obstbäumen
Apfel- und Pflaumenwickler legen ihre Eier in die jungen, unreifen Früchte und sorgen für wurmstichiges Obst. Um den Verlust von Obst etwas zu minimieren, sollten Sie Pheromonfallen aufhängen, die mit dem Sexuallockstoff der Weibchen versehen sind und die Männchen anlocken. Aber auch hier wird eine vielfältige Vogelwelt im Garten für eine spürbare Reduzierung sorgen.

Teichpflege

Ist Ihr Teich bereits ein paar Jahre alt, sollten Sie einige Arbeiten durchführen, um ein Verlanden zu verhindern.

Leben Kaulquappen oder Libellenlarven im Wasser, sollten Sie entweder so vorsichtig arbeiten, dass keine Tiere zu Schaden kommen, sie abkeschern oder die Arbeiten auf den Frühsommer verschieben, wenn viele Tiere (außer den mehrjährigen Libellenlarven) das Wasser verlassen haben. Sie werden einen Teil des Wassers ablassen müssen, bei kleineren Teichen sollten Sie es aufbewahren, bei größeren wiederum einen Teil davon zum Gießen verwenden. Entfernen Sie den Schlamm am Boden zu maximal zwei Drittel, da viele Organismen darin leben, die durch ihre Nahrungsaufnahme von pflanzlichem Material für eine Phosphatbindung sorgen und somit gute Gegenspieler zum Algenwachstum darstellen. Den Schlamm können Sie auf den Kompost geben.

Teilen Sie jetzt zu groß gewordene Teich- und Seerosen, indem Sie die Pflanzkörbe herausheben, die Wurzeln mit einem scharfen Messer zerteilen und kleinere Stücke wieder in die Pflanzkörbe mit entsprechendem Teichsubstrat setzen. Sie sollten keine Gartenerde verwenden, da ihr Humusanteil zu hoch ist und Fäulnis einsetzen kann. Lehm beinhaltet zu viele Nährstoffe, die freigeschwemmt werden und zu Algenwachstum führen können. Setzen Sie die Pflanzkörbe zurück auf den Teichgrund und beschweren Sie sie mit Steinen.

Unterwasserpflanzen können Sie entnehmen, den Wurzelballen mit einem Spaten teilen und anschließend wieder einsetzen. Wichtig ist hierbei, wie für die Schwimmblattpflanzen Teichsubstrat zu verwenden.

Auch bei den Pflanzen der Uferzone sollten Sie den Bestand auslichten.

Leiten Sie das aufbewahrte Wasser vorsichtig zurück (Schlauch am Teichgrund), um ein Herausspülen der Pflanzen zu verhindern. Den Rest müssen Sie mit Leitungswasser auffüllen.

Nicht schneiden oder spritzen

Auch im Vollfrühling sollten Sie alte Gewohnheiten wie den Schnittlauch vor der Blüte zu schneiden oder gegen den Frostspanner zu spritzen aufgeben.

Zwiebellauch und Schnittlauch blühen lassen

Schneiden Sie diese Laucharten nicht vor der Blüte ab, wie normalerweise empfohlen, sondern lassen Sie sie blühen. Tolle Blütenbälle werden von Hummeln, aber auch von Schwebfliegen, vielen Wildbienenarten in allen Größen und auch Schmetterlingen spätestens im Frühsommer ständig aufgesucht.

→ S. 95, Blühen lassen für Insekten

Von Frostspannerraupen Befallenes nicht spritzen

Obstbäume, aber auch Beerensträucher mit starkem Befall des Frostspanners nicht mit dem üblicherweise empfohlenen *Bacillus thuringiensis*-Präparaten spritzen, sondern die Raupen ablesen und ins Futterhaus für die Vögel geben. Sie werden sich freuen. In einem eingespielten Vielfaltsgarten wird ein übermäßiges Auftreten dieser zwar sehr interessanten, aber auch gefürchteten Art erst gar nicht vorkommen.

Frühjahrsblühende Sträucher

Entgegen häufiger Empfehlungen sollten Sie keinesfalls jetzt frühblühende Sträucher wie Schlehe oder Kornelkirsche schneiden, denn dies würde zum Verlust von wertvollen Früchten für Vögel und andere Tiere führen. Besser auch diese Arten beim Herbst- oder Winterschnitt berücksichtigen, nachdem die Früchte verzehrt wurden.

Ameisen nicht bekämpfen

Keinesfalls sollten Sie Ameisennester oder Ameisenstraßen zerstören. Denn Ameisen sind nicht nur eine gute Nahrung für andere Tiere, sondern für den Garten eine echte Bereicherung.

➤ **Ameisenstraße:** Falls sich eine Ameisenstraße an denkbar ungeeigneter Stelle befindet, können Sie diese durch arteigene Duftstoffe markierten Straßen mit ätherischen Ölen unterbrechen. Geben Sie beispielsweise ein paar Tropfen Lavendelöl oder andere stark duftende Kräuter wie Pfefferminze, Thymian, Salbei, Majoran darauf. Aber auch Zitronenschalen, Zimt, Teebaumöl oder Essig wirken in ähnlicher Weise. Die Tiere suchen sich dann andere Wege.

➤ **Ameisennest:** Liegt das Nest an einer ungünstigen Stelle, kann man auf die gleiche Weise Ameisen zum Umziehen bewegen. Lockt man sie gleichzeitig mit Zucker oder Früchten an unkritische Orte, sollte dies Motivation genug sein, den Neststandort zu wechseln.

➤ **Den Umzug aktiv herbeiführen:** Dies kann man mithilfe eines Blumentopfes. Stellen Sie dazu einen tönernen Blumentopf ins Wasser, bis er sich vollgesaugt hat, und füllen Sie ihn anschließend mit Zeitungspapier, Holzwolle oder Stroh. Eine Ergänzung mit Zucker oder Marmelade macht das neue Nest noch attraktiver. Stellen Sie nun den Topf kopfüber über das Ameisennest oder in die Nähe einer Ameisenstraße. Das Ameisenvolk wird innerhalb weniger Tage in das neue Nest umziehen. Mit einer unter den Topf geschobenen Schaufel können Sie das Ameisennest an einen anderen Ort bringen. Handelt es sich bei den Tierchen um kleinere Ameisen wie Knotenameisen oder Wegameisen, können Sie einen anderen Ort im eigenen Garten suchen. Waldameisen sollten Sie besser in den Wald bringen und am besten in einem fest verschließbaren Behälter im Auto transportieren.

Die Rote Gartenameise nimmt wie alle Ameisen eine wichtige Rolle in den Ökosystemen ein.

AMEISEN FÜR DAS BIOLOGISCHE GLEICHGEWICHT IM GARTEN

Ameisen haben einen großen Einfluss auf die Funktionsfähigkeit der Ökosysteme an Land. Schätzungsweise liegt ihre Gesamtpopulation weltweit bei einer Billiarde, ausgeschrieben 1.000.000.000.000.000 = 10^{15}. Jedes tausendste Insekt ist eine Ameise.

Als typische Erstbesiedler auf Brachland machen sie den Boden besiedelbar für Pflanzen. Also heißen Sie sie, wenn Sie einen Garten neu anlegen, willkommen! Aber auch ein bereits bepflanzter Garten profitiert von Ameisen. Sie lockern durch ihre vielen Gangsysteme den Erdboden auf, schichten ihn um und bringen dadurch Nährstoffe an die Oberfläche, wo sie von Pflanzen aufgenommen werden. Pflanzen schicken ihre Wurzeln gern entlang dieser Gangsysteme, statt durch harten Boden bohren zu müssen. Somit können sie leichter und damit deutlich energiesparender ihr Wurzelwerk aufbauen. Wasser kann leichter versickern und vom Boden aufgenommen werden – ein sehr wichtiger Punkt bei den immer mehr zunehmenden Starkregenereignissen. Weiterhin spielen Ameisen beim biologischen Gleichgewicht im Garten eine ganz entscheidende Rolle. Sie agieren als Hygienepolizei, indem sie Aas und abgestorbene Pflanzen vertilgen und damit als klassische Zersetzer aufräumen. Sie ernähren sich von anderen Insekten und bilden somit wichtige Gegenspieler, zählen aber auch selbst zur Beute von anderen Tieren. Besonders wichtig sind sie für den Grünspecht, da sie seine Nahrungsgrundlage bilden. Sie verbreiten Samen und tragen dadurch dazu bei, dass Brachland schneller wieder bewachsen wird und dass die Pflanzen verbreitet werden.

Nicht bekämpfen

Immer wieder ist ihre Gelassenheit im Vielfaltsgarten gefragt. Sei es bei Raupen- und Schneckenbefall oder wenn sich Brennesseln ansiedeln.

Raupen nicht bekämpfen

Tauchen vermehrt Raupen an Sträuchern, Bäumen und Blumen auf, reagieren Sie gelassen und freuen Sie sich über die Besucher, statt gleich in einen hektischen Bekämpfungsmodus zu verfallen wie oft in üblichen Ratgebern empfohlen. Häufig regelt sich das innerhalb von ein paar Tagen von selbst, weil Fressfeinde sie ebenfalls entdeckt haben. Und selbst wenn ihnen Blätter gänzlich zum Opfer fallen sollten, geht die Pflanze nur in den allerseltensten Fällen ein. Häufig erfolgt ein neuer Blattaustrieb zu einem späteren Zeitpunkt im Hochsommer, der sogenannte Johannistrieb. Nicht immer handelt es sich bei Raupen um Schmetterlingsraupen, es können auch Raupen von Blattwespen oder Blattkäfern sein. Aber schließlich nimmt jedes Insekt seinen Platz im System ein – und sei es als Glied in der Nahrungskette als Futter für beispielsweise Vogelkinder. Wie schade wäre es, die grasgrünen Raupen am Faulbaum zu vernichten und dadurch zahlreichen Zitronenfaltern das Leben zu nehmen. Zudem übernehmen pflanzenfressende (herbivore) Insekten eine ganz wichtige Funktion, denn sie bringen die im Pflanzengewebe gespeicherte Sonnenenergie in die Nahrungsnetze.

→ S. 52, Zitronenfalter, Faulbaum und Kartäusernelke
→ S. 112, Pflanzen entdecken – Johannistrieb

Schnecken nur selektiv bekämpfen

Falls die Schneckenplage naht, bekämpfen Sie die Weichtiere nur selektiv. Weinbergschnecken stehen unter Naturschutz. Tigerschnegel und Bänderschnecken schaden kaum. Nutzen Sie verstärkt Pflanzen, die Schnecken nicht mögen.

→ S. 44, Schneckenjäger – Helfer der Gärtner
→ S. 43, Schnecken nicht absammeln/töten
→ S. 50, Schnecken erkennen
→ S. 51, Schnecken erkennen (Info)

Brennnesseln stehen lassen

Eine der wichtigsten Raupenfutterpflanzen sind Brennnesseln. Von ihren Blättern ernähren sich die Raupen von weit über 20 Schmetterlingsarten. Einige Arten können sogar ohne Brennnesseln nicht überleben, sie werden deshalb Nesselfalter genannt. Dazu gehören das Tagpfauenauge, der Kleine Fuchs und der Admiral. Auch die Raupen von Landkärtchen, Silbergrauer und Dunkelgrauer Nesseleule sowie Brennnessel-Zünslereule fressen nur an Brennnesseln.
Da Brennnesseln in der freien Natur immer mehr stören und beseitigt werden, sollten Sie sie in Ihrem Garten gezielt stehen lassen oder ihr eine weniger beachtete Ecke im Garten reservieren. Als Stickstoffzeiger brauchen sie einen nährstoffreichen Boden, daher ist der Bereich um den Komposthaufen gut geeignet als Standort.
Die Brennnessel ist Heilpflanze des Jahres 2022 gewesen.

Brennnesselblätter sind die ausschließliche Raupennahrung vom Kleinen Fuchs …

… und vom Tagpfauenauge. Richten Sie dafür eine »wilde« Ecke im Garten ein.

Tiere beobachten

Gerade jetzt können Sie viel beobachten – von grunzenden Igeln über aufgeregte Meisenjunge bis tatsächlich hin zu Wölfen

Hausrotschwanz nistet

Sicherlich ist der Nistkasten für den Hausrotschwanz am Haus schon bezogen. Das Männchen hat den Platz ausgewählt und dem Weibchen vor der Paarung gezeigt. Nach 14-tägiger Brutzeit im Mai können Sie die intensiven Fütterungsaktivitäten dieser lebhaften Vögel beobachten, die ihrer Beute auch im Flug hinterherjagen. In der Regel nisten sie 2-mal von Mai bis Juli. Nur 20 Prozent der Jungvögel überleben das erste Jahr, was aber für Kleinvögel normal ist.

Nestlinge und Ästlinge der Meisen

➢ **Blaumeisen:** Sie nisten bereits im Erstfrühling Mitte April – also etwas eher als Hausrotschwänze. Sie legen bis zu 15 Eier und haben entsprechend viel mit Füttern zu tun. Damit die flügge gewordenen Jungmeisen das Nest verlassen, locken die Eltern sie mit Nahrung aus dem Nest. Wer früh morgens bereits im Garten unterwegs ist, kann mit Glück diesem Spektakel beiwohnen. Sobald der erste Jungvogel das Nest verlassen hat, kommt ein Geschwister nach dem anderen aus der Höhle – und schon hört man überall das Gepiepse der nach Nahrung bettelnden kleinen, noch etwas blass gefärbten Blaumeisen.

➢ **Kohlmeisen:** Das Weibchen legt bis zu 12 Eier und brütet 14 Tage, 20 Tage werden die Jungvögel im Nest und 14 Tage außerhalb des Nestes gefüttert. Familienweise sieht und hört man in dieser Zeit die Kohlmeisen durch die Gärten ziehen. Auch die jungen Kohlmeisen sind noch blasser gefärbt und etwas zerzauster als die erwachsenen Elterntiere.

Igelkarusell

Der Igel ist aus seinem Winterschlaf erwacht. Auch wenn wir ihn nicht sehen, so erkennen wir doch seine Anwesenheit an den nächtlichen Hinterlassenschaften im Garten. Er sucht jetzt in seinem Revier nach Käfern und anderen Insekten. Mitunter können wir bereits im Mai nachts ein sogenanntes Igelkarussell beobachten. So nennt man die Paarungszeremonie, bei der das Männchen stundenlang das Weibchen umkreist und dabei laute, grunzende, fauchende, schnaufende oder sogar pfeifende Geräusche von sich gibt. Zu Beginn der Zeremonie, wenn das Weibchen noch nicht paarungsbereit ist, kann das in einen regelrechten Boxkampf ausarten, wobei das Weibchen den Freier abwehrt.

Mai-Langhornbiene

Im Mai kann man die Mai-Langhornbiene *(Eucera nigrescens)* beobachten. Besonders die Männchen dieser Wildbienenart tragen eindrucksvolle 3 cm lange, nach hinten geschwungene Fühler. Sehr gern nutzen sie den Nektar von Frühlings-Platterbse, Zaunwicke, Günsel oder anderen Schmetterlings- und Lippenblütlern. Häufig übernachten die Männchen an Grasstängeln festgebissen, tagsüber patrouillieren sie an den Blüten auf der Suche nach Weibchen. Die Art ist leicht mit der Juni-Langhornbiene *(Eucera longicornis)* und anderen Langhornbienenarten zu verwechseln, die allerdings nicht so häufig vorkommen.

Ziehende Schmetterlinge

Jetzt kommen viele ziehende Schmetterlinge nach Mitteleuropa zurück. Neben dem Distelfalter erscheint auch der Admiral, um seine Eier an frische Brennnesseltriebe zu legen.

Sie trägt den Namen zurecht: Die Mai-Langhornbiene fliegt im Mai und hat lange Fühler.

Eiablage von Schmetterlingen
Bei uns überwinternde Schmetterlinge wie das Tagpfauenauge, der Kleine Fuchs oder das Landkärtchen legen jetzt ihre Eier an Brennnesseln ab. Die Eier sehen unterschiedlich aus, genauso wie die Raupen. Falls Sie Gelege oder Raupen bei Ihren Brennnesseln entdecken, können Sie die Entwicklung beobachten.

Sonnenanbeter
Schmetterlinge sonnen sich liebend gern. Allerdings nehmen die Arten beim Sonnenbad unterschiedliche Stellungen ein: Das Tagpfauenauge beispielsweise sonnt sich gern mit ausgebreiteten Flügeln und fühlt sich dabei sicher. Die Flügel besitzen für uns unsichtbare UV-Markierungen, die markante Augen darstellen. Sie werden von Vögeln wahrgenommen und warnen sie. Der Zitronenfalter kann nicht mit solchen Warnsignalen aufwarten. Deshalb sonnt er sich lieber mit geschlossenen Flügeln und tarnt sich so vor Fressfeinden besser.

Gespinstmotten
Unübersehbar sind jetzt die Gespinste von Pfaffenhütchen- und Traubenkirschengespinstmotten, die ganze Äste des Pfaffenhütchens oder der Traubenkirsche, mitunter sogar ganze Sträucher oder Bäume überziehen. Gespenstisch stehen sie im Frühlingsgarten. Bewahren Sie dennoch Ruhe! Die Netze dienen den Raupen als Schutz vor Vögeln. Hauptgegenspieler der Gespinstmotten sind Schlupfwespen, von denen es in Mitteleuropa allein 4000 Arten gibt und die ihre Eier in die lebenden Raupen legen und sie als Frischfutter für ihre Nachkommen nutzen. Selbst wenn der ganze Strauch oder Baum kahlgefressen wird, treibt er im Juni wieder aus und übersteht den Kahlfraß unbeschadet.

→ S. 112, Pflanzen entdecken

Bienenwölfe
Bienenwolf heißen mehrere Arten:

➤ **Bienenkäfer** *(Trichodes)* sind rotschwarz gestreift und leben an warmen, sonnigen Orten mit Doldenblütlern. Sie fressen andere Blütenbesucher, aber auch Blütenstaub. Ihre Larven ernähren sich von Larven verschiedener Wildbienen, weshalb der Zottige Bienenkäfer *(Trichodes alvearius)* am Insektenappartement zu beobachten ist, wo er seine Eier in die Brutzellen der Nistwandbewohner legt. Er ist stark gefährdet. Häufiger anzutreffen ist der Gemeine Bienenkäfer *(Trichodes apiarius)*. Seine Larven können auch die Honigbiene parasitieren.

➤ **Die Grabwespe** *Philanthus triangulum* wird ebenfalls als Bienenwolf bezeichnet. Sie fliegt erst im Frühsommer, fährt aber eine andere Strategie, denn sie fängt Bienen im Flug.

→ Seite 98, Und noch mal Insekten beobachten

Feuerkäfer
Feuerkäfer *(Pyrochroa coccinea)*, nicht zu verwechseln mit Feuerwanzen, finden wir von Mai bis Juni. Die hübschen roten und mit besonders auffälligen Fühlern ausgestatteten Käfer ernähren sich von süßen Pflanzensäften oder Honigtau. Ihre Larven sind bei den Borkenkäfern gefürchtet, denn sie fressen deren Larven, aber auch Pilze – besonders Rußtaupilze. Diese siedeln auf Honigtau, der von pflanzensaftsaugenden Insekten wie Blattläusen hinterlassen wird. An den Fühlern kann man die Geschlechter leicht unterscheiden. Tragen Weibchen eher sägeblattähnliche Fühler, so sehen die der Männchen aus wie ein Kamm.

WANDERFALTER

Distelfalter sind die Schmetterlinge, die die längsten Flüge unternehmen. Sie wandern in mehreren Generationen aufeinanderfolgend zwischen 12.000 und 14.000 km zwischen Westafrika und Skandinavien. Im Frühjahr zieht eine Distelfaltergeneration von Nordafrika in den Mittelmeerraum, wo sie sofort für eine neue Generation sorgt. Diese fliegt weiter nach Norden über die Alpen nach Mittel- und bis nach Nordeuropa. Einige schaffen es sogar bis in den höchsten Norden. Im Herbst geht es zurück bis in die Subsahara Westafrikas. Mindestens 6 Generationen wachsen auf dieser Rundreise jährlich heran. Bei günstigen Windbedingungen können die Tiere in nur 4 Tagen die Sahara überqueren.

Marienkäferlarven beobachten

Von den etwa 70 heimischen Marienkäferarten kommen in Gärten nur wenige Arten häufiger vor.

Neben dem Siebenpunkt-Marienkäfer bekommt man noch den Zehnpunkt- und den Zweiundzwanzigpunkt-Marienkäfer zu Gesicht (→ S. 65). Immer häufiger jedoch taucht der Harlekin-Marienkäfer *(Harmonia axyridis)* bei uns auf, eine invasive asiatische Art.

Jetzt im Vollfrühling kann man die geschlüpften Marienkäferlarven beobachten, die sich innerhalb von 30–60 Tagen entwickeln und dabei je nach Art drei- bis viermal häuten. Am Anfang saugen sie die Läuse nur aus, später vertilgen sie die Läuse komplett. Sie selbst sind mit einer Wachsschicht überzogen, die sie vor läuseverteidigenden Ameisen schützt.

Kaum ausgewachsen, kleben sie sich mit ihrem Hinterleib mittels eines Sekrets an Blättern, Zweigen, Stämmen oder Rinde fest und verpuppen sich. Die Farbe der Puppe variiert zwischen dunkel-, hell- und rotbraun oder grau und wird von der Umgebungstemperatur beeinflusst. Die frisch gehäutete Puppe beginnt sich in ihrer weiteren Entwicklung einzurollen und in der Farbe kräftiger zu werden, bevor aus ihr nach sechs bis neun Tagen der fertige Käfer schlüpft. Auch hier ist die Entwicklung von Temperatur und Luftfeuchtigkeit abhängig. Anfänglich sind die frisch geschlüpften Käfer noch hell gefärbt, erlangen aber schon nach ein paar Stunden ihre eigentliche Farbe. Pro Jahr entsteht bei den heimischen Arten 1 Generation. Als fertiger Käfer lebt er bis zu 2 Jahre. Marienkäfer kennen nur zwei Dinge: fressen und sich fortpflanzen – manchmal sogar beides gleichzeitig. Marienkäferlarven kann man auch zur Läusebekämpfung kaufen. Dabei sollte man aber unbedingt auf heimische Arten wie den Zweipunkt *(Adalia bipunctata)* achten und absolut ausschließen, dass es sich nicht doch etwa um den Harlekin-Marienkäfer handelt, um die Situation für die heimischen Arten nicht noch schlimmer zu machen.

Finden Sie Marienkäferlarven fernab von Blattlausfutter, sollten Sie die Larve vorsichtig in die Nähe einer Blattlauskolonie umsetzen. Sie können zwar relativ schnell laufen, aber eben nicht fliegen.

»GUT GEMEINT« GING NACH HINTEN LOS

Der Harlekin-Marienkäfer *(Harmonia axyridis)* wurde als Nützling vor wenigen Jahrzehnten zur Vertilgung von Blattläusen in Gewächshäusern eingeführt. Er erzeugt mindestens 2 Generationen im Jahr, während sich unsere einheimischen Marienkäferarten nur einmal pro Jahr fortpflanzen. Dadurch verdrängt er zunehmend die ungefähr 70 heimischen Arten. Auch sein Appetit auf Blattläuse übersteigt den unserer heimischen Arten um bis das Fünffache. So schafft er bis zu 250 Läuse am Tag. Sind alle Blattläuse aufgefressen, verschmäht er auch nicht Eier und Raupen anderer Marienkäferarten oder von Gallmücken und Schmetterlingen. Mittlerweile steht er an der Schwelle zur invasiven Art.

Tiere unterstützen

Die Temperaturen steigen und viele Tiere sind jetzt für eine Trinkwasserstelle mehr als dankbar.

Futter und Trinkwasser für Vögel

Amseln fressen immer noch mit Begeisterung alte Lageräpfel. Aber auch die Meisen, Grünfinken, Stieglitze, Spatzen benötigen für sich selbst jetzt viel Energie, um die Jungvögel unermüdlich füttern zu können. Da es immer weniger Insekten gibt, müssen sie immer weiter fliegen, um eine ausreichende Menge an Raupen, Larven und fliegenden Insekten zu finden. Deshalb nehmen sie geballte Energie in Form von Körnern und Fettfutter gern an.

Aber auch Jungvögel von reinen Körnerfressern wie Grünfinken werden von den Eltern mit Sämereien aus dem Vogelhaus versorgt. Steigen Sie deshalb auf ein kleinkörnigeres Futter um.
Ein großzügiges Vogelbad wird sehr gern genutzt und das Spektakel badender Vögel bietet auch uns immer wieder ein vergnügliches Schauspiel ...

Nestling aus dem Nest gefallen

Wenn das Nest erreichbar ist, setzen Sie den Nestling wieder zurück in sein Nest. Dabei sollten sie ihn vorsichtig aufheben und rasch zurück ins Nest setzen, um unnötige Unruhe bei den Eltern und Geschwistern zu vermeiden. Er wird nur im Nest von den Eltern versorgt. Sie dürfen den Vogel anfassen, die Eltern nehmen ihn trotzdem weiterhin an.

Ästlinge auf dem Ast lassen

Herzzerreißendes Piepsen veranlasst manchen von uns, den kleinen Vögeln helfen zu wollen. Dabei gehört das zum Flüggewerden. Ästlinge rufen besonders laut und kontinuierlich, um Kontakt mit den Eltern zu halten und natürlich um zu betteln. Denn sie werden nach wie vor gefüttert. Also bitte nur eingreifen, wenn ein Ästling an einer ungewöhnlichen Stelle sitzt, wo ihm Gefahr droht, wie auf dem Gehweg. Versuchen Sie, ihn vorsichtig und rasch in ein naheliegendes Gebüsch oder zumindest etwas höher, beispielsweise auf eine Mauer, zu setzen.

Jungvögel vor Katzen schützen

Während die Jungvögel flügge werden, sollten Sie Ihre Katze zumindest in den frühen Morgenstunden im Haus halten. Die Ästlinge werden in ihrer Unbeholfenheit oft Opfer von Katzen. Gerade bodennah brütende Arten wie Rotkehlchen oder Zaunkönig sind stark gefährdet, da sie sich nach dem Flüggewerden häufig am Boden aufhalten. Die 14 Millionen Hauskatzen in Deutschland üben einen großen Feinddruck auf die Singvögel aus.

Igel mit Wasser versorgen

Mit zunehmenden Temperaturen müssen Igel mehr trinken. Stellen Sie für die Stachelritter eine Trinkschale mit frischem Wasser auf. Falls Sie einen Teich besitzen, sollten Sie darauf achten, dass das Ufer flach ist und Igel gefahrlos trinken können. Fallen die Ränder steil ab, besteht die Gefahr, dass sie hineinfallen und ertrinken. Sie können ein Brett so in den Teich legen, dass sich Igel darauf retten und hinausklettern können.

Den Gartenzaun igeltauglich machen

Igel wandern sehr viel und kommen bei Gartenzäunen rasch an Grenzen. Falls Ihr Grundstück ebenfalls ein Zaun umgibt, können Sie diesen igeltauglich optimieren: An geeigneten Stellen den Maschendrahtzaun unten aufschneiden, ein Loch hineinformen und die Drahtenden zurückbiegen. Holzzäune können je nach Konstruktion unten partiell gekürzt werden oder, falls es sich um waagerechte Bretter handelt, ein paar Löcher hineingesägt werden – schon können Sie Igel in Ihrem Garten willkommen heißen. Selbst ein Metallzaun verträgt ein im unteren Bereich hineingeschnittenes Loch von ca. 13 x 13 cm. In England sind mittlerweile eigens markierte »Hedgehog-Highways« berühmt. Auch in Deutschland formieren sich ähnliche Initiativen.

Second-Life Holz für Feuerkäfer

Feuerkäfer legen ihre Eier wie viele andere Arten auch unter abgestorbenes Holz. Deshalb sollten Sie unbedingt Second-Life Holz ablagern oder gleich einen Käferkeller bauen, um diese hübschen Käfer zu fördern. Zudem lieben sie halbschattige Blumenstreifen.

→ S. 183, Bauanleitungen für Insekten

Igel durchstreifen auf ihren Wanderungen viele Gärten. Gut, wenn der Zaun »durchgängig« ist.

Hummeln – Beinwell

Hummel bestäubt Tomate

Beinwellblüte

Hummel im Flug

Echte Sympathieträger: Plüschig, niedlich, fleißig und mit allerlei Talenten ausgestattet, bereichern Hummeln jeden Vielfaltsgarten.

Hummeln zählen zu den fleißigsten Bestäubern. Dank ihrer robusten Konstitution erklimmen sie die Goldposition auf dem Siegertreppchen der Bestäubung: Sie können ihre Körpertemperatur um bis zu 30 °C gegenüber der Außentemperatur erhöhen, sich mit einem dicken Pelz warm halten, aber auch bei zu großer Hitze ihre Klimaanlage anwerfen und sich kühlen. Und das funktioniert so: Hummeln tragen nämlich bauchfrei, ein kleiner Bereich auf der Unterseite des Hinterleibes ist ohne Pelz. Dort können sie gut abkühlen. Das kühlere Blut fließt zur Taille, die als Wärmetauscher fungiert. Mit ihrem kräftigen, pummeligen Körper und zum Teil sehr langen Zungen können allein sie in für andere Bienen unwirtlichen Breitengraden oder Höhen oder bei niedrigen Temperaturen von früh bis spät in die Dämmerung hinein Blüten bestäuben oder mit ihrer Körperkraft sogenannte »Verschlussblüten« wie die des Löwenmäulchens »öffnen« und bestäuben. Besonders langkelchige Blüten wie der Eisenhut sind sogar von ihrer Bestäubung abhängig. Nur Hummeln mit langen Zungen von 19–21 Millimeter Länge wie die Gartenhummel schaffen die Distanz zum Blütengrund. Hummeln kümmern sich vorbildlich um ihre Eier, denn bei Bedarf brüten sie. Dazu setzen sie sich mit der kahlen Stelle am Hinterleib auf die Brutzellen. Bei 32 °C entwickeln sich die kleinen Hümmelchen optimal.

Da der Hummelstaat kontinuierlich über mehrere Monate mit Nektar und Pollen versorgt werden muss, sammeln Hummeln eher unspezifisch bei den unterschiedlichsten Pflanzen – polylektisch nennt das die Wissenschaft –, angefangen bei Schmetterlingsblütlern wie Wicken oder Ginster, Braunwurzgewächsen (früher Rachenblütler) wie Königskerze, Fingerhut oder Klappertopf oder Raublattgewächsen wie Beinwell, Borretsch oder Lungenkraut.

Hummeln kennen eine ganz besondere Bestäubungstechnik zum Sammeln des Pollens, die Vibrationsbestäubung, die für sechs Prozent aller Pflanzenarten weltweit lebenswichtig ist. Zu den Pflanzen, die nur bei bestimmten Frequenzen ihre Pollen preisgeben, zählen die Nachtschattengewächse wie Tollkirsche, Stechapfel, Tomate, Kartoffel, Andenbeere. Deshalb werden mittlerweile weltweit Hummelvölker zur Bestäubung, hauptsächlich in Gewächshäusern, eingesetzt. Aber auch Heidelbeeren produzieren mehr und bessere Früchte mithilfe der Vibrationsbestäubung durch Hummeln. Diese Art der Bestäubung ist viel effektiver als die Bestäubung durch Honigbienen.

Dabei beißt das Hummelweibchen in den Staubbeutel oder in die Kronblätter der Blüte und kontrahiert schnell ihre indirekten Flugmuskeln mit gut hörbaren Vibrationen. Sie unterscheiden sich durch eine deutlich höhere Frequenz vom tiefer frequenten, brummenden Fluggeräusch. Durch diese höheren Frequenzen löst sich der Pollen, der bei diesen Pflanzenarten an versteckt liegenden Staubblättern sitzt. Die stattfindende Bestäubung kann man hier buchstäblich hören. Den rieselnden Blütenstaub fängt die Hummel mit ihrem Pelz auf – oftmals ist sie über und über bepudert –, bürstet ihn heraus, vermengt ihn mit etwas Nektar und klebt ihn in ihre Sammelhöschen an den Hinterbeinen. Hummeln zählen genauso wie Honigbienen zu den sogenannten Körbchensammlern und sind neben ihrer Größe, ihrem Pelz, ihrem Brummgeräusch beim Fliegen auch gut an den typischen Höschen zu erkennen.

Der Beinwell, eigentlich Echter Beinwell *(Symphytum officinale)*, besitzt viele unterschiedliche Namen, wie Arznei-Beinwell, Beinwurz, Bienenkraut, Hasenlaub, Milchwurz, Schadheilwurzel, Schmalwurz, Schwarzwurz, Wallwurz, Komfrei oder Wundallheil, was seine Bedeutung auch für den Menschen hervorhebt. Äußerliche Anwendungen wirken bei Knochenbrüchen und Prellungen entzündungshemmend und schmerzlindernd.

Seine Nektar- und Pollenwerte liegen zwar eher im mittleren Bereich, aber die sich kontinuierlich entwickelnden Blüten und die daraus resultierende lange Blütezeit von Mai bis August macht ihn gerade für Hummeln attraktiv, denn die Lebensdauer eines Hummelstaates liegt im ähnlichen Zeitraum. Die Blüten haben einen interessanten Code entwickelt, den Insekten zu signalisieren, ob es sich lohnt, an der Blüte Pollen zu sammeln: Rosa bedeutet saures Milieu und Pollen vorhanden. Kaum bestäubt, findet eine Milieuänderung zu basisch statt und die Blüten erscheinen violett bis blau. Oft entwickelt sich eine zweite Blüte bis in den Oktober hinein. Deshalb sollte in keinem Garten eine Beinwell-Pflanze fehlen.

Blüten-Bienen-Evolution

Die Bienchen-Blüten-Geschichte kennt wohl jedes Kind. Dabei stellt sich die Frage, wie es zu dieser Vorzeigesymbiose kam.

Um das zu verstehen, ist ein Blick in die weite Vergangenheit notwendig. Beginnen wir mit den Blüten: Die bis dato ältesten entdeckten Blütenpflanzen existierten womöglich bereits vor 200 Millionen Jahren in Form einer ausgestorbenen Verwandten des Gingkos, *Schmeißneria* genannt. Diese schien schon damals Pollen produziert zu haben, weshalb es sich bereits um eine Blütenpflanze – einen sogenannten Bedecktsamer – gehandelt haben muss. Gesichert ist, dass bereits vor 130 Millionen Jahren bestimmte Unterwasserpflanzen Blüten gebildet haben, die ihren Pollen von Wasser statt von Insekten zu anderen Pflanzen transportieren ließen. Wasserlilien existierten bereits vor 110 Millionen Jahren. Zu den ganz frühen Blütenpflanzen zählen neben Vorfahren der Magnolienbäume auch die der Passionsblumen und des Ingwers. Häufig hatten sie einfache, offene Blüten – ähnlich der von Seerosen oder Magnolien, die von Käfern bestäubt wurden.

Die Blüte der Hummel-Ragwurz imitiert ein Weibchen und lockt so Freier zum Bestäuben an.

Im Jura und zu Beginn der Kreidezeit bis ungefähr vor 100 Millionen Jahren herrschten an Land Pflanzen wie Koniferen, Palmfarne oder Gingkogewächse. Aber heute, also nur 100 Millionen Jahre später, sind die Blütenpflanzen mit ungefähr 300.000 Pflanzenarten die Herrscher der Flora, sie haben die Nacktsamer, zu denen die Koniferen gehören, nahezu vollständig verdrängt.

Die Entstehung der vielen Blütenpflanzen

Schon für Charles Darwin stellte dies ein »entsetzliches Mysterium« dar, und als eine der spannendsten Fragen der Botaniker galt: Wie konnten in so kurzer Zeit –

Bienen mit langen Zungen gelangen auch an Nektar in tiefen Blütenkelchen.

bezogen auf evolutionäre Zeitdimensionen – so viele neue Arten von Blütenpflanzen entstehen und die Weltherrschaft übernehmen?
Möglicherweise trafen hier zwei Konstellationen aufeinander, die diese Erfolgsgeschichte ermöglichten.
Zum einen besitzen Blütenpflanzen sogenannte springende Gene. Bis zu 80 Prozent des gesamten Erbguts besteht bei manchen Arten aus diesen speziellen Genen, die sich blitzschnell an anderer Stelle im Genom einfinden oder ihre Nachbargene löschen oder verdoppeln können. Jetzt rumort es im Genom und daraus resultiert eine hohe Mutationsrate, die für die Entstehung neuer Arten wichtig ist. Springende Gene werden für uns an den bunten Körnern des Indianermaises sehr gut sichtbar.

Die Rolle der Bienen

Nachdem in den ersten 100 Millionen Jahren bei den Blütenpflanzen nicht viel passiert zu sein schien, explodierte ihre Anzahl an Arten seit ungefähr 100 Millionen Jahr geradezu. Diese Explosion hängt zusammen mit dem Auftauchen der ersten Bienen, die sich aus Grabwespen entwickelt hatten. Bienen betrieben im Gegensatz zu Grabwespen einen modernen Baustil, indem sie ihre Nestanlagen mit keimtötenden und wasserabweisenden Materialen wie Blättern, Pflanzenhaaren oder Harz von innen ausstatteten und somit auch in feuchtere Gebiete vordringen und dennoch ihren Nachkommen einen sicheren Entwicklungsort garantieren konnten.
Bienen brachten aber auch einige Vorteile gegen die bisher hauptsächlich bestäubenden Käfer mit:

- Sie konnten besser und weiter fliegen und so den Pollen auf weiter entfernte Pflanzen übertragen, was zu einer besseren Durchmischung der Gene bei den Blütenpflanzen führte.
- Sie trugen Pelz, dessen Härchen zusätzlich aufgefiedert waren und in dem der Pollen besser hängen blieb als am glatten Käferpanzer.
- Sie ernährten ihre Brut im Gegensatz zu Grabwespen vegan. Blütenpollen verdirbt weniger als das Frischfleisch von anderen Insekten.

Dies alles führte zu einer beispiellosen Co-Evolution, in der sich einzelne Bienenarten gemeinsam mit den Blütenpflanzen an die unterschiedlichsten Rahmenbedingungen weltweit anpassten. Außer an den Polen kommen Blütenpflanzen und Bienenarten weltweit vor. Aber nicht nur bei den Rahmenbedingungen weltweit, sondern auch gegenseitig fanden spektakuläre Co-Evolutionen statt. Lange Bienenzungen für tiefe Blütenkelche, Hummelweibchen vortäuschende Orchideen, Saftmale auf Blüten im UV-Bereich, die Bienen erkennen können und die ihnen den Weg zu Pollen und Nektar weisen, aufeinander abgestimmte Blüh- und Pollensammelzeiten im Jahresverlauf, Blütendüfte, Gifte im Pollen, gegen die die jeweils sammelnden Bienenarten Immunität aufgebaut haben – dies sind nur einige Beispiele dafür. 20.000 bis 30.000 Bienenarten – davon leben ungefähr 800 in Mitteleuropa – und 300.000 Arten von Blütenpflanzen sind weltweit seitdem entstanden. Honigbienen, die im Vergleich zu den Wildbienenarten in aller Munde sind, haben es weltweit gerade mal auf eine Handvoll Arten geschafft. Und von den Nacktsamern existieren nur noch um die 1.000 Arten.

FRÜHSOMMER

Holunderblüten künden mit ihren großen, duftenden Tellern vom Frühsommer. Rosenkäfer tummeln sich besonders gern auf ihnen. Blattläuse vermehren sich rasant. Halten Sie die Luft an und unternehmen Sie nichts gegen sie, denn ebenso rasant vermehren sich gerade ihre Gegenspieler wie Ohrwürmer, Marienkäfer- und Florfliegenlarven. Schließlich sollten wir die Zeit im Garten lieber mit Entdeckungen verbringen, von denen es jetzt zu Hauf gibt, als mit Arbeiten.

Pflanzarbeiten

Jetzt ist die beste Zeit, um Gehölze über Absenker zu vermehren und Stauden zu säen.

Vermehren durch Absenker

Dies ist bei Beerensträuchern, Wildrosen, Wildgehölzen, aber auch Kletterpflanzen wie dem Geißblatt möglich. Voraussetzung ist, dass die jungen, bereits festen Triebe lang und flexibel genug sind, denn wie der Name »Absenker« bereits verrät, geht es darum, den Trieb auf den Boden abzusenken, damit er Wurzeln schlagen kann. Lockern Sie den Boden an der betreffenden Stelle, ritzen Sie die Rinde des Triebes an der Unterseite mit einem Messer ein und befestigen Sie den Trieb mit einem Draht in der Erde. Denken Sie an eine ausreichende Bewässerung, damit die Bewurzelung klappt. Im Winter sollten Sie die Stelle mit Laub bedecken und so die jungen Wurzeln vor Austrocknung schützen. Im Herbst des darauffolgenden Jahres können Sie die Verbindung zur Mutterpflanze kappen und den Junior an die gewünschte Stelle pflanzen.

Zwei- und mehrjährige Wildstauden säen

Gerade für die zweijährigen Wildstauden sollten Sie jetzt mit dem Aussäen beginnen, damit im nächsten Jahr blühende Staudenbeete garantiert sind und das immer noch etwas mühsame Einkaufen von vorgezogenen heimischen Stauden entfällt. Vor allem wenn Sie mit dem Garten am Anfang stehen oder die Anlage einer Blumenwiese mit im Sommer ergänzenden Pflanzungen von Stauden planen, können Sie mehrjährige Stauden in großem Umfang leicht selbst herstellen.

Wichtige Pflegearbeiten

Eigentlich hätten Sie jetzt kaum Zeit, um im Garten zu arbeiten, weil es so viel zu beobachten gibt! Doch die Arbeit wartet nicht …

Gießen

Je nach Witterung ist Gießen bei Neupflanzungen mal mehr oder weniger angesagt. Normalerweise brauchen Wildstauden keine zusätzlichen Wassergaben. Grundsätzlich sollten Sie seltener, dafür durchdringender als häufiger und oberflächlicher gießen. Wichtig ist, dass der Wurzelballen gut durchtränkt ist. Indem eher tiefere Bodenschichten befeuchtet werden, orientieren sich die Wurzeln nach unten. Windige Wettersituationen trocknen die Bodenoberfläche stark aus, selbst wenn die Sonne nicht scheint.

Wurzelausläufer beseitigen

Falls es bei Rodungsarbeiten im Winter nicht möglich war, alle Wurzeln von Essigbaum und Robinie zu entfernen und sich jetzt erste Wurzelausläufer zeigen, sollte man sie schnellstmöglich entfernen, da sie extrem wuchsfreudig sind und rasch wieder zu kleinen Bäumchen heranwachsen – und das Problem entsteht erneut.

Wildrosen schneiden

Grundsätzlich sollten Wildrosen wenig geschnitten werden, d.h. nur dann, wenn sie stören oder andere Pflanzen verdrängen, denn manche Arten neigen zum Wuchern. Sie können Ihre Wildrosen nach der Blüte ein wenig auslichten. Alternativ können Sie dies aber auch im Spätherbst oder Winter zur Zeit des Heckenschnitts erledigen, wenn alle Früchte von Tieren bereits »abgeerntet« sind.

Stauden schneiden

Einige Stauden vertragen jetzt einen Rückschnitt. Die recht weit wandernden Triebe des Bodendeckers Immergrün *(Vinca minor)* sollten Sie jetzt einkürzen. Dadurch verhindern Sie, dass es das gesamte Staudenbeet erobert und halten es kompakter. Schneiden Sie Verblühtes ab von Frauenmantel und Bergflockenblume oder anderen mehrjährigen und frühblühenden Stauden. Sie können sie damit meist zu einer zweiten Blüte motivieren, da Pflanzen schließlich Samen bilden möchten.

Stauden und Zwiebelhorste teilen

Im Frühjahr blühende Stauden, die fleischige Rhizome oder Wurzeln haben, sollten Sie jetzt teilen, damit die Schnittstellen noch gut verheilen können. Schwertlilien müssen Sie sogar nach einigen Jahren immer wieder teilen und dadurch verjüngen, da sonst die Mitte des Wurzelstocks verkahlt. Graben Sie die Wurzelstöcke von Grasnelken, Bergflockenblume oder Frauenmantel mit der Grabegabel aus und teilen Sie sie an den dünneren Sollbruchstellen. Auch die Zwiebelhorste von Frühjahrsblühern wie Schneeglöckchen, Traubenhyazinthen oder Krokussen können Sie jetzt ausgraben, teilen und die einzelnen Zwiebeln wieder in die aufgelockerte Erde setzen. Übrige Zwiebeln können Sie an anderer Stelle wieder einpflanzen und so mit der Zeit über den ganzen Garten verteilt Blütenteppiche im Frühjahr erzeugen.

Samen ernten

Ernten Sie laufend anfallende Samen von interessanten Pflanzen, etwa von Einjährigen wie Mohn oder Kornblume – vielleicht sind Sie froh, ihn im nächsten Jahr spontan zur Hand zu haben, wenn es gilt, Lücken im Beet zu füllen. Auch die Samen von zwei- und mehrjährigen Stauden wie Akelei, Glockenblumen, Esparsette *(Onobrychis viciifolia),* Küchenschelle, Rotes und Weißes Leimkraut, Skabiosen-Flockenblume sowie von Muskatellersalbei, Borretsch, Ochsenzunge, Natternkopf und im Gemüsebeet von Grünkohl, Zwiebellauch oder Rucola sind lohnenswert. Samen sind zwar nicht teuer, aber nicht jeder Händler hat gerade alle Samen von Ihrer Wunschliste parat. Außerdem können Sie den Samen weitergeben – an Freunde, Nachbarn, Interessierte.

Wildkräuter regulieren

Ihnen unbekannte Pflanzen nicht einfach jäten, sondern so lange wachsen lassen, bis Sie sie sicher bestimmen können. Dazu ziehen Sie am besten Pflanzenführer zurate oder nutzen die modernen Möglichkeiten von Handy-Apps (→ S. 215, Adressen). Ergibt die Recherche, dass es sich um »nützliche« Stauden wie Wegwarte, Königskerze, Kartäusernelke oder Natternkopf handelt, dann belassen Sie die Pflanzen am besten am Ort, wenn sie nicht stören. Bedrängen sie Ihre frisch gepflanzten Stauden, dann sollten Sie einen geeigneteren Ort für sie suchen, damit sich die Stauden gut entwickeln können. Dabei vorsichtig vorgehen, denn im Boden könnten sich Nester von Wildbienen befinden, die durch eine Bodenbearbeitung zerstört werden würden. Wildkräuter wie die Acker-Kratzdistel *(Cirsium arvense)* oder Neophyten wie das Einjährige Berufkraut *(Erigeron annuus)* und das Kanadische Berufkraut *(Erigeron canadensis)* sollten Sie entfernen, da sie als Selbstbestäuber keinen Nutzen für Insekten haben. Den Gänsefuß *(Chenopodium album),* bekannt auch als Melde, sollten Sie an störenden Stellen entfernen, da er sehr vermehrungsfreudig ist. Wo er nicht stört, können Sie ihn belassen, denn er gilt als beliebte Futterpflanze für eine Reihe von Schmetterlingsraupen. Seine Samen sind v. a. bei Sperlingen begehrt.

GESUNDER GÄNSEFUSS

Die Blätter und jungen Triebe vom Gänsefuß können Sie statt auf den Kompost auch unter den Salat mischen, für grüne Smoothies oder auch als Blattgemüse wie Spinat verwenden, da sie sehr reich an Vitaminen und Mineralstoffen sind. Der Gänsefuß übertrifft damit sogar den Spinat, der mit ihm verwandt ist. Den Menschen begleitet er seit der Jungsteinzeit und wurde seit jeher vielfältig, selbst als Heilpflanze genutzt.

Den Teich pflegen

Auch im Teich wächst jetzt alles kräftig. Falls viele Nährstoffe, insbesondere Phosphat, vorhanden sind, können Algen prächtig gedeihen.

Algenwachstum begrenzen

Grundsätzlich sind Algen wichtig, da sie Sauerstoff im Teich produzieren und damit Fäulnis verhindern. Fadenalgen, die angewachsen sind, sollten Sie nur entnehmen, wenn sie überhandnehmen oder wenn sie watteähnlich auf der Oberfläche schwimmen. Sinken sie dann ab, wird durch ihre Zersetzung Phosphat freigesetzt, das wiederum ein Algenwachstum anheizt. Schwebealgen sind mikroskopisch kleine Algen, die frei im Wasser schwimmen und das Wasser grün färben. Sie entstehen, wenn viele Nährstoffe im Teich sind, das Wasser stark von der Sonne beschienen wird und wenig Zooplankton vorhanden ist. Wichtige Gegenspieler der Algen sind Unterwasserpflanzen, die über ihre Blätter und Stiele Nährstoffe direkt aus dem Wasser aufnehmen und sie den Algen entziehen, wie das Raue Hornkraut *(Ceratophyllum demersum)*. Entfernen Sie regelmäßig abgestorbene Pflanzenteile, auch verblühte See- oder Teichrosenblüten, damit keine weiteren Nährstoffe freigesetzt werden können. Ohne Fischbesatz bleibt das Wasser in der Regel klar und Algen sollten nach ein bis zwei Jahren kein Problem mehr sein, da sich ein Gleichgewicht im Ökosystem Teich eingestellt hat. Fische hingegen, womöglich noch gefüttert, scheiden zu viele Nährstoffe aus, die Algen überhandnehmen lassen. Eine Umwälzpumpe bringt im Gegensatz zur allgemeinen Meinung kaum Sauerstoff ins Teichwasser. Unterwasserpflanzen sind hier die deutlich effektivere Methode.

Das Raue Hornkraut verhindert Algenwuchs.

Bitte unterlassen!

Weniger ist mehr. Auch in dieser Jahreszeit lohnt es sich, alte Gartengewohnheiten über Bord zu werfen.

Hecken jetzt nicht schneiden

Entgegen vieler Gartenratgeber sollten Sie Formhecken jetzt im Frühsommer nicht schneiden. Immer noch oder bereits schon wieder können sich brütende Vögel darin befinden. Einmal massiv gestört, flüchten sie und geben oft das Nest und die Brut auf, was zu einem Totalausfall führt.

→ S. 169, Pflanz- und Pflegearbeiten

Nicht düngen

Düngen ist im Vielfaltsgarten außer im Gemüse- oder Obstbereich tabu. Denn gerade ungedüngte, magere Flächen verhelfen zu einer Vielfalt an Pflanzenarten und damit einhergehend zu einer Blütenfülle. Davon profitieren eine Menge Tiere. Der Obst- und Gemüsegarten wird nur mit Kompost oder Bokashi versorgt und regelmäßig gemulcht, um den Boden feucht und das Bodenleben aktiv zu halten.

→ S. 158, Bokashi

Blattläuse gewähren lassen

Blattläuse werden im Vielfaltsgarten kaum zur Plage und wenn, dann nur für kurze Zeit. Zu viele Gegenspieler wie Ohrwürmer, die Larven von Florfliegen (→ Foto rechts oben) und Marienkäfern sowie viele weitere stehen bereits in den Startlöchern und wollen ihren Hunger stillen. Selbst ein längerer Befall schädigt in der Regel die Pflanze nicht nachhaltig.

INFO!

Nektar- und Pollenwert

An vielen Stellen im Buch tauchen diese Begriffe immer wieder auf. Dabei handelt es sich allerdings nur um relative Beobachtungswerte, keine wissenschaftlich ermittelten. Man unterteilt in 1: geringe Tracht, 2: mäßig, 3: gut und 4: sehr gut. Imker vergleichen damit Pflanzen, die zur gleichen Zeit blühen und geben eine grobe Orientierung.

Kirschbaum nicht vollständig abernten

Die Kirschen sind reif und die leckeren Früchte erfreuen uns. Lassen Sie aber noch ein paar Kirschen hängen. Nicht nur Wespen und andere Insekten laben sich daran, sondern auch Vögel und Igel fressen gern diese Früchte.

Blühen lassen für Insekten!

➤ **Grünkohl, Radieschen:** Im Gemüsebeet sollten Sie den Blütenansätzen von Grünkohl, Radieschen, aber auch Kresse und Rucola Raum geben. Viele Insekten suchen diese Nektar- und Pollentankstellen auf.

➤ **Zwiebelbuffett im Gemüsebeet für Hummeln & Co.:** Winterheckzwiebeln (→ Foto rechts Mitte), Küchenzwiebeln, Lauch, Schnittlauch – sie alle dürfen mit ein paar Exemplaren oder Büscheln im Gemüsebeet blühen. Schnittlauch und Lauch haben den Nektarwert 3 und Pollenwert 2. Die Zwiebeln warten mit einer 4 beim Nektar und einer 1 beim Pollen auf. Lauchpollen stellen die einzigen Pollenquellen der Lauch-Maskenbiene *(Hylaeus punctulatissimus)*, weshalb sie auch gut im Garten zu beobachten ist.

➤ **Jede Blüte zählt!** Selbst aufgegangene Blütenpflänzchen wie Thymian, Sprossende Felsennelke *(Petrorhagia prolifera)*, Steinbrech-Felsennelke *(P. saxifraga)* oder Polster-Glockenblume *(Campanula poscharskyana)* in Fugen und Ritzen wachsen und gedeihen lassen. Meist blühen sie rasch und liefern winzigen Wildbienen und anderen Insekten wertvolle Nahrung. Gerade im herannahenden Hochsommer zählt manchmal jede Blüte, die hilft, das Trachtfließband, das oft im Juli und August reißt, ein wenig zu schließen.

MASKENBIENEN

Diese Wildbienen haben ihren Namen von den hellen, manchmal weißen Flecken im Gesicht, an denen sie gut zu erkennen sind. Ansonsten ist ihr Körper schwarz, selten rötlich, und fast ohne Behaarung, denn sie zählen zu den Wildbienen, die den Pollen nicht mit Sammelbürsten am Körper, sondern im Kropf, also im Körper ins Nest transportieren. Sie gehören mit 4–10 mm eher zu den kleinen Wildbienen. Sie nisten in Käferfraßgängen im Holz, manchmal auch im Insektenappartement, aber auch in Lehmwänden und dürren Stängeln von beispielsweise Brombeeren, Königskerzen oder Disteln.

Blattläuse haben viele Feinde wie Florfliegenlarven und müssen nicht bekämpft werden.

Zwiebelblüten bieten reichlich Nektar und Pollen und sollten deshalb blühen dürfen.

Die winzigen Maskenbienen haben ihren Namen von hellen Flecken im Gesicht.

Insekten beobachten

Jetzt passiert eine Unmenge im Garten. Nehmen Sie sich Zeit, regelmäßig durch den Garten zu schlendern, zu beobachten und zu staunen.

Blattschneiderbienen schneiden kreisrunde Löcher in Blätter
Entdecken Sie an Blättern von Obstbäumen, Rosen, Blauregen oder vielen anderen Pflanzen kreisrunde oder halbkreisförmige Löcher? Dann freuen Sie sich! Es handelt sich hierbei um eine Gruppe von Wildbienen, die Blattschneiderbienen, denen Sie Nahrung und Unterkunft in Ihrem Garten bieten. Sie schneiden die Blattstückchen mit ihren Mundwerkzeugen aus und bringen sie unter ihrem Bauch zusammengerollt zum Nest, um die Innenwände und Trennwände der Brutzellen damit zu tapezieren. Manchmal kann man diese Bienen auch am Insektenappartement beobachten, wie sie die Brutzellen bauen und am Ende mit einem Blattstückchen verschließen.

Schlupfwespen am Insektenappartement
Eine sehr markante Schlupfwespe findet sich jetzt am Insektenappartement ein: die Rotbeinige Holzschlupfwespe *(Ephialtes manifestator)*, die bis auf die roten Beine komplett schwarz ist und einen langen Legebohrer besitzt. Sie parasitiert dort die Nester von verschiedenen Mauerbienen. Sie riecht die Insektenlarven im Insektenappartement, positioniert ihre Beine und sticht mit ihrem langen Legebohrer durch den Brutzellverschluss. Bei Insektenlarven, die im Holz leben wie Borkenkäferlarven, sticht sie sogar durch das Holz und legt parasitierend ihr Ei auf die Insektenlarve. Der Vorgang der Eiablage kann je nach Holzart und Tiefe der Brutzelle bis zu einer Stunde dauern.

Juni-Langhornbiene?
Als Pendant zur Mai-Langhornbiene *(Eucera nigrescens)* gibt es im Juni die ebenfalls mit langen geschwungenen Fühlern ausgestattete Juni-Langhornbiene *(Eucera longicornis)* – zumindest theoretisch. Beide Arten sind sehr schwer auseinanderzuhalten und fliegen auch in beiden Monaten. Praktisch wird es sich wahrscheinlich dennoch um die Mai-Langhornbiene handeln, da sie weitaus häufiger vorkommt als ihre Verwandte mit Juni im Namen.
→ S. 82, Tiere beobachten

Schlafende Männchen der Glockenblumen-Scherenbiene
Der Juni ist der Monat der Glockenblumen. Schaut man in die Blütenkelche, kann man häufig die Männchen der Glockenblumen-Scherenbiene *(Osmia rapunculi)* entdecken. Besonders nachts versammeln sich die 8–9 mm großen und schlanken Männchen in den Blüten und übernachten gemeinsam. Am Morgen, wenn es noch kühl ist, kann man sie immer noch schlafend bestaunen. Weibchen legen die Brutzellen in Insektenfraßgängen im abgestorbenen Holz an und nutzen im Garten auch sehr gern Nisthilfen. Die Nestverschlüsse werden noch mit kleinen Kieselsteinchen optimiert. Manchmal stehlen sich die Weibchen sogar gegenseitig die Kieselsteinchen.

Hummeln »brimmen« an Tomatenblüten
Bei Hummeln kann man ihre Bestäubungsleistung direkt hören. Gerade im Juni bestäuben sie Blüten von Tomaten, Borretsch oder Beinwell mit einer besonderen Technik, der sogenannten Vibrationsbestäubung. Dabei erzeugen die Hummeln ein typisch lautes und hochfrequentes Geräusch, das wie »Brimmen« klingt, wodurch der Pollen aus den Staubbeuteln herausgeschüttelt wird und die Hummeln einstaubt. Viele Hummelarbeiterinnen sind jetzt von früh morgens bis spät in die Dämmerung hinein und selbst bei schlechtem Wetter aktiv, da die Produktion im Hummelstaat auf vollen Touren läuft.
Selbst wenn nur eine Hummelart im Garten sammelt, können die Hummeln unterschiedlich aussehen. Das liegt an ihrer sogenannten Veränderlichkeit, d.h., obwohl sie zu einem Volk gehören, können sowohl Körpergröße als auch Muster

ihres Pelzes variieren. Besonders niedlich sehen die struppig behaarten kleinen Wiesenhummeln aus. Um sie bestimmen zu können, hilft Ihnen der Schlüssel auf Seite 66.

→ S. 86, Hummeln – Beinwell

Kleiner Fuchs

Der Frühsommer ist die Zeit des Kleinen Fuchses. Der hübsche Schmetterling, der über das Jahr 2–3 Generationen entwickelt, ist als einer der häufigsten Falter in guten »Fuchsjahren« massenhaft zu beobachten, wie er Nektar aus Blüten trinkt oder sich auf heißen Steinen sonnt. Er überwintert als Falter in Steinritzen, Mauern oder auf Dachböden, bis ihn die wärmenden Sonnenstrahlen im Frühjahr hervorkitzeln. Seine Raupen fressen ausschließlich an Brennnesseln.

→ S. 81, Nicht bekämpfen

Marienkäfer beim Schlüpfen beobachten

Gehen Sie mal aufmerksam durch den Garten und schauen am Holzzaun, auf Baumrinde, Blättern und ähnlichen Strukturen nach. Wenn Sie bereits in diesem Jahr Marienkäfer und vielleicht sogar deren Larven beim Läusefressen beobachten konnten, finden Sie mit etwas Glück die meist unter 1 cm großen Marienkäferpuppen. Wenn Sie eine gefunden haben, beobachten Sie regelmäßig den Fortschritt der Entwicklung. Nach wenigen Tagen schlüpft der fertige Marienkäfer. Diese faszinierende Metamorphose von der Larve zum bepanzerten Käfer zieht einen Komplettumbau des Körpers nach sich und ist eines der bemerkenswertesten Phänomene in der Natur.

→ S. 133, Entwicklung der Insekten
→ S. 65, Auf Entdeckungstour

Florfliegen

Auch diese wunderschönen, zarten Wesen mit ihren großen goldenen Augen (sie werden auch Goldaugen genannt) sind jetzt unterwegs. Besonders in der Nähe von Blattlauskolonien sind sie zu finden. Ihre blattlausfressenden Larven reagieren allerdings empfindlich auf Ameisen, die die Kolonien vehement verteidigen, denn den Larven fehlt die ameisenabwehrende Wachsschicht der Marienkäferlarven. In den Garten locken Sie die zarten Wesen mit einer Unterkunft.

→ S. 142, Bauanleitung

Winzige Heuschrecken

Bereits im Frühsommer kann man besonders kleine Heuschrecken beobachten – das sind die Larven. Da Heuschrecken eine unvollständige Entwicklung durchlaufen ohne Puppenstadium, sehen die aus den Eiern schlüpfenden Jungtiere den erwachsenen bereits recht ähnlich. Mit jeder Häutung werden sie noch ähnlicher. Die Larven müssen jetzt noch kräftig wachsen, bis sie musizieren und sich fortpflanzen können.

→ S. 133, Entwicklung der Insekten

Blattschneiderbiene bei der Arbeit. Aus Blättern baut sie die Brutzellen für den Nachwuchs.

Die Rotbeinige Holzschlupfwespe, ein Parasit, legt ihr Ei auf die Larven von Mauerbienen.

Der Kleine Fuchs erscheint früh im Jahr. Mai bis Juni entwickelt sich die erste Raupengeneration.

Und noch mal Insekten beobachten

Freuen Sie sich über jedes Insekt, das sie entdecken. 75 Prozent weniger Insektenmasse macht sich auch im Garten bemerkbar.

Weigelienblüten als Insektenmagnet

Die Weigelie zählt zu den Geißblattgewächsen. Obwohl sie aus Ostchina stammt und damit alles andere als heimisch ist, muss sie dennoch hier erwähnt werden. Im Vollfrühling und zu Beginn des Frühsommers öffnen sich ihre kelchförmigen Blüten, dann sind sie umschwärmt von unzähligen Wildbienenarten, Schwebfliegen und Hummeln. Auch wenn die Weigelie aufgrund ihres fremdländischen Status keine Spezialisten bedient, liefert sie für die Generalisten wie Hummeln viel Nahrung. Sie weist Nektar- und Pollenwerte von jeweils 2 auf und befindet sich damit gleichauf mit dem Sommerflieder, der im Gegensatz zu ihr bereits als invasiver Neophyt gilt. Die moderaten Nektar- und Pollenwerte macht die Weigelie mit der Vielzahl der Blüten wieder wett.

Weigelien liefern pro Blüte nicht viel Pollen, können dafür aber mit vielen Blüten aufwarten.

Bienenwolf

Der Bienenwolf *(Philanthus triangulum)* ist eine Grabwespe und relativ selten, jedoch noch nicht gefährdet. Dennoch ist er geschützt. Die schwarz-gelben Bienenwolfweibchen sind gut an ihrem Kopf zu erkennen, da er breiter ist als der Körper. Sie jagen auf Blütenpflanzen Honigbienen, die sie ausschließlich am Duft erkennen, betäuben und in ihre unterirdischen Nester transportieren. Deren Gänge können bis zu 1 m lang sein, an den Enden liegen 5–7 Brutkammern, in die jeweils eine bis mehrere Honigbienen gebracht werden. Bevor das Weibchen das Ei in den Bienenkörper legt, imprägniert sie die Biene mit einem pilzhemmenden Sekret. Als zweite Maßnahme, um die schlüpfenden Larven vor dem Verschimmeln zu schützen – in der Brutkammer ist es bei sonnigem Wetter stickig heiß und schwül –, geben die Eier hochkonzentriertes Stickstoffmonoxid ab, das für Pilze giftig ist. Wegen ihrer kurzen Mundwerkzeuge bevorzugen erwachsene Bienenwölfe den Nektar von Doldenblütlern, Faulbaum, Braun- und Sumpfwurz, Efeu und Sandthymian. Die Art stellt für Honigbienenvölker keinesfalls eine Gefahr dar, da nur einzelne Individuen erbeutet werden.
Nicht zu verwechseln ist die Grabwespe »Bienenwolf« mit dem Bienenkäfer *(Trichodes apiarius)*, der ebenfalls Bienenwolf genannt wird.

→ S. 83, Tiere beobachten.

Rosenkäferparaden auf Holunder, Geißbart oder Wildrosen

Rosenkäfer *(Cetonias aurata)* zählen zu den auffälligsten und am stärksten schillernden Käfern im Garten. Sie werden auch gern als fliegende Smaragde bezeichnet. Mehrere Zentimeter groß und grünlich golden schimmernd, fliegen sie schwerfällig und laut brummend durch die Luft. Besonders gern versammeln sie sich in großer Zahl auf den Blüten von Holunder, Waldgeißbart, Weißdorn oder auf Wildrosen. Dabei fressen sie auch vom Pollen und Nektar, allerdings nur wenig, denn wie häufig in der Insektenwelt fressen die voll entwickelten Tiere kaum etwas. Manchmal naschen sie auch süße Pflanzensäfte und reifes Obst. Hauptsächlich geht es ihnen darum, den geeigneten Partner für die Fortpflanzung zu finden. Nicht selten sieht man die Käfer dann auch im Dreierpack übereinandergestapelt auf ihren Lieblingsblüten sitzen. Rosenkäferlarven entwickeln sich im Kompost und lieben eher Holz. Obwohl der Rosenkäfer noch in einigen Regionen auf der roten Liste steht, findet man ihn wieder häufiger. Es gibt also auch gute Nachrichten aus der Insektenwelt.

→ S. 62, Käferlarven nicht töten!

Junikäfer

Die hellbraunen Junikäfer oder auch Gerippten Brachkäfer *(Amphimallon solstitiale)* kann man in der späten Abenddämmerung in Schwärmen fliegen sehen, da sie nachtaktiv sind. Fast 2 cm lang, auffallend rund und für einen Käfer relativ dicht behaart, können sie nicht besonders gut fliegen. 2–3 Wochen sind sie unterwegs, um sich zu paaren und Blätter an Bäumen zu fressen. Wegen der kurzen Zeitspanne verkraften das die Bäume problemlos. Die Entwicklungszeit der Larve (Engerling) im Boden dauert zwei Winterperioden. Also wundern Sie sich nicht, wenn Sie die Käfer nicht jedes Jahr beobachten können.

→ S. 62, Käferlarven nicht töten!

Raupen des Königskerzenmönchs

Befindet sich eine Königskerze in Ihrem Garten, können Sie vielleicht auch die wunderschön gezeichneten Raupen des Königskerzenmönchs *(Cucullia verbasci)* beobachten: hellgrauer Grundton mit gelben Ringeln, die zusätzlich schwarz gepunktet sind. Emsig durchlöchern sie die Blätter und nagen auch den Stängel an. Falls es Ihrer Meinung nach zu viele werden, siedeln Sie sie auf anderen Königskerzen in der Umgebung um. Aber selbst eine ziemlich stark angefressene Pflanze schafft es noch, viele Blüten zu produzieren.
Es ist die Raupe eines Nachtfalters, der auch Brauner Mönch genannt wird, da sich an seinem Kopf eine Halskragenbehaarung mit zum Kopf hin gerichteten Haaren befindet, die an die Kapuze einer Mönchskutte erinnert. Der Königskerzenmönch ist zwar nicht gefährdet. Allerdings nimmt die Masse der Nachtinsekten genauso ab wie die der Taginsekten, sodass Nachtjäger wie Fledermäuse immer weniger Nahrung finden.

Ligusterschwärmer – toller Falter, tolle Raupe!

Der Ligusterschwärmer ist in Europa weit verbreitet. Die Raupe ist gut 8–10 cm lang und daumendick, leuchtend grün und weist weiß-pinke Schrägstreifen an den Seiten auf. Das imposante Analhörnchen ist glänzend schwarz und gekrümmt. Keine Angst, damit sticht die Raupe nicht, sondern wehrt Feinde ab. Sie ernährt sich von den Blättern des Ligusters, aber auch der Esche und des Flieders. Kurz vor der Verpuppung zeigt sich ein rötlich brauner Schimmer auf dem Rücken. Zum Verpuppen graben sich die Raupen zwischen Juli und Oktober in die Erde ein und überwintern bis zum Frühsommer im Boden. Der nachtaktive, bräunlich, rosa und schwarz gefärbte Falter zählt mit einer Körperlänge von 6 cm und einer Flügelspannweite bis zu 12 cm zu den größten Faltern in Mitteleuropa. Er liebt duftende Blüten wie die von Nachtkerze, Geißblatt, Phlox und Seifenkraut.

Der Ligusterschwärmer kann zum Nektartanken wie ein Kolibri vor einer Blüte in der Luft stehen.

Schwärmerraupen wie die des Ligusterschwärmers erkennt man am sogenannten Analhorn.

Tiere beobachten

Staunen Sie über die vielfältigen Eigenheiten Ihrer Gartenbewohner! Und über die vielfältigen Zusammenhänge der Natur.

Ohrwurmfamilie im Versteck

Heben Sie einen Blumenuntersetzer auf der Terrasse, einen Stein oder Holz hoch, kann es passieren, dass viele kleine Ohrwürmer *(Forficula auricularia)* davonrennen, die auch Ohrenkneifer heißen. Unter ihnen befindet sich meist ein großes Tier, die Mutter. Ohrenkneifer-Mütter legen ein für Insekten äußerst spannendes Verhalten an den Tag: Sie betreiben Brutfürsorge. Das Weibchen legt im Frühjahr 50–60 Eier in kleinen Bodenröhren ab und kümmert sich fürsorglich um das Gelege, indem sie die Eier regelmäßig dreht und ableckt und damit reinigt und verpilzte Eier aussortiert. Dabei beschützt die Ohrwurmmutter die Eier in den teilweise selbst gebauten Verstecken und verteidigt sie mit ihren Kneifzangen. Ungefähr 6 Wochen später bewacht sie sogar die inzwischen geschlüpften winzigen Larven weiterhin vor Feinden und hält sie zusammen.

Erwachsene Männchen unterscheiden sich von den Weibchen durch die längeren Kneifzangen. Interessanterweise tragen die Männchen einen zweiten Penis bei sich, da der Erstpenis beim Geschlechtsakt gelegentlich abbricht – vermutlich sogar mit Absicht, da die Penisstücke den Geschlechtsgang des Weibchens verschließen und dadurch andere Männchen nicht mehr zum Zug kommen können.

Spannendes Trio: Großer Wiesenknopf – Rotgelbe Knotenameise – Ameisenbläuling

Ameisenbläulinge (Maculinea) nutzen mit ihrer außergewöhnlichen Lebensweise als Sozialparasiten auf clevere Weise die eigentlich feindlichen Ameisen für ihre Entwicklung.

Es gibt 5 Ameisenbläuling-Arten, eine davon ist der Wiesenknopf-Ameisenbläuling *(Phengaris nausithous)*. Er legt seine Eier an den noch nicht blühenden Großen Wiesenknopf, die Larven schlüpfen und ernähren sich von dessen dunkelroten Blüten, worauf sie sich dunkelrot färben. Damit tarnen sich die 3 mm großen Raupen hervorragend vor Fressfeinden. Nach 3 Häutungen und frisch ausgestattet mit Honigduftdrüsen und Honigdrüsen lassen sie sich auf den Boden fallen und verstecken sich im Gras oder in Erdspalten. Zusätzlich nehmen sie auch noch eine ameisenlarvenähnliche Gestalt an und imitieren vermutlich sogar den Duft der Ameisenbrut. Duft und Optik veranlassen die Rotgelbe Knotenameise *(Myrmica rubra)* – eine der häufigsten Ameisenarten Mitteleuropas und eigentlich einer der Fressfeinde der Raupen –, die Bläulingsraupen quasi zu adoptieren und in ihren Bau zu schleppen. Dort ernährt sich die Schmetterlingsraupe von bis zu 600 Ameisenlarven und findet Schutz vor Feinden und dem kalten Winter. 10 Monate verbringt sie als Raupe im Ameisennest und täuscht so lange mit ihrem Duft Ameisen. Zusätzlich besänftigt sie die Ameisen mit dem Zuckerwasser aus ihren Drüsen, das den Ameisen eher als Genussmittel dient. Im Juni des zweiten Jahres verpuppt sich die Raupe. Jetzt wird es gefährlich für sie, da sie nur noch über die Honigdrüsen zum Besänftigen ihrer Gastgeber verfügt, der Tarnduft ist verschwunden. Nach weiteren 25 Tagen schlüpft der Falter. Er muss so schnell wie möglich den Ameisenbau verlassen, da ihm sowohl Tarnkappe als auch Gastgeschenk fehlen. Als Schutzfunktion gegen die beißenden Ameisen bedecken wollige Schuppen den ganzen Körper des Falters. Erst außerhalb des Baus entfaltet er seine Flügel.

So clever der Entwicklungszyklus des Schmetterlings ist, so gefährlich wird seine Abhängigkeit sowohl vom Großen Wiesenknopf als auch von der Knotenameise. Fällt ein Partner aus, kann auch der Wiesenknopf-Ameisenbläuling nicht mehr überleben. Mittlerweile gilt er als extrem gefährdet und ist auch EU-rechtlich geschützt.

Mittlerer Weinschwärmer

Der Mittlere Weinschwärmer *(Deilephila elpenor)* zeigt sich jetzt in tollem Pink und Oliv und zählt damit zu den farbenprächtigsten Nachtfaltern. Allerdings ist er nur halb so groß wie der Ligusterschwärmer (→ S. 99) und lebt in feuchten Bereichen wie Auwäldern oder an Gewässern. Als Raupenfutterpflanze dient der Blutweiderich, den Teich- oder Sumpfgrabenbesitzer unbedingt pflanzen sollten. Aber auch Weidenröschen, Labkraut, Wein und Nachtkerze werden von den graubraunen, manchmal auch grünen und mit deutlichen Augen ausgestatteten Raupen vertilgt. Vielleicht gelingt es Ihnen, diesen hübschen Falter anzusiedeln. Die Rückgänge bei der Familie der Schwärmer sind leider besonders dramatisch. Die erwachsenen Falter nutzen ähnliche Nektarpflanzen wie der Ligusterschwärmer, ergänzt um Weidenröschen, Baldrian und Eisenkraut.

Ameisennester
Beobachten Sie das Leben im Ameisennest. Die Tiere haben eine wichtige Funktion im Garten, deshalb nicht bekämpfen.
→ S. 80, Ameisen nicht bekämpfen

Tiere unterstützen

Viele Tierarten können wir jetzt mit etwas Wissen und einfachen Aktionen unterstützen.

Achtung Nestlinge und Ästlinge!
Wochenlang sind nun die Futterrufe und das Geflatter verschiedenster Meisen-, Rotschwanz-, Stieglitz- und Grünfinkenfamilien im Geäst zu hören. Behandeln Sie sie mit der gleichen Sorgfalt wie im Vollfrühling.
→ S. 85, Tiere beobachten

Vögel füttern und tränken
Die Ganzjahresfütterung der Vögel wird fortgesetzt. Bei großer Hitze erlangen Tränken und Bademöglichkeiten für Vögel jetzt einen neuen Stellenwert. Ohne eine Möglichkeit, etwas trinken zu können, verdursten tatsächlich gerade auch Jungvögel. Entkräftet und verwirrt strengt sie die mühsame Suche nach Wasser zusätzlich an. Deshalb ist es ratsam, immer eine frische Wasserversorgung zu garantieren. Achten Sie darauf, die Trinkschalen regelmäßig zu reinigen, öfter auch mit kochendem Wasser, dann haben Keime wie Salmonellen oder Trichomonaden keine Chance.

Vogelsandbad
Die Luxusausstattung für Vögel im Garten beinhaltet ein Sandbad. Einfach Sand in einen größeren Blumenuntersetzer füllen und fertig ist es. Vögel, insbesondere Spatzen lieben es, sich im Sand zu baden. Das sieht tatsächlich genauso aus, als ob Wasser in der Schale wäre und hilft gegen Parasiten im Gefieder.

Insektenbad
Wenn keine natürliche Wasserstelle in der Nähe ist, nehmen bei sommerlicher Hitze auch Insekten gern Wasser an. Wildbienen brauchen in der Regel zwar nichts zu trinken, benötigen aber für den Nestbau mit Lehm Wasser zum Anfeuchten des Baumaterials. Wespen aber fallen regelrecht über das Wasser her. Am Teich sind sie nahezu zu Hunderten anzutreffen. Aber auch sie trinken nicht, sondern transportieren das Wasser zum Nest, wedeln mit ihren Flügeln und nutzen die Verdunstungskälte des Wassers, um das Nest zu kühlen. Sie betreiben also Kühlanlagen. Nehmen Sie eine Schale oder einen Blumenuntersetzer und legen relativ dicht Steine hinein. Nun füllen Sie die Schale mit Wasser, sodass die Steine aus dem Wasser herausschauen. Diese können von den Insekten als Landestelle benutzt werden, ohne Gefahr zu laufen zu ertrinken.

Ligusterschwärmerraupe am Boden
Entdecken Sie eine Raupe des Ligusterschwärmers (→ S. 99) am Boden, so will sie sich zum Verpuppen eingraben. Setzen Sie sie auf lockere Erde, markieren die Stellen und bearbeiten Sie diese am besten nicht mehr, damit sie sich ungestört bis zum nächsten Frühjahr entwickeln kann.

Blauschwarze Holzbiene – Breitblättrige Platterbse – Muskatellersalbei

Blauschwarze Holzbiene

+ Breitblättrige Platterbse

+ Muskatellersalbei

Die Blauschwarze Holzbiene gehört zu den imposantesten Insektenarten unserer Breiten. Ursprünglich hauptsächlich im Süden beheimatet, breitet sich die Blauschwarze Holzbiene *(Xylocopa violacea)* aufgrund der durch den Klimawandel immer milderen Temperaturen zunehmend auch nach Norden aus. Im südlichen deutschsprachigen Raum leben noch die Kleine Holzbiene *(Xylocopa iris)* und die Östliche Holzbiene *(Xylocopa valga)*, wobei Letztere im »Feld«, wie man die Beobachtungen im Freiland nennt, nicht von der Blauschwarzen Holzbiene zu unterscheiden ist. Lediglich die Männchen trennt ein wesentlicher Unterschied: Die der Blauschwarzen Holzbiene besitzen orangefarbene Fühlerenden, die der Östlichen Holzbiene sind rein schwarz.

Mit ihrem bis zu 30 Millimeter großen, schwarzen Körper und den blau schillernden Flügeln fliegt die Blauschwarze Holzbiene recht schnell und tief brummend und kann im ersten Moment mit einem Käfer verwechselt werden. Bereits im März sieht man sie auf der Suche nach erster Nahrung, da sowohl Männchen als auch Weibchen als fertige Biene in Mauerspalten, Baumhöhlen oder auch in selbst gegrabenen Erdlöchern überwintern. Besonders gern holt sie sich in dieser Jahreszeit Nektar vom Winterjasmin *(Jasminum nudiflorum)* oder von der stark duftenden Winter-Heckenkirsche *(Lonicera purpursii)*, beide aus Asien stammend. Obwohl fremdländisch, lohnt es sich, diese beiden Arten zu pflanzen, da sie speziell für die Wildbienen, die bereits im zeitigen Frühjahr unterwegs sind, zuverlässig lebensnotwendige Nahrung bieten. Die Männchen fliegen mitunter auch bereits Ende Januar und versuchen dann sogar, die Weibchen aus ihren Überwinterungsbehausungen herauszuziehen und zur Paarung zu bewegen. Nach der Paarung sucht das Weibchen einen geeigneten Nistplatz. Ihre Vorliebe für Massivholz spiegelt sich bereits in ihrem Namen wider. Sie ist eine der wenigen mitteleuropäischen Arten, die in trockenes, noch festes und am liebsten stehendes Second-Life Holz – bevorzugt wird das Holz von Obstbäumen – ihre Nester von einem Zentimeter Durchmesser mit ihren kräftigen Beißwerkzeugen selbst hineinnagen. Mehrere Brutzellen werden hintereinander angelegt und die einzelnen Brutkammern mit Sägemehl und Speichel gebaut, weshalb das Holz eine ausreichende Stärke aufweisen muss. Meist entdeckt man den Nestbau im Garten lediglich an den körnigen Sägespänen auf dem Boden, da sie trotz ihrer Größe erstaunlich heimlich und schnell ins Nest schlüpft. Bei näherem Hinhören kann man sogar ihren Nagegeräuschen lauschen, aber Vorsicht: Kommt man dem Nest zu nahe, droht sie mit tiefem Brummen. Trotzdem stechen Holzbienen nur in den allerseltensten Fällen und in allergrößter Not, da sie als Solitärbienen darauf bedacht sind, nicht leichtfertig dabei selbst umzukommen. Schließlich ist jedes Weibchen allein dafür verantwortlich, ob sie Nachkommen haben wird oder nicht. Und im Gegensatz zur sozial lebenden Honigbiene stellt kein anderer das Brutgeschäft für sie fertig. Im Spätsommer schlüpfen dann die jungen Holzbienen, die ältere Generation stirbt – der neue Zyklus beginnt. Kaum eine andere solitär lebende Wildbiene wird in unseren Breiten so alt.

Da die Holzbiene nahezu die ganze Vegetationsperiode fliegt, kann sie nicht ganz so wählerisch sein, wie so manch stark spezialisierte Wildbiene mit nur kurzer Lebensdauer. Dennoch bevorzugt sie Korbblütler, Raublattgewächse, Hülsenfrüchtler und Lippenblütler. Pflanzen Sie die Breitblättrige Platterbse *(Lathyrus latifolius)* und Sie werden die Holzbiene, sofern Sie bei Ihnen bereits vorkommt, schnell anlocken. Das Farbspektakel ist grandios: Blauschwarz schillernd auf kräftigem Pink! Ursprünglich heimisch im Mittelmeerraum bis hoch in die pannonische Steppe Österreichs, fühlt sich die Breitblättrige Platterbse zunehmend genauso wohl bei uns wie die Holzbiene.

Ein wahres Schauspiel kann man mit dem Muskatellersalbei erleben. Die Holzbiene setzt sich auf die Lippe und drückt sie herunter, daraufhin schwingt der Pollen von oben herab und wird dabei auf den Rücken der Holzbiene getupft. Weiß bepudert fliegt sie zur nächsten Blüte und bestäubt sie ganz nebenbei. Als Mittelmeerbürger muss der zweijährige Muskatellersalbei jedoch immer wieder neu gepflanzt werden oder er samt sich selbst aus. Mit einer 3 beim Nektarwert und einer 2 beim Pollenwert schließt er mit seiner Blütezeit von Juni bis September im Spätsommer die Trachtlücke. Aber auch die Christrose im zeitigen Frühjahr oder Klatschmohn, Natternkopf, Wiesensalbei und Flockenblumen sollten Sie anpflanzen, um die imposante Holzbiene immer wieder beobachten zu können. Vergessen Sie nicht, geeignetes Holz für die Nestanlage aufzustellen.

Licht

Hirn ein – Licht aus! So könnte die Devise lauten, wenn es um die nächtliche Beleuchtung der urbanen Umgebung geht.

Lichtverschmutzung bewirkt starke Effekte auf die lebende Umwelt. Im Lauf der Evolution haben sich Tiere, Pflanzen, aber auch die Menschen an die natürlicherweise vorherrschenden Lichtverhältnisse und -rhythmen angepasst. Tiere richten ihre Zeiten zur Nahrungs- und Partnersuche und für die Ruhephase nach dem natürlichen Ablauf der hellen und dunklen Tagesphasen aus. Lichtverschmutzung, das heißt die dauernde Aufhellung des Nachthimmels mittels künstlicher Lichtquellen, die besonders in den letzten 60 Jahren immer stärker zugenommen hat, beeinflusst ganz besonders 60 Prozent aller Insekten und sogar noch 30 Prozent aller Wirbeltiere, wenn sie nachtaktiv sind, und mittlerweile ganze Ökosysteme. Evolutionär völlig unvorbereitet trifft es sie, wenn es nach einsetzender Dunkelheit plötzlich wieder hell wird. Aber nicht nur die großflächigen Lichtglocken über Städten und Gemeinden, sondern auch die einzelnen Leuchten im Garten zur Unzeit können Tiere von ihrem Lebensplan abbringen.

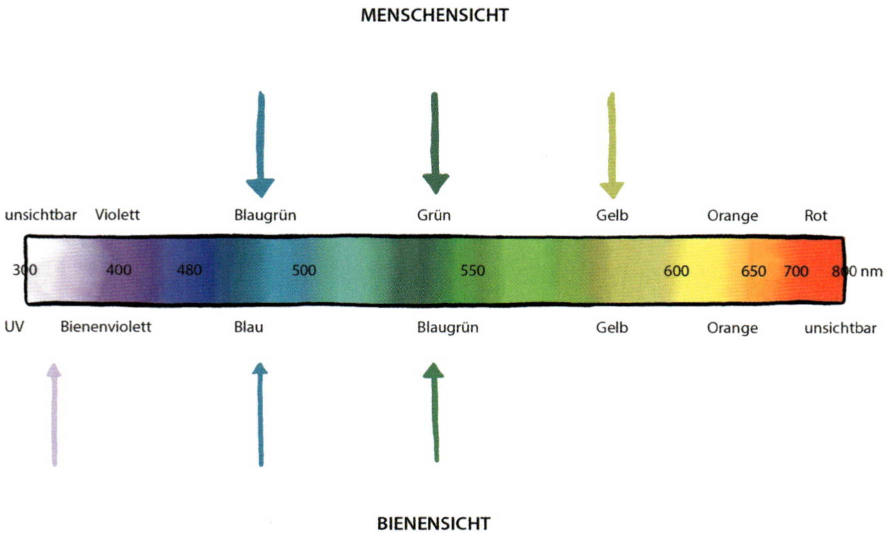

Sehspektrum von Mensch und Biene im Vergleich. Insekten sehen gut im UV-Bereich.

Insekten sind besonders betroffen

Gerade Insekten reagieren besonders empfindlich. Ihr Sehspektrum ist verschoben und zwar auf der Skala nach links in den kurzwelligen UV-Bereich. Im langwelligen Rotbereich sehen sie hingegen schlechter als wir.

Ganz besonders betroffen von Lichtverschmutzung sind Glühwürmchen. Sie wollen selbst Licht machen. Die Weibchen signalisieren mit ihrer Biolumineszenz, dank derer sie in ihrem Unterleib ein intermittierendes Licht erzeugen, ganz wichtig: Paarungsbereitschaft. Männchen finden daraufhin ihre Part-

Bei Nacht erleuchtete Gärten irritieren alle nachtaktiven Tiere und selbst Pflanzen.

Ein Garten bei natürlichem Nachtlicht – eine geheimnisvolle Stimmung.

nerin. In beleuchteten Bereichen werden Männchen derart irritiert, dass sie die Weibchen nicht mehr finden. Glühwürmchen drohen tatsächlich auszusterben, da neben Lebensraumverlust zusätzlich die Partnersuche gestört wird. Auch Vögel werden beeinflusst. Normalerweise orientieren sich viele auf ihren Flugrouten an Mond und Sternen. Beleuchtung von unten kann sie von ihren gewohnten Wegen abbringen, im schlimmsten Fall verenden sie an hell erleuchteten Gebäuden. Und selbst Pflanzen werden schon durch einzelne Lampen so beeinflusst, dass der Zeitpunkt der Blüte oder des Laubabwurfs verschoben sein kann und die Fruchtbarkeit abnimmt.

Deshalb sollten wir bei Außenbeleuchtungen – wenn wir sie brauchen – unbedingt auf warmes Licht achten, im Idealfall unter 2700 Kelvin. Je größer die Kelvin-Zahl, umso kälter wird das Licht, umso höher ist sein Blauanteil und desto schlechter für die Insekten. Je kleiner die Kelvinzahl, umso höher sein Rotanteil. Selbst die energiesparenden LEDs gibt es mittlerweile im warmweißen Spektrum. Aber auch andere Aspekte gilt es bei einer Außenbeleuchtung zu beachten:

- Nur Wege bei Gebrauch beleuchten und keine anderen Stellen im Garten. Die Lichtquelle sollte so niedrig wie möglich angebracht werden und nach unten abstrahlen, damit werden große Lichtglocken in Bereichen vermieden, in denen kein Licht benötigt wird.
- Beleuchtungen senkrecht nach oben in Bäume oder in den Himmel sind tabu! Sie ziehen aus weiter Entfernung Insekten an und stören sogar Vögel auf ihren Flugrouten massiv.
- Beleuchtungen so dunkel wie möglich. Auch das menschliche Auge ist anpassungsfähig und unsere Augen gewöhnen sich an Dunkelheit. Je heller bestimmte Bereiche beleuchtet sind, desto dunkler werden nicht beleuchtete Bereiche in der subjektiven Wahrnehmung. Ein Beispiel: Fahrradbeleuchtungen durch Dynamos waren vor wenigen Jahrzehnten noch völlig ausreichend, da PKWs und Straßenlaternen weniger hell leuchteten. Heute würde man mit dieser Beleuchtungsstärke im nächtlichen Straßenverkehr übersehen werden, da rundherum alles heller geworden ist.

Also: Widerstehen Sie der Versuchung, Ihren Garten wirkungsvoll zu illuminieren. Gerade Gartenplaner neigen dazu, ihrer Kundschaft entsprechende Strahler schmackhaft zu machen, weil hier mit wenig Aufwand tolle Wow-Effekte erzeugt werden können. Denn was nützt es schließlich, im Garten wertvolle Maßnahmen zur Förderung von Insekten zu unternehmen, nur um die kleinen und so wichtigen Krabbler und Schwirrer dann nächtens zu Tode zu hetzen?

HOCHSOMMER

Die Blüten des Johanniskrautes, der Johannistrieb des Pfaffenhütchens und reif werdende Johannisbeeren geben den Startschuss für den Hochsommer. Jetzt ist die Zeit der Schmetterlinge, aber auch vielversprechende spannende Nächte mit Tierbeobachtungen stehen an. Dabei sollten Sie nicht die Vorbereitungen für die Umwandlung des Rasens zur Blumenwiese verpassen. Gießen Sie trotz der Hitze im Vielfaltsgarten nur in Ausnahmefällen, dann aber bitte richtig.

Erst planen, dann bestellen

Der Hochsommer steht bei den Planungsarbeiten ganz im Zeichen der Herstellung von Blumenwiesen.

Taglilien begrenzen oder entfernen

Die aus Asien stammende orangefarbene Taglilie *Hemerocallis fulva* gilt in den Vereinigten Staaten bereits als invasive Art. Auch in unseren Gärten kann der Neophyt unkontrolliert große Flächen übernehmen. Nektar- und Pollenwerte liegen lediglich bei 1 und Bestäuber sind kaum zu sichten. Es lohnt sich, stattdessen wertvollere Stauden zu pflanzen. Allerdings bedarf es dazu vorab einer größeren Rodungsaktion. Begutachten Sie jetzt den Platz genau und planen Sie bereits jetzt, was Sie stattdessen pflanzen wollen. Lohnt es sich evtl., die Fläche mit Sand abzumagern und statt der Taglilien etwa ein Glockenblumenbeet anzulegen?

Blumenwiese planen

Wenn Sie sich für eine Spätsommer-/Frühherbstansaat einer Blumenwiese entschieden haben, sollten Sie jetzt mit den Planungen starten. Vielleicht sind sogar vorbereitende Tätigkeiten von bis zu 6 Wochen vor der Aussaat notwendig. Als Erstes steht die **Ist-Analyse** der Fläche an. Um welchen Boden handelt es sich? Ist er bereits mager und perfekt für die »wilde« Gesellschaft geeignet? Ist man bereit, einen fetten Boden aktiv abzumagern? Oder sät man lieber eine Fettblumenwiese ein? Es gibt viele Möglichkeiten. Um dann im Spätsommer oder Herbst vor lauter verschiedenen Optionen nicht den Überblick und vor allem die Tatkraft zur Umsetzung zu verlieren, ist es wichtig, bereits dann einen genauen Plan zu haben. Am besten haptisch auf Papier.

→ S. 124, Blumenwiese anlegen
→ S. 110, Blumenwiese vorbereiten

Material und Geräte für die Blumenwiese bestellen

Geräte, Material zum Abmagern wie Sand oder Vorsieb (0/32 mm Korngröße) aus dem Steinbruch und vor allem **Samen** müssen in ausreichender Menge zur Verfügung stehen, damit es klappt mit der Umsetzung und den Blüten im nächsten Jahr. Kümmern Sie sich bereits jetzt vor allem um den Samen, denn so mancher Lieferant war schon in manchen Jahren schnell ausverkauft.

WELCHEN SAMEN SOLL MAN BESTELLEN?

- Wählen Sie grundsätzlich den Samen, dessen Ursprungsgebiet Ihrer Region entspricht (→ Grafik rechts). Ist er nicht erhältlich, wählen Sie das nächstgelegene Ursprungsgebiet. Im Garten, also im Siedlungsbereich, dürfen Sie das ohne Weiteres. In der freien Landschaft wäre für das Ausbringen von Samen aus einem benachbarten Ursprungsgebiet eine Genehmigung der Naturschutzbehörde notwendig.
- Für fetten Boden und die darauf entstehende Fettblumenwiese sollten Sie Wiesenmischungen mit 30–50 Prozent Blumenanteil wählen. Den Rest stellen Gräser. Ein höherer Blumenanteil nützt hier selten etwas, denn Blumen sind auf nährstoffreichem Boden weniger durchsetzungsstark als Gräser.
- Für mageren Boden wählen Sie eine Samenmischung für Blumenwiesen, Mager- und Sandrasen oder Saum aus. Bei einer Frühjahrsansaat sollten Sie für bunte Blüten direkt im ersten Jahr die Mischung mit Einjährigen wie Klatschmohn, Kornblume, Feld-Rittersporn, Kornrade und Nelken-Leimkraut anreichern.
- Schnellbegrünungskomponente: Bei beiden Varianten können Sie einen sogenannten Schnellbegrüner beimischen, der aus Leindotter, Buchweizen, Gartenkresse und Roggentrespe oder aus einzelnen Komponenten davon besteht und der durch sein schnelles Keimen ein optimales Kleinklima für die eigentlichen Samen schafft. Nach 6–10 Wochen müssen die Schnellbegrüner allerdings gemäht werden, damit Licht für die gewünschten Arten zur Verfügung steht.
- Achten Sie auf die Anbieter: Manche verlangen Mindestbestellwerte, andere geben auch Samen in Kleinmengen für ca. 10 m^2 und entsprechend niedrigen Beträgen ab.

Regionenkarte mit Ursprungsgebieten und Produktionsräumen

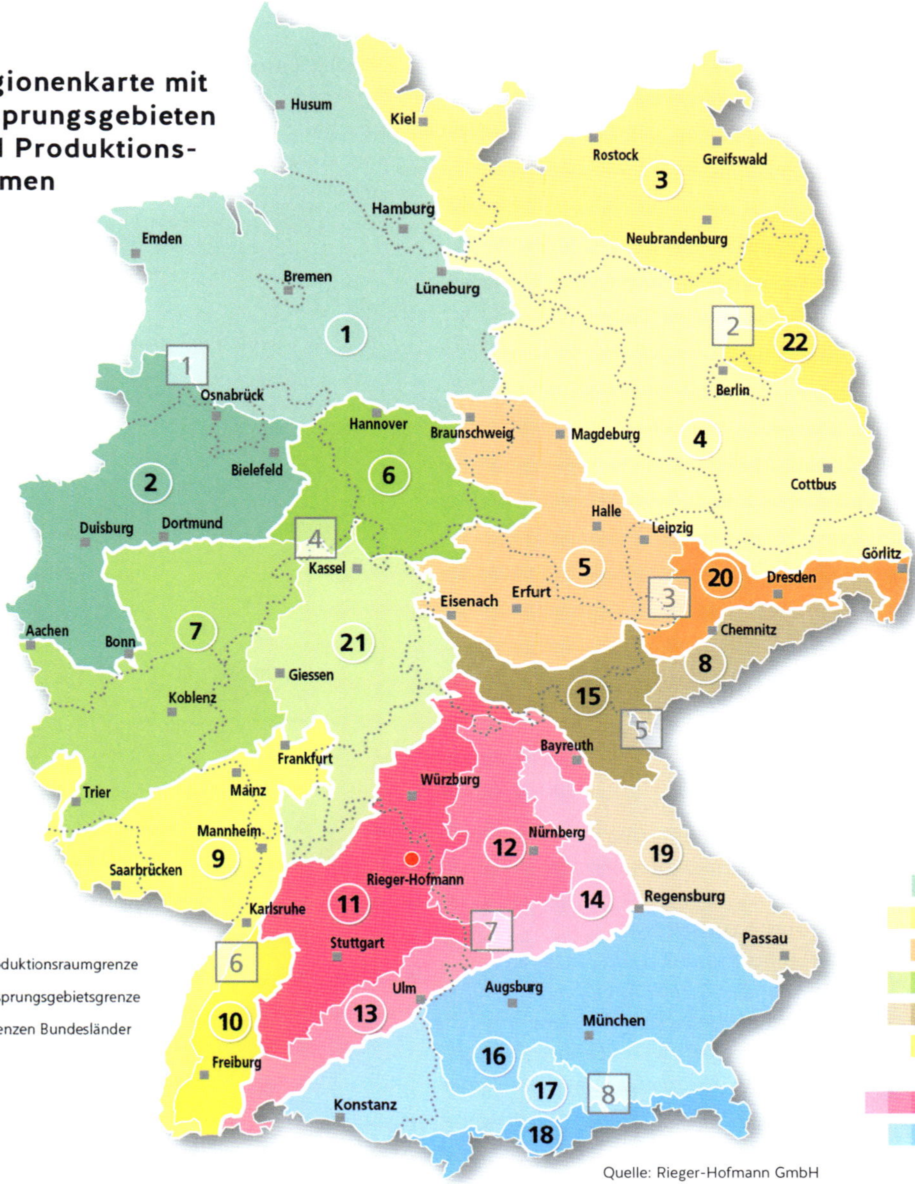

Produktionsraumgrenze

Ursprungsgebietsgrenze

Grenzen Bundesländer

Quelle: Rieger-Hofmann GmbH

Ursprungsgebiete

1 Nordwestdeutsches Tiefland
2 Westdt. Tiefland m. Unterem Weserbergland
3 Nordostdeutsches Tiefland
4 Ostdeutsches Tiefland
22 Uckermark mit Odertal
5 Mitteldeutsches Tief- und Hügelland
20 Sächsisches Löß- und Hügelland
6 Oberes Weser- und Leinebergland mit Harz
7 Rheinisches Bergland
21 Hessisches Bergland
8 Erz- und Elbsandsteingebirge
15 Thüringer Wald, Fichtelgebirge und Vogtland
19 Bayerischer und Oberpfälzer Wald
9 Oberrheingraben mit Saarpfälzer Bergland
10 Schwarzwald
11 Südwestdeutsches Bergland
12 Fränkisches Hügelland
13 Schwäbische Alb
14 Fränkische Alb
16 Unterbayerische Hügel- und Plattenregion
17 Südliches Alpenvorland
18 Alpen

Produktionsräume

1 Nordwestdeutsches Tiefland (NW)
2 Nordostdeutsches Tiefland (NO)
3 Mitteldeutsches Flach- und Hügelland (MD)
4 Westdeutsches Berg- und Hügelland (WB)
5 Südost- und Ostdeutsches Bergland (SO)
6 Südwestdeutsches Berg- und Hügelland mit Oberrheingraben (SW)
7 Süddeutsches Berg- und Hügelland (SD)
8 Alpen und Alpenvorland (AV)

Blumenwiese vorbereiten

Mit einem Grassodenschneider lassen sich Grasnarbe und Oberboden einfach entfernen.

Je nachdem, wie man die Blumenwiese herstellen möchte (abmagern, nicht abmagern etc.), stehen ggf. erste Fräsarbeiten an.

Um die Grasnarbe und Teile des Oberbodens zu entfernen, haben Sie zwei Möglichkeiten:

- Die sicherste Methode besteht darin, die Grasnarbe tief mit einer Rasenschälmaschine oder einem Grassodenschneider (Maschinenverleih) abzuschälen. Das funktioniert wie beim Kartoffelschälen, die Rasensode wird dabei aufgerollt und gleichzeitig Oberboden mitentfernt. Unterschätzen Sie trotz technischer Unterstützung dennoch nicht die Arbeit. Das Gerät ist schwer, und auch die Rasensoden haben viel Gewicht.
- Alternativ kann man auch mit dem Spaten die Rasensoden abstechen oder abschälen. Hier ist natürlich besonders viel Muskelarbeit und Ausdauer gefragt.

→ S. 108, Erst planen, dann bestellen
→ S. 124, Blumenwiese anlegen

TIPP!

Grassoden ins Hügelbeet

Die angefallene Grasnarbe kann im Übrigen im Gemüsegarten beim Bau eines Hügelbeetes oder auch bei der Füllung von Hochbeeten sehr nützlich sein, indem die Bahnen mit dem Gras nach unten auf das vorher eingebrachte grobere Material gelegt werden und somit als Abdichtung für den oben aufzutragenden Kompost dienen.

Pflegearbeiten

Endlich kommt die Schere zum Einsatz. Jetzt ist die Zeit, wertvolle Stauden und Sträucher zu vermehren oder durch den Schnitt den Lavendel in Form zu halten

Vermehrung durch Stecklinge

- Von Stauden wie der Fetthenne schneiden Sie ca. 5 cm lange Triebspitzen direkt unterhalb eines Blattpaares ab. Entfernen Sie die unteren Blätter und stecken Sie die Triebspitzen in Anzuchterde.
- Von den Sträuchern schneiden Sie 10 cm lange Triebspitzen ab, entfernen drei Viertel der Blätter und stecken sie in Anzuchterde.

Am besten decken Sie die Pflanzkästen mit einer Plastikhaube oder einer Folie luftdicht ab, damit die Anzuchterde bei der warmen Witterung nicht austrocknet und Sie nicht täglich gießen müssen.

Lavendel zurückschneiden

Verblühte Stängel und ein Drittel der diesjährigen Triebe am Lavendel sollten Sie jetzt zurückschneiden, um im nächsten Jahr wieder viel Insektennahrung zur Verfügung stellen zu können. Mit Glück treibt er ja in diesem Jahr noch aus und bringt eine späte zweite Blüte.

Lavendel sollte nach der Blüte zurückgeschnitten werden, damit er im nächsten Jahr wieder blüht.

Bitte unterlassen!

Zu dieser Jahreszeit sollten Sie den Liegestuhl viel öfter nutzen als Heckenschere oder Rasenmäher. Genießen Sie Ihren Garten!

Hecke nicht schneiden

Sie sollten in einem Vielfaltsgarten nicht, wie in etlichen Gartenratgebern empfohlen, die Hecke jetzt schneiden. Noch immer können sich brütende Vögel darin aufhalten. Weichen Sie dazu lieber auf den Spätherbst, bei fruchtenden Hecken auf frostfreie Wintertage aus.

Keine Blattläuse im Pflaumenbaum etc. bekämpfen

Ein verlauster Pflaumenbaum kann unzählige Insekten anziehen und zum Hotspot des Gartens werden. Selbst Wespen haben Blattläuse zum Fressen gern! Zum einen wegen des Honigtaus, zum anderen aber erbeuten sie sie auch gern mal. Denn im Gegensatz zu fliegenden Insekten können sie Blattläuse zahlreich und leicht regelrecht »einsammeln«. Des Weiteren finden sich die bekannten Blattlausjäger wie Schwebfliegen, Marienkäfer, Florfliegen und Ohrwürmer ein, die einen solchen Pflaumenbaum zum Insektenkindergarten machen. Schwere Schäden wird er durch den Befall nicht erleiden. Hängen Sie stattdessen eine Ohrwumbehausung in den Baum, sodass sie direkt an der Futterquelle sitzen.

Blumenwiese nicht vollständig mähen

Falls jetzt eine Pflege der Blumenwiese ansteht, denken Sie an die **Staffelmahd**. Darunter versteht man das sukzessive Mähen einer Fläche. Der Kleinbauer hat früher täglich immer nur so viel Wiese mit der Sense gemäht, wie er für die Fütterung seiner Tiere benötigt hat – also von nur wenigen Quadratmetern für das Kaninchen bis hin zu einem Tagwerk (Flächenangabe, die ein Bauer pro Tag zu mähen vermochte), wenn er Heu machen wollte. Deshalb konnten immer wieder Blüten nachwachsen, auf die die Insekten ausweichen konnten. Ihr Trachtfließband (→ S. 39) war somit geschlossen. Das versuchen wir im Garten zu imitieren – allerdings mit dem Unterschied, dass wir nicht täglich einen Quadratmeter mähen, sondern einmal die halbe Wiese abmähen und um ungefähr 4 Wochen versetzt, sobald die gemähte Fläche wieder nachgewachsen ist und zu blühen beginnt, mähen wir die andere Hälfte. So stellen wir sicher, dass die Insekten stets Nahrung, aber auch Versteckmöglichkeiten finden.

Kein Gift einsetzen

Dies sollte im Vielfaltsgarten selbstverständlich sein. Weder zur Bekämpfung von Insekten, die Blumen, Gemüse oder Obst anknabbern, noch Schneckenkorn. Ebenso verbieten sich Antipilzmittel oder Herbizide gegen Beikräuter. Jedes Gift hat Nebenwirkungen nicht nur für uns.

Hecken bieten Vögeln Brutraum und Schutz für die Jungen. Deshalb erst nach der Brutzeit schneiden.

Pflanzen entdecken

Nicht nur Insekten und andere Tiere sind spannend zu beoachten, auch unter den Pflanzen gibt es jetzt viel zu entdecken.

Königskerzenblüten

Obwohl die einzelnen Blüten kurzlebig sind, jedoch ständig nachgebildet werden, steht die Königskerze ab Juni bis in den späten September hinein in voller Blüte und liefert reichlich Pollen. Täglich ist sie besonders in den Morgen- und Vormittagsstunden voll mit Bienen, Hummeln, Käfern, Schmetterlingen und Schwebfliegen. Bis zu 2,5 m, manchmal sogar 3 m ragen die Blüten imposant in den Himmel – vorausgesetzt, die Königskerze hat einen vollsonnigen Platz. Häufig wird sie auch Wollblume genannt, denn ihre Blätter und Stängel sind mit feinen Härchen überzogen, die ihr ein Überleben auf trockenen Standorten garantieren. Zudem ist diese Wolle begehrtes Baumaterial für etliche Insekten wie die Wollbienen.

→ S. 134, Garten-Wollbiene – Schwarznessel

Johannistrieb

Zu Beginn des Hochsommers, um Johanni (24.6.) herum, kann man beobachten, dass einige Bäume oder Sträucher noch einmal austreiben. Jetzt wird es besonders interessant, ob sich das Pfaffenhütchen wieder belaubt und den Kahlfraß der Pfaffenhütchen-Gespinstmotte überlebt. Mit aller Wahrscheinlichkeit ist das so, denn die Natur hat genau das eingeplant.

→ S. 83, Tiere beobachten

Faulbaumblüten duften

Besuchen Sie mal den Faulbaum und halten Ihre Nase an die Blüten. Winzig klein, aber dafür dufte! Da sie von Mai bis September blühen, gibt es immer eine Gelegenheit, einen guten Duft zu atmen. Viele Insekten sammeln hier intensiv, was den Faulbaum auch so wertvoll macht.

Wilde Möhre mit schwarzem Punkt in der Blütenmitte

Direkt in der Mitte der Hauptblüte – also der mittleren und gleichzeitig größten Blüte – bildet die Wilde Möhre eine kleine rötliche bis schwarze erhöhte Blüte: die sogenannte Mohrenblüte, auch Scheininsekt genannt. Damit möchte sie Insekten glauben machen, dass sich bereits Paarungspartner oder Beutetiere auf der Blüte befinden. In Wahrheit möchte die Möhrenblüte aber nur möglichst viele Insekten einladen, SIE zu bestäuben. Sobald die Möhre verblüht ist, schließt sich die Dolde und hüllt so ihren Mittelpunkt ein.
Die Wilde Möhre ist eine der wichtigsten Raupenfutterpflanzen für den Schwalbenschwanz und Nektar- und Pollenspender für unzählige Insektenarten.

Die Blüten der Königskerze öffnen sich nach und nach und liefern deshalb über lange Zeit Pollen.

Attraktiver Schwalbenschwanz an filigraner Blüte der Wilden Möhre: Raupenfutterpflanze.

Insektenappartement beobachten

Immer wieder schauen wir am Insektenappartement vorbei, denn auch hier ist viel los.

Goldwespen am Insektenappartement

Am Insektenappartement kann man unter Umständen von Mai bis September auch Goldwespen beobachten. Goldwespen sind sogenannte Kuckuckswespen, dies drückt ihre Lebensweise als Brutparasiten aus. Je nach Gattung parasitieren sie an Wildbienen, Pflanzenwespen oder anderen Wespenarten wie beispielsweise dem Bienenwolf. In Mitteleuropa gibt es etwa 120 Arten. Von Goldgrün, Grün, Blaugrün, Rot und Grün, Orange und Violett bis hin zu ganz Violett, aber immer metallisch schillernd und leuchtend bunt, zählen sie zu den schönsten und spektakulärsten Insekten unserer Breiten. Zusätzliche Grübchen, Grate und Punktierungen in der Oberflächenstruktur verstärken die Brillanz. Manche Arten besitzen sogar farbige Beinteile.

Warum sie als Parasiten auf uns so schillernd bunt wirken, hat möglicherweise etwas mit Tarnung zu tun. Mit ihren prächtigen Farben werden sie von Vögeln auf ganz bestimmten Oberflächen kaum wahrgenommen und tarnen sich somit vor einem Teil ihrer Feinde.

Sie sind nur bei Sonnenschein und hohen Temperaturen extrem flink unterwegs, sodass diese nur wenige Millimeter bis 1 cm großen Insekten zu den am wenigsten bekannten Insekten zählen. Die Anwesenheit solcher Parasiten ist, so gemein es uns auf den ersten Blick erscheint, immer ein Indiz für intakte und funktionierende Lebensräume. Häufig sind sie auf einen bestimmten Wirt hochspezialisiert. Und nur wenn sich der Wirt wohlfühlt, können auch sie leben. Goldwespen adeln demnach die Qualität unserer Gärten und sind mehr als einen Blick wert.

→ S. 98, Und noch mal Insekten beobachten

Natternkopf-Mauerbiene

Wächst im Garten der blaublühende Natternkopf in ausreichender Menge, besteht die Chance, dass wir die hochspezialisierte Natternkopf-Mauerbiene *(Osmia/Hoplitis adunca)* entdecken (in NRW möglicherweise bereits ausgestorben). Sie legt in Insektenappartements ihre Nester an und verschließt deren Eingänge mit Erde, die sie mit Steinchen vermischt.

Goldwespen sind Brutparasiten: die Gemeine Goldwespe bei solitären (Lehm-)Wespen, ...

... die Blaue Goldwespe legt ihre Eier in die Gänge von Grabwespen, ...

... während die Wirtsart von Chrysis chrysostigma unbekannt ist.

Hochsommer

Tiere am Teich beobachten

Teich- oder Sumpfgrabenbesitzer können jetzt am Teich Tieren beim Fortpflanzungsverhalten zusehen.

Das sogenannte Paarungsrad der Libellen, hier Azurjungfern, ist reinste Flugakrobatik.

Libellenrad und Eiablage

Die Paarungsweise der Libellen – Libellenrad oder Paarungsrad – ist einzigartig in der Insektenwelt. Der Trick dabei: Beide Partner können auch während der akrobatischen Paarung gemeinsam durch die Luft fliegen und fallen Fressfeinden nicht so schnell zum Opfer.
Ihre Eier legen die Weibchen je nach Art in Pflanzenstängel von Wasserpflanzen, in den Gewässergrund oder werfen sie aus der Luft aufs Wasser.

Springende Wasserläufer

Plötzlich springen Wasserläufer im Doppel-, Dreier- oder Viererpack von der Teichoberfläche in die Luft und bringen mit ihrer Paarung Unruhe ins System. Die Paarungszeit der Tiere beginnt bereits im Frühling.

»LIBELLENLIEBE«

Die Libellenliebe gehört zu den nicht ganz so einfachen Dingen in der Natur, denn das Männchen besitzt ein weiteres Fortpflanzungsorgan, das »sekundäre Kopulationsorgan«, das nicht am Ende, sondern am Anfang des Hinterleibes liegt. Dieses zusätzliche Kopulationsorgan muss das Männchen vor der Paarung mit seinem Sperma »betanken«. Mit seinen Hinterleibszangen verhakt sich daraufhin das Männchen im Genick des Weibchens, das dann ihren Hinterleib nach vorn zum sekundären Kopulationsorgan des Männchens biegt. Würden sich die Libellen Hinterleib an Hinterleib miteinander verbinden, könnte kein gemeinsamer Flug stattfinden, da jede in entgegengesetzter Richtung fliegen würde.

Insekten beobachten

Im Hochsommer können Sie vor allem die wärmeliebenden Flugkünstler besonders gut beobachten.

Schwebfliegen sind Flugkünstler

Schwebfliegen, die im deutschsprachigen Raum mit über 400 Arten vertreten sind, gibt es jetzt auf den Blüten in Hülle und Fülle. Auf den ersten Blick kann man sie mit Wespen, Bienen oder sogar Hummeln verwechseln. Sie nutzen diese Tarnung (Mimikry), um ihre völlige Harmlosigkeit zu überschminken und ihre Fressfeinde in die Irre zu führen. Ohne Stachel sind sie nämlich wehrlos. Wir erkennen sie leicht an ihren Flugkünsten. Denn sie beherrschen den Schwirrflug, können also in der Luft stehen, ruckartig vor- und rückwärts, hoch und nach unten fliegen. Schwebfliegen lieben besonders den Nektar gelber Blüten und zählen neben den

Die Blüten der Wegwarte ziehen im Hochsommer Insekten an, hier eine Schwebfliege …

Bienen mit zu den wichtigsten Bestäubern. Dem aber noch nicht genug, verzehren die Larven von ungefähr 100 heimischen Schwebfliegenarten Blattläuse. Pro Nacht schaffen sie bis zu 100 Blattläuse. Bei 500 Eiern pro Schwebfliegenweibchen ist das eine ungeheure Menge. Leider ist deren Bestand in der freien Landschaft genauso zurückgegangen wie der anderer Insekten.

Wegwarte

Die Gewöhnliche Wegwarte *(Cichorium intybus)*, ein Korbblütler, blüht jetzt unermüdlich in den Morgenstunden, je nach Temperatur und Sonnenintensität manchmal nur bis 9:30 Uhr. Danach verblüht sie, um am nächsten Morgen wieder mit zahlreichen frischen himmelblauen Blüten aufzuwarten, in denen sich viele kleine Wildbienen tummeln. In Sandgegenden kann man mit sehr viel Glück von Juli bis September die beiden seltenen bis sehr seltenen Hosenbienenarten *Dasypoda argentata* und *Dasypoda hirtipes* auf den Blüten sammeln sehen. Unverkennbar besitzen sie an ihren Hinterbeinen viele dichte Härchen, mit deren Hilfe sie große Mengen Pollen (bis zu 40 mg) aufladen und transportieren können. Damit sehen sie aus, als hätten sie weite Pluderhosen an. Aber schließlich müssen sie sich beeilen, wenn am Vormittag schon Schluss ist.

Als Zicchorie ist die Wegwarte die Ursprungspflanze für Radicchio und Endiviensalat auf unseren Salattellern.

... und hier eine Hosenbiene, die den offen dargebotenen Pollen sammeln.

Ausschau halten nach Holzbienen

Spätestens im Hochsommer können wir Holzbienen am Muskatellersalbei, Blasenstrauch, Natternkopf oder an der Wicke beobachten, wenn wir uns vorsichtig nähern. Besonders große Blüten von Lippenblütlern haben es ihnen angetan.

→ S. 102, Blauschwarze Holzbiene – Breitblättrige Platterbse – Muskatellersalbei

Wildbienen an aufrecht gelagerten Pflanzenstängeln

Im Hochsommer baut die Schwarzspornige Stängelbiene *(Osmia/Hoplitis leucomelana)* in senkrecht stehende Pflanzenstängel ihre Nester. Vielleicht entdecken Sie frisch ins Mark genagte Löcher? Dann lohnt es sich zu warten, bis die Bewohnerin zurückkommt. Oder es handelt sich um die von April bis September fliegenden, metallisch grün, blau oder schwarz glänzenden Keulhornbienen *(Ceratina)*.

→ S. 184, Nisthilfen für Wildbienen

Junge Hummelköniginnen

Im Hochsommer sind bereits wieder frisch geschlüpfte Hummelköniginnen der Dunklen Erdhummel, neben vielen Arbeiterinnen anderer Hummelarten, unterwegs. Sie sind deutlich an ihrer Größe und am lauten Brummen zu erkennen.

Windenschwärmer

Flügelspannweiten bis zu 13 cm machen aus ihm einen hervorragenden Flieger, der Spitzengeschwindigkeiten bis zu 100 km/h erreichen kann. Er zählt zu den Wanderfaltern, der im tropischen Afrika überwintert und im Mai über die Alpen nach Mitteleuropa kommt. Die Raupen ernähren sich von verschiedenen Windenarten, die Falter vom Nektar von Nachtkerze, Stechapfel, Seifenkraut, Tabak, Phlox oder Wunderblume. Ab August suchen die bis zu 12 cm langen, daumendicken Raupen, grün bis braun mit schwarzen Streifen und Punkten gefärbt, geeignete Plätze für die Verpuppung. Dabei können sie bei ihren Wanderungen auf Straßen und Wegen häufig gesichtet werden. Sie graben sich ein hühnereigroßes Loch in den Boden, worin sie sich verpuppen. Nur Raupen, die sich früh verpuppen, schaffen die Verwandlung zum Falter und können nach Süden fliegen. Alle anderen sterben im Winter.

Weitere Tiere entdecken

Laue Sommernächte laden zu fesselnden Entdeckungen ein, aber auch tagsüber ist bei den Schmetterlingen und anderen Tieren viel los.

In lauen Sommernächten

Zu Beginn des Hochsommers kann man noch Junikäfer in der Dämmerung fliegen sehen. Mit sehr viel Glück und einem Grundstück in der Nähe eines Baches oder Teiches lassen sich auch die mittlerweile extrem selten gewordenen Glühwürmchen beobachten, die früher in artenreichen Wiesen häufig vorkamen. Stachelbeerspanner *(Abraxas grossulariata)*, auch Harlekinspanner genannt, imponieren in lauen Sommernächten von Juni bis August. Ihre Raupen fressen nicht nur an Stachel- und Johannisbeeren, sondern auch an Schlehen, Faulbaum oder an vielen anderen heimischen Sträuchern. Und schließlich hört man erste Grillen – je heißer die Tage und je lauer die Nächte, desto früher im Jahr.

→ S. 99, Und noch mal Insekten beobachten

→ S. 104, Licht

Zeit der Schmetterlinge

Der Hochsommer ist die Zeit der Schmetterlinge. Die neue Generation Zitronenfalter erscheint und kann auf Nelkengewächsen beobachtet werden, bevor die Falter in ihre 2-monatige Sommerstarre verfallen. Eine besonders gelungene Farbkombination ist der gelbe Falter auf der pinkfarbenen Kartäusernelke. Sie wird von ihm bevorzugt. In der Blumenwiese sind viele weitere Schmetterlinge zu beobachten: Das Schachbrett am Wilden Dost, verschiedene Bläulinge, Tagpfauenauge und natürlich Weißlinge gibt es jetzt zu entdecken. Das Weibchen des Zitronenfalters zeigt eine weißliche Färbung und könnte auf den ersten Blick mit einem Kohlweißling verwechselt werden. An den Flügelenden zeigt sich aber der Unterschied: Weißlinge haben eher runde Flügelenden, der Zitronenfalter zipfelige Enden. Steht jetzt noch ein Teil der Wiese ungemäht, können sich Schmetterlinge wie Heufalter oder Ochsenauge, die Gräser oder den Hufeisenklee als Raupenfutterpflanzen brauchen, ungehindert entwickeln.

→ S. 52, Zitronenfalter, Faulbaum und Kartäusernelke

→ S. 111, Bitte unterlassen

Beerenwanzen

Die auffällig gefärbte Beerenwanze *Dolycoris baccarum* wartet mit lilavioletten Deckflügeln und schwarz-weiß geringelten Fühlern auf. Eigentlich auf Wiesen und an Waldrändern heimisch, ist sie fast die ganze Vegetationszeit auch manchmal im Garten anzutreffen. Gern saugt sie Beeren aus, die danach wegen eines eingespritzten Sekretes ungenießbar sind.

Ästlinge weiterer Vogelbruten

Und noch immer sind putzige Ästlinge der zweiten oder dritten Vogelbrut zu beobachten.

→ S. 85, Tiere unterstützen

→ S. 101, Tiere unterstützen

Die auffällige weiß-schwarz-gelbe Musterung des Stachelbeerspanners trägt auch seine Raupe.

Beerenwanzen sind unbeliebt, denn von ihnen angefressene Beeren sind ungenießbar.

Paarung der Tigerschnegel

Spätestens jetzt ist auch die Gelegenheit, abends mit Taschenlampe die akrobatische Paarung der streng nachtaktiven, zwittrigen Schnegel im typischen Tigerprint zu beobachten: Mit eineinhalb Jahren sind Tigerschnegel geschlechtsreif. Zuerst allerdings sind sie nur männlichen Geschlechts. Nach der Paarung wechseln sie zum weiblichen Geschlecht. Noch vor der Eireife klettern die Partner in die Höhe und umschlingen sich gegenseitig. Dabei wiegen sie die Köpfe, beginnen sich zu drehen und spiralförmig ihre Körper zu umschlingen. Es entsteht ein stabiler Schleimfaden an den Hinterenden der Körper, an dem sie sich – noch immer spiralförmig miteinander verschlungen – allmählich immer tiefer abseilen – bis zu 40 cm. Sie stülpen ihre schlauchartigen Genitalien aus, die milchig weißlich bis hellblau schimmern und ungefähr 10 cm lang sind, und tauschen ihr Sperma aus. Das Liebesspiel kann bis zu 45 Minuten dauern, wobei allein die Trennung der beiden Partner bis zu 20 Minuten in Anspruch nehmen kann. Jetzt wechseln sie das Geschlecht. Das Sperma wird so lange im Körper gespeichert, bis die Eier herangereift sind. Im Spätsommer legen sie dann die glasklaren, relativ großen Eier in Gelegen von bis zu 200 Stück ab. Ein Verwandter, *Limax redii,* der gepunktet ist und ausschließlich in einem kleinen Gebiet der Südalpen im Tessin und in der Lombardei lebt, hat einen 85 cm (kein Druckfehler!) langen Penis. Der Akt, der von September bis Oktober stattfindet, dauert bis zu 19 Stunden.

→ S. 50, Schnecken erkennen

Die Paarung der Tigerschnegel ist zirkusreif – und dauert fast eine Stunde.

Tieren helfen

Perspektivenwechsel: Bis gerade eben haben wir sie noch als Plagegeister angesehen – jetzt retten wir sie!

Ins Haus verirrte Insekten retten

Häufig verirren sich im Sommer Insekten durch offene Fenster und Türen, bei Licht am Abend ins Haus. In Innenräumen finden sie keine Nahrung, oftmals versuchen sie verzweifelt, wieder nach draußen zu gelangen. Vergessen Sie die Fliegenklatsche! Helfen Sie ihnen lieber: Öffnen Sie ein Fenster oder eine Tür und verdunkeln Sie die restlichen Fenster. In wenigen Sekunden haben die Insekten den Weg nach draußen gefunden. Gelingt das nicht, hilft es, ein Glas über das Insekt zu stülpen, einen Bierdeckel vorsichtig darunterzuschieben und das Insekt draußen freizulassen. Oder Sie nutzen einen speziellen Lebend-Insektenfänger. Schließlich zählt jede Fliege! Vögel und Fledermäuse danken es Ihnen.

Mit einem solchen Lebendfänger lassen sich Insekten problemlos hinausbefördern.

Esparsetten-Widderchen – Esparsette

Esparsetten-Widderchen

+ Esparsette

+ Paarung der Widderchen

Einer der hübschesten Falter im Hochsommer ist mit Sicherheit das Esparsetten-Widderchen – nur leider wird es immer seltener!

Das Esparsetten-Widderchen *(Zygaena carniolica),* auch Krainer Widderchen genannt, ist tagaktiv, obwohl es zu den Nachtfaltern gehört. Die charakteristischen schwarzen Vorderflügel mit fünf oder sechs roten Flecken, die weißlich gelb umrandet sind, brachten ihm im Volksmund den Namen »Blutströpfchen« ein. Das Kontrastprogramm liefern die kleinen Hinterflügel, die in Rot mit schwarzer Umrandung leuchten und nur beim fliegenden Falter sichtbar werden. Diese Warnfarbe signalisiert den Fressfeinden: Vorsicht giftig! Und das ist das Widderchen auch. Hochgiftige cyanogene Glykoside wirken bei seinen Fressfeinden tödlich, die ebenfalls enthaltenen Neurotransmitter Acetylcholin und Histamin verursachen bei Wirbeltieren erhöhtes Schmerzempfinden. Im Bewusstsein dieser Warntracht sitzen die Falter ohne große Scheu auf den Blüten und fliegen langsam. Optisch auffällig sind bei vielen Widderchenarten die keulenartig verdickten Enden der Fühler.

Die Paarung erfolgt unmittelbar nach dem Schlupf. Sein Leben als fertiger Falter dauert höchstens zwei Wochen. Dann sind sie von Juni bis August an mageren, heißen Standorten träge schwirrend oder oft zu mehreren auf Blüten von Disteln, Witwenblumen oder Tauben-Skabiosen zu sehen. Gerade abends finden sich mehrere Widderchen auf einer exponierten Pflanze ein, einer sogenannten Parkstation, um dicht aneinander die Nacht zu verbringen. Das Weibchen legt die gelblichen Eier an die Unterseite bodennaher Blätter der Esparsette oder des Gewöhnlichen Hornklees. Nach wenigen Tagen schlüpfen die hellgrünen, mit schwarzen und gelben regelmäßig angeordneten Punkten und borstigen Warzen versehenen Raupen. Auch sie sind giftig. Sie häuten sich mit einer Farbänderung zu Braun und überwintern unter Blättern am Boden bis April oder Mai. Nach einer weiteren Häutung wieder zurück zum alten Farbzustand grün-schwarz an der Futterpflanze verpuppt sich die Raupe in einem glatten Kokon und hängt ungefähr zwei Wochen in diesem reglosen Zustand an Pflanzenstängeln oder Blättern. Der Falter gilt mittlerweile als stark gefährdet. Die Raupenfutterpflanzen und sein Lebensraum – trockene, magere, blütenreiche Wiesen – werden immer seltener. Landwirtschaftliches Düngen lässt bis zu 90 Prozent der Arten in einer solchen Wiese verschwinden.

Aber auch der Einsatz von Futter-Esparsette in der Landwirtschaft ist nahezu vollständig in Vergessenheit geraten. Dabei wurde sie als wertvoller Eiweißlieferant früher häufig als Futterpflanze für Nutztiere angebaut – mit positiver Nebenwirkung. Sie enthält kondensierte Tannine, die einerseits schaumige Gärung im Verdauungstrakt der Wiederkäuer verhindern und andererseits neben einer besseren Verwertbarkeit des Futters auch den Methanausstoß senken. Kondensierte Tannine bilden mit Eiweißen Komplexe und schützen sie so vor dem Abbau durch gärende Bakterien. Im Dünndarm lösen sich die Komplexe auf und die Proteine stehen dem Tier wieder zur Verfügung. Der weitere Vorteil: Kondensierte Tannine können Darmparasiten um ein Fünftel reduzieren. Mit Aufkommen der Breitband-Entwurmungsmittel in den 1960er-Jahren konnte die Weideintensität erhöht werden und natürliche Wurmgegenspieler wie die Futter-Esparsette wurden unwichtig. Die synthetischen Entwurmungsmittel sind jedoch für viele Insekten eine tödliche Falle, denn sie wirken auch außerhalb des Körpers. Normalerweise entwickelt sich in einem Kuhfladen ein eigener Mikrokosmos. Eine Vielzahl von Insekten legen hier ihre Eier, die jetzt durch Entwurmungsmittel in ihrer Entwicklung gestört sind. Von diesen Insekten ernähren sich viele weitere Tiere. Mittlerweile zeichnen sich hier aber auch zunehmend Resistenzen ab – möglicherweise bekommt die Futter-Esparsette in der Landwirtschaft wieder eine Chance.

Die Futter-Esparsette *(Onobrychis viciifolia)* ist eine typische Pflanze kalkhaltiger Magerrasen und findet sich auch an trockenen Wegrändern. Mehrjährig und krautig bis zu 1 m hoch werdend, können ihre Wurzeln hingegen bis zu 4 m tief wachsen. Sie gehört zu den Leguminosen (→ Seite 164), kann also in Symbiose mit Bakterien den nötigen Stickstoff selbst erzeugen. Ihre Blüten dienen als hochpotente Nektar- und Pollenquelle mit jeweils 4 bei Nektar- und Pollenwert. 25 Wildbienenarten – insbesondere Hummeln – und 25 Schmetterlingsarten nutzen Nektar und Pollen. Darüber hinaus dient die Futter-Esparsette 19 Falterarten als Futterpflanze für ihre Raupen. Mit ihren hohen, rosafarbenen, von Ende Mai bis August erscheinenden Blüten macht sie auch in jedem Garten eine gute Figur.

Pestizide

Pestizide oder auch Pflanzenschutzmittel ist der Überbegriff für Herbizide, Insektizide und Fungizide.

Alle drei Kategorien zielen darauf ab, Kulturpflanzen vor Konkurrenzkräutern, Insekten oder Pilzen zu schützen. So waren im Jahr 2020 allein in Deutschland 283 Wirkstoffe zugelassen, der Inlandsabsatz liegt seit 2006 bei ungefähr 30.000 bis 35.000 Tonnen Wirkstoff pro Jahr. Sie wirken auf die Artenvielfalt auf dem Feld, im Forst und auch im Garten. Aber die Wirkstoffe und ihre Abbauprodukte, die teilweise ebenso schädlich sind, landen nicht nur auf den zu behandelnden Flächen direkt, sondern können durch Spritznebel oder Abriebstäube von behandeltem Saatgut, Staubentwicklung beim Ernten oder durch Winderosion auch auf angrenzende Flächen, wie Wälder, Gewässer, Parks oder auch Gärten gelangen, die nicht mit Pestiziden behandelt werden.

Wird ein Obstbaum, der vom Mehltau, einem Pilz, befallen ist, zur Blütezeit gespritzt, …

Herbizide

Sie werden gegen Pflanzen wie störende Begleitkräuter eingesetzt und machen ungefähr die Hälfte der verwendeten Pflanzenschutzmittel aus. Viele von ihnen stören die Biosynthese des Chlorophylls, des grünen Blattfarbstoffs, so wie das mittlerweile eine gewisse Berühmtheit erlangte Roundup®, das als Wirkstoff Glyphosat enthält, und eine Komposition aus 60 verschiedenen Stoffen darstellt. Unter anderem enthält es Korrosionsstoffe, die dazu führen, dass die Zellwand porös wird und Glyphosat besser eindringen kann. Mittlerweile hat der langjährige Einsatz von vielfältigen Pflanzenschutzmitteln dazu geführt, dass der pflanzliche Vorrat von in Ackerböden schlummernden Samen von ungefähr 30.000 bis 300.000 Samen pro Quadratmeter Mitte des letzten Jahrhunderts

... nehmen die Bienen, die die Blüten bestäuben, das Gift auf und verenden.

auf ungefähr 2.500 Samen pro Quadratmeter geschrumpft ist. Dies hat einen Rückgang der Artenvielfalt zur Folge. Selbst wenn nicht mehr mit Herbiziden gespritzt würde, würden sich nur noch wenige Pflanzen ausbilden, denn nicht aus jedem Samen entsteht eine Pflanze. Verschwindet eine Pflanzenart, verschwinden als Folge zehn bis zwölf Tierarten, die davon leben. Aber nicht nur Pflanzen werden direkt massiv geschädigt, sondern häufig auch wirbellose Kleinstlebewesen.

Fungizide

Fungizide töten Pilze ab. Verschiedenste Wirkstoffgruppen werden unter anderem gegen Mehltau, Braunrost, Rotrost und viele andere Erreger eingesetzt und summieren sich auf 10.000 Tonnen pro Jahr, da beispielsweise dicht gesätes Getreide und ein eher feuchtes Klima Pilzwachstum in unseren Breiten begünstigen.

Insektizide

Sie machen den geringsten Anteil der Pestizide aus. Dennoch ist die Masse der Insekten um mehr als 75 Prozent eingebrochen. Traurige Berühmtheit haben hier die Neonicotinoide erlangt. Diese chemisch hergestellten Insektizide ähneln in ihrer Struktur dem Nikotin, das in hoher Konzentration in Tabakblättern, aber auch in Nachtschattengewächsen wie Tomaten vorkommt und die Pflanze vor Insektenfraß schützt. Nikotinartige Substanzen wirken viel stärker auf das Nervensystem der Insekten als auf das der Wirbeltiere. Neonicotinoide binden an die Rezeptoren der Nervenzellen und schädigen dauerhaft die Weiterleitung von Nervenreizen und das Nervensystem aller Insekten. Hummeln sterben zwar nicht sofort, aber verlieren die Orientierung, finden nicht mehr zurück zum Nest und sterben schließlich geschwächt. Außerdem können sie nicht mehr auf ihrem Spezialgebiet der Vibrationsbestäubung (→ Seite 87) arbeiten. Junge Hummeln lernen diese Art der Bestäubung deutlich schlechter und holen 50 Prozent weniger Pollen aus den Blüten. Vermutlich schränkt das Gift ihr Gedächtnis ein. Mauerbienen verloren völlig die Lust, neue Nester anzulegen. Auch Honigbienen leiden unter Neonicotinoiden. Sie gelten als mitverantwortlich für ein drastisches Bienenvölkersterben vor wenigen Jahren. Neonicotinoide wirken systemisch, da sie von den Pflanzenwurzeln aufgenommen werden und sich in der ganzen Pflanze verteilen, auch auf Nektar und Pollen. Dadurch können sie sowohl als Saatgutbeizmittel, Granulat, Spritzmittel oder in der Bewässerung eingesetzt werden. Die für Bienen giftigen Neonicotinoide Imidacloprid, Thiamethoxam, Clothianidin und Thiacloprid wurden zwar 2018 bzw. 2020 verboten, jedoch sind sogenannte Notfallzulassungen immer noch möglich und werden immer wieder genutzt. So durften 2021 sieben deutsche Bundesländer im Rahmen dessen neonicotinoid-gebeiztes Saatgut von Rüben verwenden.

Die EU-weite Farm-to-Fork Strategie, die darauf ausgelegt ist, das europäische Lebensmittelsystem nachhaltiger zu gestalten, will bis 2030 die Pestizideinsätze in der EU halbieren. Seit dem 29.07.2022 ist laut den Vereinten Nationen eine gesunde Umwelt kombiniert mit der Ausweitung der ökologisch bewirtschafteten Flächen bis 2030 auf 25 Prozent nun auch Menschenrecht.

SPÄTSOMMER

Die Blüten der niedrigen Bergastern zeigen sich bereits und die ersten Früchte an den Apfelbäumen werden reif. Bei den Igeln steht allerdings alles wieder auf Start und sie paaren sich zum zweiten Mal. Jetzt lohnt sich der Aufwand, eine Blumenwiese anzulegen und die Samen auf die Erde zu bringen, denn die Nächte liefern schon die zur Keimung notwendige Feuchte und die Keimlinge haben dennoch lang genug Zeit, sich vor dem Winter zu kräftigen Pflänzchen zu entwickeln.

Eine Blumenwiese anlegen

Je nach Voraussetzung kann man auf vielfältigen Wegen zu einer Blumenwiese gelangen, wobei sich die Wege unterschiedlich intensiv gestalten.

Voraussetzung für die Anlage

Die wichtigste Voraussetzung für alle Wege ist GEDULD. Nicht sofort hat man die perfekte Blütenfülle und die entsprechenden Zielarten im ersten Jahr. Blumenwiesen brauchen mehrere Jahre Zeit, um sich voll zu entwickeln. Auch später noch wird es je nach Witterung von Jahr zu Jahr Unterschiede geben. Und selbst dann können noch neue Arten auftauchen, andere aber auch wieder verschwinden. Eine Blumenwiese ist ein lebender Organismus, der zugleich für uns viele spannende Momente der Beobachtung bereithält.

Zwei Dinge gilt es zu berücksichtigen, die manchmal durchaus konträr laufen:

1. Gerade bei fetten Wiesen heißt es abmagern, abmagern, abmagern – und das heißt mähen, mähen, mähen und das Mähgut entfernen –, um Nährstoffe zu entfernen und eine blütenreiche Pflanzengesellschaft zu fördern. Aber auch bereits magere Flächen dürfen nicht mit der Zeit wieder zu viele Nährstoffe ansammeln, weil zu viel Pflanzenmaterial auf der Fläche verbleibt.

2. Selbst 2- bis 3-mal Mähen ist für eine Insektenwelt bereits nicht mehr optimal. Schon gar nicht, wenn die ganze Fläche gleich behandelt wird. Je weniger gemäht wird und je mehr stehen bleibt – auch über den Winter oder sogar über zwei Winter –, desto besser wäre dies für sie. Deshalb sollte man in den ersten Jahren eine gute Entwicklung der Pflanzen in den Vordergrund stellen, später dann allerdings das Augenmerk stärker auf die Bewohner der Blumenwiese richten und sogar Bereiche der Wiese über Winter stehen lassen.

Wässern oder nicht?

An der Frage, ob eine frisch angesäte Blumenwiese gewässert werden sollte, scheiden sich die Geister. Falls Sie eine schnelle Begrünung wünschen, sollten Sie die Fläche regelmäßig gießen, denn ein paar mal gegossen und schon werden erste Samen keimen. Diese vertragen keine Trockenheit. Einige Fachleute empfehlen hingegen, eine echte Blumenwiese überhaupt nicht zu gießen, damit die Pflanzen von Anfang an trainieren, sich selbst mit Feuchtigkeit aus tieferen Schichten zu versorgen (→ S. 128).

BLUMENWIESE ODER BLÜHFLÄCHE?

Blumenwiesen und Blühflächen sind nicht das Gleiche. Hier die Unterschiede:

➤ **Blumenwiesen** beherbergen eine Vielzahl heimischer und standortgerechter Wildblumen, aber auch Wildgräser. Sie sind Garant, dass sich eine Vielzahl an Insekten und weiteren heimischen Tieren einfindet. Sie dienen nicht nur als Nektar-, Pollen- und Samenquellen, sondern auch – ganz wichtig und vielfach nicht beachtet – als Raupenfutter. Blumenwiesen sind nachhaltig. Einmal gut angelegt und richtig gepflegt, blühen sie viele Jahre und werden mit der Zeit immer schöner und vielfältiger. Je nach vorherrschender Witterung dominieren im Lauf der Jahre verschiedene Arten und sorgen so auch optisch für wechselnde Wiesenbilder. In extrem trockenen Jahren setzen sich eher trockenheitsliebende Wildstauden durch wie der Natternkopf. Hingegen dominieren in regenreichen Jahren Arten wie die Wiesenmargerite das Erscheinungsbild. Grundlegend wichtig für einen Erhalt der Blumenwiesen ist die fachgerechte Pflege. Blumenwiesen entwickeln keine robuste Grasnarbe und sollten daher möglichst nicht betreten werden. Es sind Flächen zum Beobachten und Genießen der Natur!

➤ **Blühflächen** hingegen sind oft nur einjährig und eher auf eine rein optische Effekthascherei aus. Hier findet man meist einjährige Ackerwildkräuter wie den Klatschmohn und die Kornblume (auch schön und nützlich), aber auch Zuchtsorten wie Sonnenblumen und Cosmeen oder Kulturpflanzen wie Phacelia und Buchweizen. Der heimischen Tierwelt – außer ein paar Generalisten – nutzen solche knallbunten Blühflächen langfristig in der Regel wenig. Meist muss die Fläche jährlich neu eingesät werden.

UMGESTALTUNG EINES RASENS IN EINE BLUMENWIESE

Die Umgestaltung eines Rasens zu einer Blumenwiese ist zwar kein Hexenwerk, aber viele Gärtnerinnen und Gärtner verunsichern die vielfältigen Möglichkeiten, was dann oft dazu führt, dass man es doch beim Alten belässt anstatt das Risiko einer nichtfunktionierenden Blumenwiese einzugehen. Welche Methode ist nun die Richtige für meinen Garten? Um etwas Klarheit zu verschaffen, was bei welchen Voraussetzungen möglich ist oder was zu tun ist, finden Sie hier eine Übersicht der jeweiligen Vorgehensweisen, die auf S. 126/127 näher beschrieben sind.

Wichtige Grundvoraussetzung ist es, die Qualität seines Bodens zu kennen: Ist er fett und nährstoffreich oder doch eher mager? Orientieren Sie sich an Zeigerpflanzen, testen Sie den Boden selbst oder lassen Sie eine Bodenanalyse durchführen (→ S. 22–25).

1. Prüfung des Bodens (Analyse des Bodens und der Zeigerpflanzen)

1. nährstoffreicher »fetter« Rasen

1.1. Grasnarbe entfernen

a tiefer gelegt Fett- oder Magerwiese einsäen

b mit magerem Substrat auf Niveau bringen, ansäen und ggf. Wildstauden pflanzen

1.2. Oberboden fräsen (Wiederholung mehrfach), → Burri-Methode, Fettwiese einsäen

2. schütterer, nährstoffarmer Rasen

2.1 Naturentwicklung Rasen zu Wiese: wachsen lassen und 2- bis 3-mal pro Jahr mähen

2.2 wie a) und in Lücken Wildstauden nachpflanzen/nachsäen

2.3 wie a) und Gräser mit halbparasitären Pflanzen schwächen

2.4 Blumeninseln im Rasen

2.5 Blumenstreifen nach Kombimethode

2.6 vertikutieren, säen und ggf. Wildstauden pflanzen

2.7 Oberboden fräsen

Magerwiese einsäen

mit Sand etc. abmagern und Magerwiese einsäen

1. Nährstoffreicher Bestandsrasen

Ihr Bestandsrasen hat einen hohen Nährstoffgehalt, wenn er eher zur Kategorie Golfrasen zählt.

Haben Sie den Rasen in den vergangenen Jahren intensiv gepflegt oder enthält dessen Boden von Haus aus viele Nährstoffe, dauert eine Abmagerung durch selteneres Mähen und Abtransport des Mähguts unendlich lang. Hier ist Frust vorprogrammiert. Deswegen hilft hier nur ein radikaleres Eingreifen. Es muss der gesamte alte Bewuchs unbedingt restlos beseitigt werden – im Idealfall auch noch inkl. des nährstoffreichen Humus. Ein weiteres Abmagern mit mineralischem Substrat könnte vor der Aussaat zusätzlich notwendig werden. Sie können dazu folgendermaßen vorgehen:

1.1 Grasnarbe und Teile des Oberbodens entfernen

Die sicherste Methode mit Erfolgsgarantie, einen Rasen in eine Blumenwiese umzuwandeln besteht darin, die Grasnarbe tief mit einer Rasenschälmaschine oder mit einem Grassodenschneider (Maschinenverleih) abzuschälen. Dabei wird die Rasensode aufgerollt und gleichzeitig Oberboden mit entfernt. Alternativ kann man auch mit dem Spaten die Rasensoden abstechen oder abschälen. Hier ist natürlich besonders viel Muskelarbeit und Ausdauer gefragt.

→ S. 110, Blumenwiese vorbereiten

1.1 a) »Tiefer gelegte« Wiese

Falls für Sie eine tiefer als die Umgebung liegende Wiese in Frage kommt, können Sie den Untergrund leicht auflockern und direkt eine für magere Standorte geeignete Wildblumenwiese einsäen, da bereits der Humus vollständig entfernt ist und magerer Boden vorliegen sollte.
Falls der Boden immer noch fett sein sollte, bleibt Ihnen nur übrig, eine Fettwiesenmischung zu verwenden.

1.1 b) Normal hohe Wiese

Die Höhendifferenz zwischen abgefrästem Bereich und Umgebung mit mineralischem, magerem Substrat (optimal 20–30 cm) auffüllen und ca. 1 cm Kompost auftragen, damit das Substrat etwas Wasser für die Keimung speichern kann. Gegebenenfalls mit Staudenpflanzungen ergänzen und ins Pflanzloch ebenfalls etwas Kompost geben.

1.2 Umwandlung mit der Burri-Methode

Dabei wird der Boden nicht ausgetauscht. Hier muss der Altbestand an Pflanzen ebenfalls restlos beseitigt werden. Das kann mit einer Fräse geschehen. Alternativ kann sogar richtig gepflügt werden. Grundsätzlich benötigt die Burri-Methode mindestens 4 Wochen Vorlauf, da auflaufende Unkräuter – die Samenbank des Bodens wird wieder aktiviert – im Vorfeld entfernt werden müssen und sich die Erde wieder absetzen muss, um Bodenschluss zu garantieren. Warten Sie, bis einjährige Unkräuter oder Wurzelunkräuter aufgehen (2–3 Wochen). Jetzt müssen Sie nochmals fräsen oder pflügen und die Unkräuter sorgfältig abrechen oder absammeln. Alternativ kann man mit einem Rechen die Unkräuter herausziehen. Falls notwendig, kann das wiederholt werden.
Unmittelbar vor der Aussaat müssen Sie die Oberfläche des Bodens durch nochmaliges oberflächliches Fräsen feinkrümelig herstellen. Es dürfen keine tiefer liegenden Samen aus der Samenbank erneut aktiviert werden und der Boden muss sich abgesetzt haben. Da es sich um einen eher fetten Boden handelt, sollte eine Blumen-Gräser-Mischung von höchstens 50:50 (kein höherer Blumenanteil) eingesät werden.

TIPP!

Wurzelunkräutern keine Chance

Fräsen Sie nur, wenn Sie keine Wurzelunkräuter wie Quecke, Ackerwinde oder Giersch in der Fläche haben. Ansonsten würden die Wurzeln in viele kleine Teile zerhackt, die jeweils einzeln wieder austreiben und schnell zur Plage werden. In dem Fall sollten Sie den Boden entfernen oder zumindest nur mit dem Pflug umbrechen. Abgetrocknetes Pflanzenmaterial entfernen und den Vorgang unter Umständen mehrfach wiederholen.

2. Den Bestandsrasen optimieren

Hat der Bestandsrasen einen geringen bis mittleren Nährstoffgehalt, gibt es sieben Möglichkeiten der Optimierung:

2.1. Naturentwicklung Rasen zu Wiese: Diese Methode eignet sich besonders für alte Schurrasenflächen, die bereits einige sogenannte Zeigerarten für Wildblumenwiesen, wie Wiesenmargeriten, Wiesensalbei, Lichtnelke oder sogar Wiesenknautie enthalten. Zeigerarten sind sogenannte Indikatorarten, das heißt Pflanzen, deren Anwesenheit oder Fehlen auf eine bestimmte Bodenzusammensetzung, auf Nährstoffgehalt, Feuchtigkeits- oder Lichtverhältnisse hinweisen. Hier kann man einfach mal im nächsten Jahr Teilbereiche oder gar die ganze Flächen wachsen lassen. Man sieht schon, ob sich etwas entwickelt, das vielfältiger und interessanter erscheint als Löwenzahn, Scharfer Hahnenfuß und pures Gras. Ab jetzt ist das richtige Mähmanagement ganz entscheidend: Es gilt, höchstens 2- bis 3-mal im Jahr zu mähen und das Mähgut immer vollständig zu entfernen, um weiter abzumagern. Natürlich muss man auch hier Geduld haben, aber dennoch kann sich innerhalb von 5 Jahren eine Wildblumenwiese etablieren. Falls der Anteil an Gras jedoch wieder zunimmt, sollte man aktiv abmagern.

2.2. Naturentwicklung Rasen zu Wiese, optimiert mit Wildstaudenpflanzungen oder Lückensaat: Falls erst wenige der Zeigerarten (→ links) vorhanden sind, kann man Arten einbringen wie unter 1.1 a (→ S. 125, Fließdiagramm) beschrieben, zusätzlich Wildstauden in vorhandene oder neugeschaffene Lücken pflanzen, gegebenenfalls den Boden an diesen Stellen mit Splitt oder Sand abmagern oder einsäen.

2.3. Rasen mit halbparasitären Pflanzen schwächen: An Gräsern parasitär lebende Pflanzen wie den Kleinen *(Rhinanthus minor)* oder Großen Klappertopf (*Rhinanthus serotinus)* nach dem Vertikutieren mit einsäen. Er zapft bereitwillig sich wieder entwickelnde Gräser an und unterdrückt damit deren Durchsetzungskraft. In bestimmten Fällen besteht allerdings die Gefahr, dass sich der Klappertopf recht dominant entwickelt. Das ist allerdings immer noch besser als der Schurrasen, da der Klappertopf besonders bei Hummeln heiß begehrt ist. Schurrasen, auch englischer oder Golfrasen, ist ein arbeitsaufwendiges Kunstprodukt, der häufig gemäht, gewässert und gedüngt werden muss.

2.4. Blumeninseln im Rasen ausbilden: Wenn Sie sich nicht großflächig von Ihrem Rasen trennen wollen, besteht die Möglichkeit, eine oder mehrere Blumeninseln zu integrieren. Dazu können Sie die verschiedensten Methoden, die unter 1.2, 2. erläutert sind, anwenden. Den Rest wie gewohnt mähen.

2.5. Blumenstreifen nach der Kombimethode anlegen: Um nicht den gesamten Rasen umzugestalten, können Sie im Rasen Blumenstreifen anlegen, aus denen heraus sich die Wildblumen in den übrigen Rasen ausbreiten. Im ersten Jahr werden die Rasenstreifen normal und häufig gemäht – am besten vor der Reife der Wildblumensamen vertikutieren –, die Samen des Wildblumenstreifens lassen Sie in die gemähten Bereiche aussamen. Im zweiten Jahr pflegen Sie die gesamte Fläche wie eine Wildblumenwiese.

2.6. Nachsäen und ggf. mit Stauden ergänzen: Vertikutieren Sie den Rasen intensiv. Im Anschluss kann mit Wildblumensamen nachgesät werden oder Sie pflanzen einzelne Stauden an einigen Stellen ein. Wer auf Nummer sicher gehen möchte, kann noch ein paar Zentimeter Sand oder Vorsieb (→ S. ###) mit auftragen.

2.7. Oberboden fräsen: Etwas intensiver gestaltet es sich, den Rasen zu fräsen. Lassen Sie im Anschluss die herausgefrästen Pflanzen abtrocknen und rechen oder lesen Sie sie sorgfältig aus. Hier ergibt sich wiederum die Möglichkeit, gleich noch Sand oder Vorsieb (→ S. ###) hinzuzufügen oder ohne Abmagerungsmaterial Wildblumen einzusäen bzw. vorgezogene oder gekaufte Stauden zu pflanzen. Bei letzter Variante sollten erst die Stauden gepflanzt, danach gesät werden. Festwalzen, das auch über die Stauden hinweg funktioniert, da sie sich hinterher wieder aufrichten, dürfen Sie nicht vergessen!

Die Blumenwiese pflegen

Die richtige Anlage einer Blumenwiese ist für ihren Erfolg nur die halbe Miete, genauso wichtig ist die Pflege.

So wird gesät

Die besten Ansaatzeiten sind von Ende August bis September oder von März bis Mai. In trockenen Regionen empfiehlt sich die Ansaat im Spätsommer – im besten Fall kurz vor einer Regenperiode. Falls Sie sich dennoch für das Frühjahr entscheiden, müssen Sie Ausfälle in Kauf nehmen. Das Saatgut, mit trockenem Sand oder Maisschrot als Saathelfer mindestens doppelt bis dreifach gestreckt, in einer großen Schüssel oder Schubkarre mischen, die für die Fläche notwendige Saatgutmenge halbieren (bewahren Sie etwas Samen für spätere Nachsaaten in Lücken auf!) und in 2 Arbeitsgängen einmal längs und einmal quer auf den feinkrümeligen, abgesetzten Boden oder auf das magere Substrat säen. Als wichtigster Schritt muss anschließend unbedingt das Saatgut angedrückt werden: entweder mit einer Saatwalze bearbeiten (gibt es bei den meisten Gartenbauvereinen zu leihen), mit einer Schaufel anklopfen oder vorsichtig festtreten. Ansonsten könnten die Pflanzen nicht keimen, da sie keinen Bodenschluss und somit keinen Zugang zu Wasser bekommen.

Gießen

Hier die gegensätzlichen Empfehlungen:

➤ Die eine Fraktion empfiehlt 3-mal pro Woche regelmäßiges Gießen die ersten 6 Wochen mit 10 l pro m² (witterungsabhängig auch weniger). Bleibt nach den 6 Wochen die Trockenheit bestehen, muss weiter gegossen werden, damit die zarten Pflänzchen nicht vertrocknen. Aber auch immer noch keimender Samen benötigt dann Feuchtigkeit. Wildblumen brauchen z.T. mehrere Wochen bis Monate, manchmal sogar Jahre, um zu keimen.

➤ Die zweite Fraktion vertritt die Meinung, dass Gießen nicht notwendig ist, damit sich die Pflanzen direkt an die natürlichen Gegebenheiten gewöhnen können, entsprechend tiefer wurzeln und sich in trockenen Jahren länger selbst versorgen können.

Anwuchsphase

Jetzt heißt es, Geduld zu haben und keine Panik zu bekommen! Wildpflanzen brauchen viel Zeit zum Keimen. Manche Kaltkeimer wie beispielsweise Schlüsselblume und Klappertopf benötigen sogar mindestens einen Winter, da ihre harten Schalen erst durch Frost geknackt werden. Als erstes gehen immer noch im Boden vorhandene schnellkeimende Beikräuter wie Melde auf, die unseren Blumensamen aber ein ideales Mikroklima verschaffen. Deshalb sieht die Wiese nach ein paar Wochen erst mal wie ein Unkrautacker aus – und das ist gut so.

Entwicklungspflege

Entwicklungspflege nennt man die Pflege während der ersten 1–2 Jahre nach Ansaat. Sie ist entscheidend wichtig, ob sich eine Blumenwiese gut entwickeln wird oder nicht.

6–8 Wochen nach Einsaat kommt es meist zu einem schnellen Aufwuchs von unerwünschten Beikräutern. Jetzt erfolgt ein erster Schröpfschnitt (→ S. 78), wenn die Beikräuter etwa kniehoch stehen. Die Schnitthöhe sollte bei 10 cm liegen, um die Jungpflanzen der Zielarten nicht zu stark zu beschädigen, die im Schutz der Schnellkeimer aufwachsen, jetzt aber mehr Licht benötigen. Rechen Sie das Schnittgut unverzüglich vorsichtig ab.

Bei einer Frühlingsansaat sind meist sogar 2–3 Schröpfschnitte fällig. Unerwünschte Beikräuter dürfen keinesfalls aussamen! Haben sich noch keine Samenstände gebildet und ist der Aufwuchs nicht sehr stark, kann das Mähgut sogar liegen bleiben, da es vor Austrocknung und Wegschwemmen bei Starkregenereignissen schützt.

Falls invasive Neophyten wie das Kanadische Berufkraut oder Wurzelunkräuter wie Giersch auftauchen, sollten Sie sie vor der Blüte durch gezieltes Schneiden oder Ausstechen vorsichtig entfernen.

Pflegemaßnahmen

➤ **Fettwiesen** sollten 2- bis 3-mal gemäht werden. Der erste Mähtermin liegt im Frühsommer Mitte Mai bis Mitte Juni, wenn die Gräser beginnen zu blühen. Jetzt haben sie schon eine Menge Energie in die Blüte investiert und können dadurch geschwächt und zurückgedrängt werden. Dabei sollte immer abschnittsweise gemäht werden: 1. Abschnitt Mitte Mai, 2. Abschnitt Mitte Juni, um Nektar und Pollen für fliegende Insekten gewährleisten zu können. Das Mähgut 2 bis 3 Tage trocknen lassen, damit Blumensamen ausfallen, dann entfernen. Der zweite Mähtermin liegt im August – auch hier gestaffelt vorgehen –, der dritte Termin im Oktober, je nach Stärke des Aufwuchses.

Wichtig ist es, Mähtermine und Mähhäufigkeit unbedingt einzuhalten, da ansonsten die Fläche vergrasen kann.

➢ **Bei mageren Wiesen** reicht ein einmaliger Schnitt, der im Spätsommer stattfinden sollte. Denken Sie auch hier an die Staffelmahd (→ S. 111).

Früh und spät gemähte Bereiche der Staffelmahd im nächsten Jahr wechseln. Gerade für verschiedene Schmetterlingsarten, aber auch samenfressende Vögel ist es günstig, wenn Sie einen Bereich der Wiese über Winter stehen lassen und die abgetrockneten Pflanzenreste erst zwischen April und Mai entfernen – entweder durch Abknicken oder mit einem Laubfeger –, bevor der frische Aufwuchs zu hoch wird.

Angesäte Säume sollten grundsätzlich erst im Frühjahr des Folgejahres gemäht werden.

MÄHGERÄTE

Mähroboter sollten bei einer Blumenwiese tabu sein, da sie das Gras sehr kurz schneiden, das Mähgut klein häckseln und häufig sogar den Boden mulchen, das heißt, das Schnittgut auf der Fläche zurücklassen. Das düngt und verschließt die Bodenoberfläche. Die meisten Wildstauden sind Lichtkeimer und können unter den Voraussetzungen nicht keimen. Zudem sind Mähroboter ungeeignet, da eine Wiese in der Regel höher steht als der klassische Schurrasen. Außerdem häckselt er nicht nur das Grüngut, sondern auch alle Lebewesen, die nicht rechtzeitig die Flucht ergreifen konnten. Auch Igel, die sich bei Gefahr einfach einrollen anstatt wegzulaufen, werden häufig durch Mähroboter so schwer verletzt, dass sie ein Zusammentreffen nicht überleben.

Rasenmäher sind nur bedingt geeignet. Die Einstellung der Schnitthöhe sollte so hoch wie möglich (mind. 5 cm, am besten aber 10 cm) erfolgen. Das Schnittgut wird zwar aufgefangen und verbleibt daher nicht auf der Fläche, aber dem Kleinhäckseln fallen trotzdem Tiere zum Opfer.

Balkenmäher schneiden die Wiese in einer bestimmten Höhe ab. Das Schnittgut kann idealerweise 1 bis 3 Tage zum Trocknen liegen bleiben oder zur Samenspende auf anderen Flächen ausgebracht werden. Samen können ausfallen und die Fläche bereichern. Nach der Trocknung kann das Heu einfach abgerecht und als Einstreu oder Futter für Kleintiere verwendet werden. In der Nachbarschaft finden sich mit Sicherheit dankbare Abnehmer.

Sense: Dies ist die ursprünglichste Form der Wiesenmahd, sofern die Wiese noch »grün« ist. Das Sensen funktioniert recht gut am besten in den Morgenstunden, wenn noch Feuchtigkeit vorhanden ist oder nach einem leichten Regenschauer. Schwierig wird es mit abgetrockneten Pflanzenstängeln. Die Sense wird jetzt sehr schnell stumpf. Kurse zum Erlernen der »Kunst des Sensens« bieten manchmal Gartenbauvereine oder Naturschutzorganisationen an.

Freischneider oder Motorsense kommen auch in Frage. Nachteil ist die enorme Lärmbelästigung.

Über Winter stehen lassen: Falls Sie die Wiese aber über Winter stehen lassen, knicken viele Halme und Stängel durch Schneelast und Wind ab. Immer noch Stehengebliebenes kann leicht im späten Frühjahr händisch abgeknickt werden. Dieses »Mähgut« können Sie ganz einfach, wenn Wiesenpflanzen höchstens 20 cm hoch sind, mit einem Laubrechen entfernen und locker zwischenlagern, bevor es auf dem Kompost landet.

➢ Vorteil: Gerade Schmetterlinge, aber auch viele andere Insekten überdauern den Winter als Puppe, häufig an einen Blütenstängel geklebt bis zum Frühling, manche sogar bis in den späten Frühling. Räumen Sie im Herbst die Wiese ab, entfernen Sie unweigerlich auch die Puppenstadien vieler Insekten.

➢ Zweiter Vorteil: Viele Samenfresser wie Stieglitze freuen sich über die Stauden und picken häufig in Scharen an den Blütenständen.

Wiesen richtig mähen

»Altes« Wissen über die geeigneten Mähzeitpunkte verschwindet zunehmend, dabei ist es wichtig für die Entwicklung und den Erhalt von Blumenwiesen.

Schröpfschnitt bei Blumenwiesen im ersten Jahr
Je nach tatsächlicher Entwicklung sollten Sie jetzt einen 2. oder 3. Schröpfschnitt (→ S. 128) durchführen: Viele Gräser und ungewünschte Beikräuter haben sich etwa kniehoch entwickelt? Dann sollten Sie jetzt aktiv werden, damit die Zielpflanzen mehr Licht und Raum erhalten.

Zweiter Mähtermin von Fettwiesen
Klassisches »Heuen« findet an den heißen Tagen im Spätsommer statt. Orientieren Sie sich daran.

TIPP!
Richtig mähen

Das Mähgut muss von Blumenwiesen grundsätzlich nach dem Ausfallen der Samen von der Fläche entfernt werden, um eine Aufdüngung der Fläche durch Zersetzen des organischen Materials zu verhindern.

Grundsätzlich abschnittsweise versetzt mähen. Das garantiert nicht nur ein Trachtfließband (→ S. 39), sondern erhöht auch die Pflanzenvielfalt in der Wiese.

Keine Wespenfallen aufstellen

Wespen sind wichtige Tiere im Gesamtgefüge Garten und stehen unter Naturschutz, deshalb keine Wespen töten.

Bei den »lästigen« Wespen im Spätsommer auf Kuchen, in Bier- und Softdrinkgläsern und am saftigen Schinken handelt es sich lediglich um die Gemeine Wespe *(Vespula vulgaris)* und die Deutsche Wespe *(Vespula germanica)*, die beide wie alle Wespenarten geschützt sind und deren Tötung sogar mit recht empfindlichen Bußgeldern belegt wird. Auch die Entfernung der Nester dieser wegen ihrer Stiche gefürchteten Wespenarten in Hausnähe oder am Haus dürfen Sie nicht selbst vornehmen. Die Nester können mit bis zu 2 m Umfang eine recht beträchtliche Größe erreichen und sollten von einem Fachmann wie einem Imker oder Kammerjäger umgesiedelt werden.
Statt die Wespen mit tödlicher Fliegenklatsche und Wespenfalle zu eliminieren, sollten Sie lieber versuchen, sie vom Esstisch im Freien zu vertreiben oder sie wegzulocken. Verhalten Sie sich aber vorsichtig, vermeiden Sie vor allem wildes Herumfuchteln, das macht Wespen nervös und aggressiv. So ermöglichen Sie ein Miteinander statt ein Gegeneinander.

DAS HILFT GEGEN WESPEN

- Wespen mögen keine ätherischen Öle von Pflanzen wie Pfefferminze, Lavendel, Zitronenmelisse, Zitrusfrüchten, Gewürznelken. Stellen Sie Duftlampen auf.
- Dekorieren Sie den Tisch mit Basilikumtöpfen oder legen Sie Zitrusfrüchte oder Lavendelzweige auf den Tisch.
- Decken Sie Gläser mit Bierdeckeln ab, dazu gibt es sie, wie der Name schon sagt! Decken Sie Pflaumenkuchen und Co. mit einer Insektenhaube ab.
- Achten Sie bei jedem Bissen oder Schluck, ob sich nicht doch eine Wespe drauf oder drinnen befindet! Denn das kann wirklich gefährlich werden.
- Wespentisch: Bereiten Sie vom eigenen Esstisch so weit wie möglich entfernt einen »Wespentisch« (auch ein etwas erhöhter Stein) mit überreifem Obst, besonders gern Weintrauben, oder Rosinen und ggf. mit einem kleinen Streifen vom Grillfleisch. Gern genommen wird auch ein Teller mit Zuckerwasser, in dem die Tiere nicht ertrinken.

Tiere entdecken

Im Spätsommer sollten Sie häufiger in der Blumenwiese auf Entdeckungstour gehen, aber auch sonst gibt es lohnenswerte Momente.

Tiere der Blumenwiese

Die vielen Tiere der Blumenwiese nutzen drei unterschiedliche Etagen:

- Am Boden halten sich Amphibien und Reptilien auf und gern Zersetzer wie Ameisen, Laufkäfer sowie Asseln und Milben, aber auch Heuschrecken.
- Eine Etage höher in der Kraut- und Grasschicht leben eher saftsaugende, blattfressende oder stängelbohrende Bewohner wie Schmetterlingsraupen, Schwebfliegenlarven, Schlupfwespen, Blatt- und Rüsselkäfer, Spinnen und Wanzen.
- In der obersten Wiesenetage, der Blütenschicht, leben Nektar- und Pollensammler wie Schmetterlinge, Wildbienen, Schwebfliegen, Käfer, Wanzen, aber auch Samenfresser wie Stieglitz oder Grünfink sind hier beim Samenpicken anzutreffen.

Zauneidechse

Mit etwas Glück können Sie an heißen Spätsommertagen an der Steinmauer, auf dem Eidechsenhügel oder im Sandarium die Echsen sehen, die noch die Wärme tanken. Nähern Sie sich vorsichtig, es sind sehr scheue Gesellen. Das typische Hellgrün der Männchen an Kehle und Flanken ist nur während der Paarungszeit bis Juni, manchmal auch Juli zu sehen. Jetzt zeigen sie das echsentypische Graubraun.

Blauschwarze Holzbiene

Die Blauschwarze Holzbiene kann man im Spätsommer immer noch beobachten, vermehrt am Muskatellersalbei, Blasenstrauch oder an Wicken. Sie fliegen über einen langen Zeitraum von März bis Oktober im Garten.

→ S. 102, Blauschwarze Holzbiene – Breitblättrige Platterbse – Muskatellersalbei

Jungvögel am Futterhaus

Vielleicht entdecken Sie ein junges Rotkehlchen, das an den auf den Boden gefallenen Fettfutterresten pickt. Jetzt können Sie sicher sein, dass die Vogelbrut der Rotkehlcheneltern erfolgreich war – und dies trotz Nachbars Katze. Schließlich nistet das Rotkehlchen nicht ganz ungefährlich am Boden, unter Gestrüpp, in Böschungen.

An der Vogeltränke

Haben Sie den Vögeln ein Gefäß mit Wasser bereitgestellt, können Sie sie nicht nur beim ausgiebigen Plantschen und Baden im kühlen Nass, sondern auch beim Trinken beobachten. Vergleichen Sie dabei mal ihr Verhalten. Während die Kleinvögel den Schnabel ins Wasser tauchen und dann den Kopf heben, um das Wasser in die Kehle rinnen zu lassen, können Tauben das Wasser einsaugen.

Ein Sonnenbad bringt die wechselwarmen Eidechsen – hier Zauneidechse – auf Betriebstemperatur.

Weitere Tiere entdecken

Sowohl den eleganten, wunderschön gefärbten Schwalbenschwanz bei Tag als auch die akrobatischen Fledermäuse bei Nacht sollten Sie jetzt nicht verpassen.

Wunderschöner Schwalbenschwanz

Der Schwalbenschwanz ist mit einer Flügelspannbreite von 60–80 mm einer der größter, schönsten und auffälligsten Falter bei uns. Als wärmeliebende Art mag er besonders sonnige Bereiche magerer Wiesen und Trockenrasen, um an Witwenblumen und Skabiosen zu saugen. Ab und an schaut er auch mal in Gärten vorbei. Jetzt im Spätsommer fliegt die 2. Generation. Seine Raupen sind nicht minder attraktiv: hellgrün mit schwarzen, orangegepunkteten Binden. Sie mögen Doldengewächse wie Dill, Fenchel, Möhren – auch Wilde Möhren.

Nachtentdeckungen

In lauen Sommernächten gibt es einiges zu entdecken. Duftende Nachtblumen locken viele Falter an. Dazu gehören viele heimische Arten wie Nachtviole *(Hesperis matronalis)*, Mondviole oder Ausdauerndes Silberblatt *(Lunaria rediviva)*, Seifenkraut *(Saponaria officinalis)*, Rote Lichtnelke *(Silene dioica)*, Moschus-Malve *(Malva moscata)*, Schmalblättriges Weidenröschen *(Epilobium angustifolium)*, Duftgeißblatt *(Lonicera caprifolium)* und Waldgeißblatt *(Lonicera periclymenum)*. Einige von ihnen bevorzugen nährstoffreiche, frische Böden. Obwohl aus Südosteuropa stammend, gilt der Goldlack *(Erysium cheirii)* als Archaeotyp, da er schon sehr lange in Mitteleuropa kultiviert wird. Die Abend-Levkoje *(Matthiola bicornis)* aus Südwesteuropa und die Gartenresede *(Reseda odorata)*, ursprünglich aus Afrika, werden ebenfalls schon lange kultiviert. Die Nachtkerze *(Oenothera biennis)*, die mittlerweile auch in Mitteleuropa eine typische Nachtpflanze ist, blüht von Juli bis Oktober in der Dämmerung und ist inzwischen für nachtaktive Insekten wichtig. Im 17. Jahrhundert aus der Neuen Welt nach Europa gekommen, hat sie sich invasiv ausgebreitet, gilt aber mittlerweile als eingebürgert.

➤ **Fledermäuse:** Wer Nachtblumen pflanzt und Nachtfaltern einen Lebensraum bietet, der deckt auch den Tisch für Fledermäuse und lockt sie in den Garten. Sie können bei später Dämmerung beobachtet werden.

→ S. 46, Auf Entdeckungstour im Garten

➤ **Igelkarussell:** Manchmal paaren sich Igel noch mal im Spätsommer. Der späte Nachwuchs hat es allerdings schwerer als der erste Wurf, für den Winter entsprechend Gewicht aufzubauen. Achten Sie deshalb auf zu leichte Igel im Herbst.

→ S. 82, Tiere beobachten

→ S. 161, Igeln helfen

➤ **Tigermücke:** Die Asiatische Tigermücke *(Aedes albopictus)* tritt als invasive Art ihren Siegeszug an und hat bereits die lauen Spätsommernächte Mitteleuropas erreicht. Im Gepäck: Chikungunya-, Dengue-, Gelbfieber- und West-Nil-Virus. Mit ihrem schwarz-weißen Streifenmus-

Die duftenden Blüten des Geißblatts ziehen Insekten an und erfreuen auch unsere Nasen.

Die invasive Asiatische Tigermücke überträgt mit ihren Stichen gefährliche Krankheiten.

ter unterscheidet sie sich deutlich von den heimischen Stechmückenarten. Sie zählt zu den Arten weltweit, die sich am aggressivsten ausbreiten.

→ S. 54, Invasive Arten

➤ **Grillen:** In warmen Jahren kann man jetzt die Grillen zirpen hören. Stridulation heißt das offiziell. Grillen besitzen einen deutlich gedrungeneren Körper als Heuschrecken.

Heuschrecken

Heuschrecken sind im Spätsommer ausgewachsen und fiedeln, was das Zeug hält. Auch sie sind mittlerweile stark bedroht und freuen sich über jedes Stückchen Wiese. Mit einem kurzen Schurrasen können sie nichts anfangen. Im Gegensatz zu anderen Insekten wie Bienen oder Käfern verläuft ihre Metamorphose etwas anders (→ Info rechts).

Das Grüne Heupferd, hier ein Weibchen, ist eine unserer größten Heuschrecken.

ENTWICKLUNG DER INSEKTEN

Die Entwicklung der Insekten (Metamorphose) ist eines der faszinierendsten Ereignisse in der Tierwelt. Man unterscheidet zwei Formen der Metamorphose:

➤ **Holometabolie oder auch vollkommene Metamorphose:** Bei der Holometabolie (von griech. holo = ganz, vollständig und metabole = Veränderung) verläuft die Entwicklung vom Ei über ein Raupen- oder Larvenstadium und Puppenstadium hin zum fortpflanzungsfähigen Insekt. Raupe und fertiges Insekt sehen völlig verschieden aus. Im Larvenstadium frisst das Tier unentwegt und baut viel Zellmasse auf. Kaum verpuppt sich die Raupe oder die Larve, findet eine komplette Gestaltumwandlung statt, es entsteht ein völlig neues Lebewesen, indem sich der Raupenkörper zu einem Gewebebrei auflöst, der als Baustoff für den Erwachsenenkörper dient. Es entstehen neuartige Organe oder Gliedmaßen, die im Larvenstadium fehlten: Geschlechtsorgane, Flügel, Beine. Die Transformation ist abgeschlossen, wenn das fertige Insekt schlüpft. Holometabolie zeigen u.a. Käfer, Schmetterlinge, Fliegen, Bienen, Wespen, Ameisen.
Möglicherweise ist die Metamorphose der Schlüssel für den Erfolg vieler Insekten. Sie ist hocheffizient. Das Tier im Larven- oder Raupenstadium beschränkt sich auf die Nährstoffaufnahme und auf den Aufbau von Körpersubstanz, indem es hauptsächlich nur frisst und sich kaum bewegt. Überflüssige Organe oder Körperteile wie Flügel oder Geschlechtsorgane werden eingespart und verbrauchen keine Energie. Große Abschnitte der Entwicklung werden auf später verschoben, dadurch können die Elterntiere mehr Nachkommen produzieren. Zudem nutzen heranwachsende und geschlechtsreife Tiere meist unterschiedliche Nahrungsquellen und machen sich dadurch keine Konkurrenz. Schmetterlingsraupen fressen Blätter, Schmetterlinge trinken Nektar. Einige Käferlarven begnügen sich mit Holzmulm, fertige Käfer knabbern an Blättern, Wespenbabys brauchen tierisches Eiweiß, erwachsene Wespen lieben Zucker, Bremsenlarven wollen kleine Insekten, Bremsen hingegen Blut.

➤ **Hemimetabolie oder graduelle Metamorphose:** Im Gegensatz zur Holometabolie verläuft die Hemimetabolie (von griech. hemi = halb und metabole = Veränderung) etwas moderater, d.h. gradueller ab. Heuschrecken, Termiten, Wanzen und Libellen sind hier die Paradebeispiele. Das aus dem Ei schlüpfende Jugendstadium wird als Nymphe oder Larve bezeichnet. Mit jeder Häutung wird die Nymphe dem erwachsenen (adulten) Tier immer ähnlicher. Dabei werden die Flügel flugfähig gemacht, ohne dass ein Puppenstadium mit Komplettumbau dazwischengeschoben ist.
Vom ersten Nymphenstadium bis zum fertigen Insekt können je nach Art zwischen einigen Wochen und mehreren Jahren vergehen. So häuten sich zum Beispiel die Nymphen mancher Libellenarten bis zu 16-mal.

Es gibt auch in anderen Tiergruppen eine Metamorphose, etwa bei den Fröschen die Umwandlung von der im Wasser lebenden Kaulquappe zum an Land lebenden Frosch. Doch sie ist beileibe nicht so spektakulär als die Metamorphose der Insekten.

Spätsommer

Garten-Wollbiene – Schwarznessel

Garten-Wollbiene

\+ ... mit Wollkugel

\+ Lieblingspflanze Schwarznessel

Sommerprogramm im Freiluftkino: Wollbienen - spektakuläre Stunts und wilde Flugakrobatikvorführungen

Wollbienen sind ganz besondere Wildbienen: Sie sind ganz und gar nicht gemütlich, wie ihr Name vermuten lassen könnte, sondern rabiate Gesellen. Mit ihnen im Garten erleben Sie spektuakuläre Stunts und wilde Flugakrobatikvorführungen der Männchen. Insbesondere wenn man die Männchen der Garten-Wollbiene *(Anthidium manicatum)* zum ersten Mal zu Gesicht bekommt, glaubt man gar nicht, es mit einer Wildbiene zu tun zu haben. Von ihrem Äußeren ähneln sie eher einer platt gedrückten oder etwas untersetzt gebauten Wespe. Ihr Leib weist die typischen schwarz-gelben Farben auf. Allerdings sind die gelben Streifen auf dem Rücken nicht durchgehend, sondern in der Mitte unterbrochen. Mit ihrem unter den Wildbienen einmalig rüpelhaften Benehmen verteidigen die Männchen vehement ihr Revier mit entsprechenden Futterpflanzen, gern Lippen- oder

Schmetterlingsblütler. Besonders lieben sie die Schwarznessel *(Ballota nigra)*.

Trotz ihres pummeligen Körperbaus sind die Männchen alles andere als gemächlich unterwegs, sondern fliegen gefährlich summend und pfeilschnell oder im Schwirrflug und vertreiben andere Insekten. Dabei nehmen sie es nicht nur mit Konkurrenten männlichen Geschlechts aus der eigenen Art auf, sondern sie legen sich auch mit viel größeren Insekten wie Hummeln an, fliegen hektische Attacken, wobei sie ihre drei Dornen am Hinterleib nutzen, die sehr gut zu erkennen sind. Dazu krümmen sie ihn nach vorne und schlagen damit auf den »Eindringling« ein. Die Verletzungen können sogar zum Tod des Opfers führen.

Die Szene ändert sich schlagartig, wenn ein im Vergleich zum Männchen deutlich kleineres – auch einzigartig in der Wildbienenwelt – Wollbienenweibchen auftaucht: Jetzt bleibt das Männchen im Schwirrflug stehen, wartet, bis sich das Weibchen auf eine Blüte setzt, und klammert sich auf deren Rücken fest. Die Begattung dauert nur 9 bis 14 Sekunden. Mehr Geduld wird nicht aufgebracht – und schon verteidigt das Männchen weiterhin sein Revier oder wartet auf neue Weibchen.

Für den Nestbau kommen für die Weibchen, die nicht ganz so hyperaktiv sind wie die Männchen, weitere wichtige Pflanzen ins Spiel: nämlich behaarte Pflanzen wie die Königskerze, der Wollziest, die Strohblume oder der Muskatellersalbei. Sie alle liefern die Wolle für den Nestbau im Vielfaltsgarten. Das Weibchen schabt die Pflanzenhaare mithilfe kleiner Zähnchen im Oberkiefer ab, rollt sie zu einer Kugel zusammen und fliegt sie zwischen Kopf und Vorderkörper eingeklemmt in kleinen Wollknäueln zum Nest, das sie in Holz-, Fels- und Mauerspalten oder in Spalten in Erdlöchern baut. Aus der Pflanzenwolle fertigt das Weibchen mithilfe von Speichel die Brutzellen. Danach bestückt sie jede Brutzelle mit Pollen, den sie mithilfe ihrer Bauchbürste einträgt, sowie mit Nektar aus ihrem Kropf und legt darauf je ein Ei. Sind alle Brutkammern mit Pollen und Eiern gefüllt, verschließt sie das Nest mit Steinchen und Pflanzenteilen.

In Deutschland kommen von den Wollbienen sieben Arten vor. Neben der erwähnten Garten-Wollbiene kann in Gärten noch die Spalten-Wollbiene *(Anthidium oblongatum)* auftauchen. Die Garten-Wollbiene fliegt von Mitte Juni bis in den Oktober hinein mit manchmal zwei Generationen. Bei warmem Wetter übernachten die Wollbienen an einem Stängel festgebissen mit abgespreizten Flügeln, bei Regenwetter kann man sie in freien Röhrchen des Insektenappartements auf besseres Wetter warten sehen. Sehr putzig schauen sie dann nach draußen. Die Männchen krabbeln auch gern mit dem Kopf voran in ein Röhrchen des Appartements und zeigen ihren mit den drei Dornen bestückten Popo.

Die Schwarznessel stammt ursprünglich aus dem Mittelmeerraum und ist mittlerweile in Mitteleuropa eingebürgert. Sie benötigt nährstoffreicheren Boden als die meisten Wildpflanzen und ist in Gärtnereien nur selten zu erhalten. Sie lässt sich aber leicht aus Samen ziehen oder auch über Stecklinge vermehren.

Im Garten einmal etabliert, öffnet sie unablässig von Mai bis Oktober, manchmal sogar bis in den November hinein ihre kleinen lippenförmigen Blüten und ist damit eine wertvolle Pflanze für das Trachtfließband. Sie ist ein Garant für die Anwesenheit der Garten-Wollbiene. Weitere Arten wie der Hornklee, die verschiedenen Ziestarten, Salbei Kronwicke und Herzgespann, aber auch der Muskatellersalbei zählen zu den bevorzugten Nahrungspflanzen dieser spannenden Wildbienen.

Insekten und Wildbienen

Insekten sind die artenreichste Klasse im gesamten Tier- und Pflanzenreich auf der Erde und machen fast die Hälfte aller Tier- und Pflanzenarten aus.

Als extrem anpassungsfähige Tiere lernten Insekten vor ungefähr 400 Millionen Jahren als Erste das Fliegen. Lange Zeit – fast 200 Millionen Jahre – hatten sie den Luftraum für sich allein, bevor diesen die Pterosaurier eroberten.
Das Fliegen war möglicherweise evolutionär der entscheidende Moment, warum es heute so viele Insektenarten gibt. Denn für den Flug muss man schlauer sein, als wenn man nur auf dem Boden herumkriecht, man kann barrierefrei und schnell völlig neue Lebensräume erreichen und seine Beute aus der Luft überraschen – um nur ein paar Vorteile zu nennen. Insekten konnten sich auch deshalb so erfolgreich weltweit verbreiten. Selbst an den Polen leben sie. Bekannt sind bisher etwa eine Million Arten, wahrscheinlich gibt es aber ein Vielfaches dessen. Gerade in den Baumkronen der Regenwälder vermutet man noch eine ungeahnte Anzahl unbekannter Arten. Allein von Wildbienen hat man weltweit bisher 20.000 bis 30.000 Arten entdeckt, 800 davon in Mitteleuropa. Mehr als die Hälfte von ihnen steht bereits auf der Roten Liste der gefährdeten Arten, das sind von der Weltnaturschutzunion International Union for Conservation of Nature and Natural Resources (IUCN) veröffentlichte Listen mit weltweit gefährdeten bis vom Aussterben bedrohten Arten. Die Honigbiene als drittwichtigstes Nutztier im deutschsprachigen Raum ist dagegen nur eine einzige Art dieser Hautflügler und völlig ungefährdet.

Bestäubungsleistung der Wildbienen und anderer Insekten

Die »Wilden« verdoppeln die Bestäuberleistung der Honigbiene in der Menge. In der Qualität übersteigt ihre Leistung die der Honigbiene sogar um ein Vielfaches, da viele Wildbienenarten Pflanzen bestäuben, wozu die Honigbiene aus anatomischen Gründen (zu kurze Zunge) nicht in der Lage ist – hier existieren viele bilaterale Beziehungen.
→ S. 88, Blüten-Bienen-Evolution
Zudem bestäuben Wildbienen deutlich effektiver als Honigbienen, weil es beispielsweise bei Honigbienen spezialisierte Arbeiterinnen, sog. Nektarsammlerinnen gibt, die Pollenkontakt vermeiden und dadurch schlechter bestäuben; außerdem können sie keine Vibrationsbestäubung.
Weitere Insekten wie Schwebfliegen sind für ein weiteres Drittel der Bestäuberarbeit verantwortlich. Damit stellen Insekten die Eckpfeiler vieler Ökosysteme und sorgen für Stabilität.

Insekten als Nahrungsquelle

Aber nicht nur deswegen dürfen wir es nicht zulassen, dass sie nach erfolgreichen 400 Millionen Jahren – sie haben immerhin drei große Artensterben überstanden – einfach immer mehr von der Erdoberfläche durch uns verschwinden. Innerhalb von 30 Jahren ist die Insektenmasse in Deutschland um 75 Prozent gesunken. Insekten liefern mit ihrer Biomasse eine der wichtigsten Nahrungsressourcen für viele weitere Tiere wie Vögel, Amphibien, Echsen, Fledermäuse, Igel, Ameisenbären, Dreifingerfaultiere, um nur ein paar zu nennen. Sie stellen ein wichtiges tierisches Fundament der Nahrungskette. Auch deshalb macht es Sinn, Insekten und speziell Wildbienen im Garten zu fördern. Die anderen Tiere stellen sich dann von ganz allein ein.

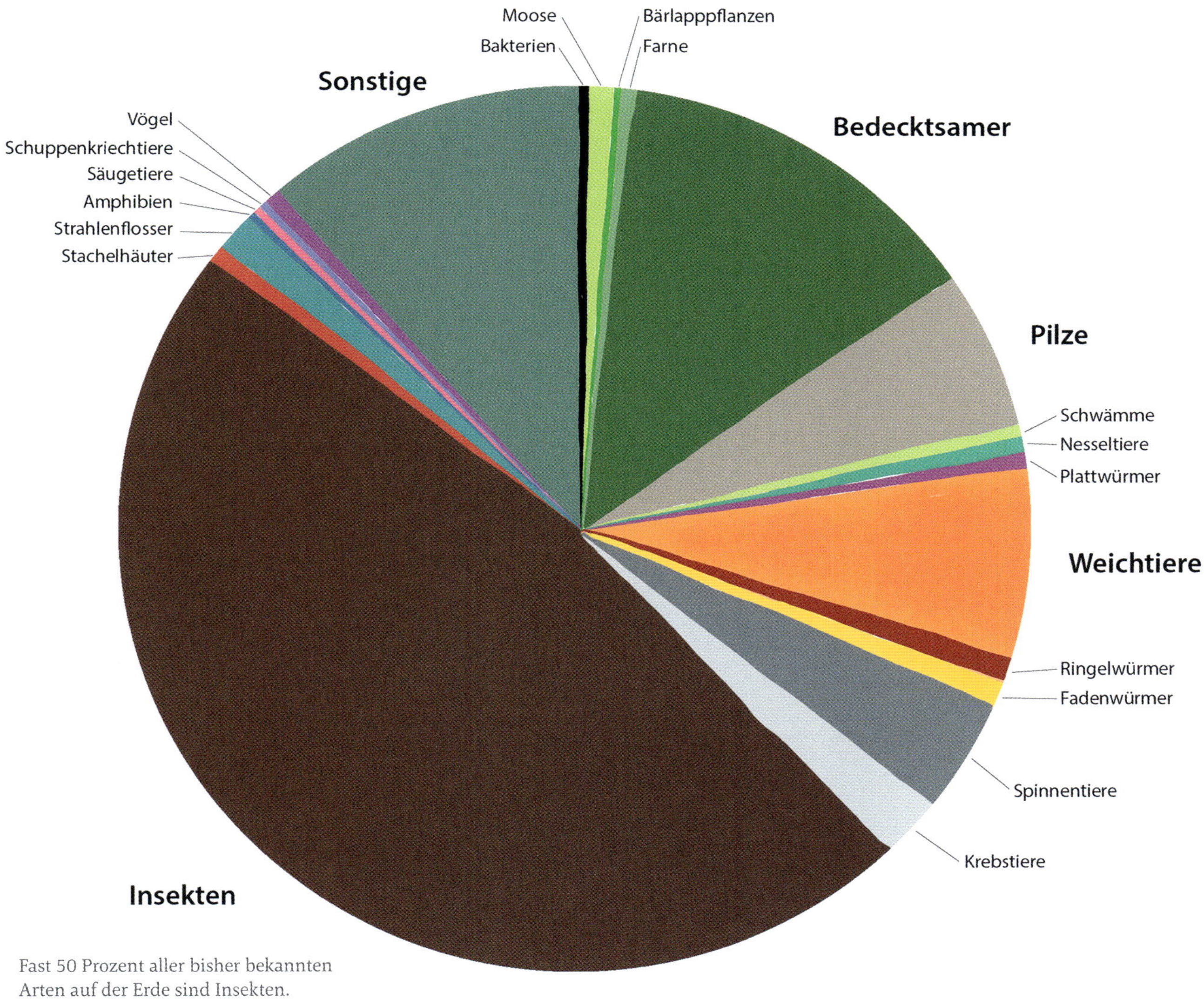

Fast 50 Prozent aller bisher bekannten Arten auf der Erde sind Insekten.

FRÜHHERBST

Der Schwarze Holunder macht seinem Namen alle Ehre und präsentiert im Frühherbst seine schwarzviolett glänzenden Früchte. Erstes Fallobst wird zur wertvollen Energiequelle für Falter und Wespen. Spätestens jetzt sollte man Pflanzungen für insektenfreundliche Stauden und Frühlingsblüher planen und bestellen. Winterquartiere für Igel & Co. gilt es zu bauen und aufzustellen und die Nistkästen für Vögel zu reinigen, damit Herbst und Winter getrost kommen können.

Bauanleitungen

Nutzen Sie die Zeit bis es für die Tiere richtig ungemütlich wird und bauen Sie eine geräumige Futterstelle für die Vögel und ein Igelhaus.

Großes Futterhaus für Vögel

Je größer, desto besser. Futterhäuser für Vögel gibt es in einer unüberschaubaren Vielzahl und Vielgestalt in Baumärkten und Gartencentern. Nicht alle funktionieren gleich gut und selten sind sie geräumig genug, weshalb sich die Vögel leicht ins Gehege kommen. Wichtig ist ein ausreichender Schutz des Futters vor Regen und Schnee, z.B. Tannenreisig, das Sie mithilfe von Draht an den Seiten anbringen, sowie viel Platz für die anfliegenden Vögel.

Material Futterhaus: Sperrholz wasserfest: 190 × 100 × 1 cm, Vierkant-Holzleiste: 160 × 4 × 4 cm, Dachpappe: mind. 102 × 102 cm, Nägel zum Anbringen, 24 Holzschrauben, 4 Winkelschrauben

Material zum Aufstellen: 1 Vierkant-Holzleiste: ca. 140 × 7 × 7 cm, 1 Vierkantstutzen: Maße entsprechend Vierkant-Holzleiste 7 × 7 cm, 1 Erdspieß für Vierkanthölzer zum Einschlagen in die Erde: Maß entsprechend Vierkant-Holzleiste 7 × 7 cm, Säge, Akkuschrauber, Hammer.

Gehen Sie nach Bauplan vor. Wichtig dabei: die Kanthölzer oben abschrägen. Die beiden vorderen Kanthölzer je 1 cm von der vorderen Kante der Bodenplatte entfernt, die hinteren Kanthölzer bündig mit den Kanten der Bodenplatte von unten festschrauben. Die 10 cm hohen seitlichen und die rückwärtige Begrenzung von außen an den Kanthölzern festschrauben. In die beiden Vorderkanten der Seitenwände je 2 Winkelschrauben so hineindrehen, dass die vordere 5 cm hohe Leiste zwischen Holm und Winkelschrauben gestellt werden und zur Reinigung des Futterhauses leicht entfernt werden kann.

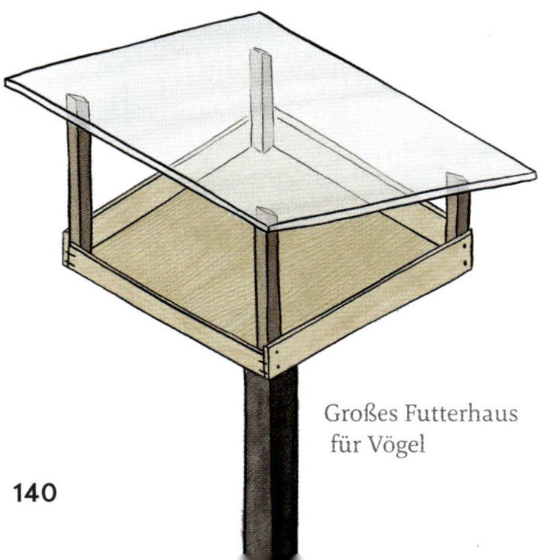

Großes Futterhaus für Vögel

Igelhaus bauen und aufstellen

Sofern im Garten nicht genügend igelfreundliche Strukturen wie Reisighaufen, leicht zugängliche Komposthaufen oder Steinhaufen mit Hohlräumen, dichtes Gebüsch und Laub am Boden existieren, nehmen gerade unerfahrene Jungtiere gern gebaute Unterkünfte an.

Material: 2 Holzbretter: 80 × 40 × 2 cm, 1 Vierkant-Holzleiste: 100 × 2 × 2 cm (aus den Holzresten sägen und ans Dach schrauben), Dachpappe: mind. 66 × 50 cm, 18 Holzschrauben, Nägel zum Befestigen der Dachpappe, trockenes Laub, Heu, Reisig, Säge, Akkuschrauber, Hammer.

Gehen Sie nach Bauplan vor. Die Seitenwände von außen an Vorder- und Rückwand schrauben. Die Trennwand dient als Schutz vor neugierigen Eindringlingen und wird an der Front von außen mit Schrauben befestigt. Die Leisten an der Unterseite des Deckels festschrauben. Sie verhindern ein Herunterrutschen des Deckels.

Stellen Sie das Haus an einer ruhigen und geschützten Stelle auf, gern unter Sträuchern. Laub und Heu kommt in die große Kammer. Mit weiterem Laub und Reisig können Sie Rückwand und Seiten von außen schützen.

Igelhaus

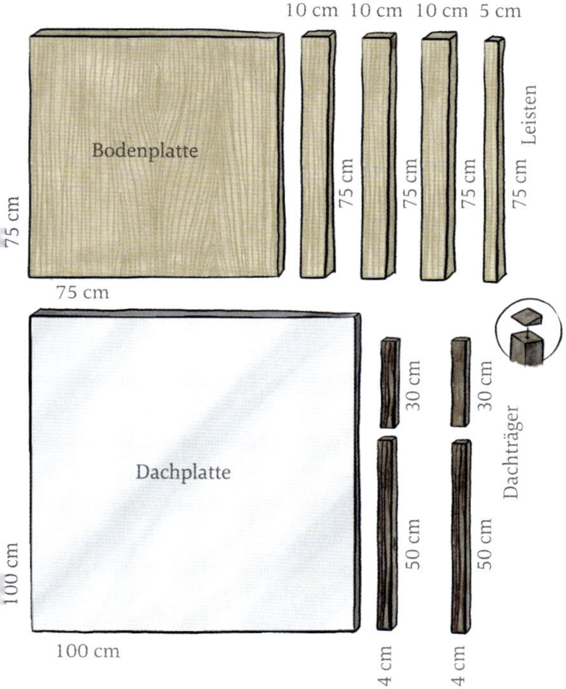
10 cm
10 cm
10 cm
5 cm
Bodenplatte
75 cm
75 cm
75 cm
75 cm
75 cm
75 cm
Leisten
75 cm
Dachplatte
100 cm
100 cm
30 cm
30 cm
50 cm
50 cm
4 cm
4 cm
Dachträger

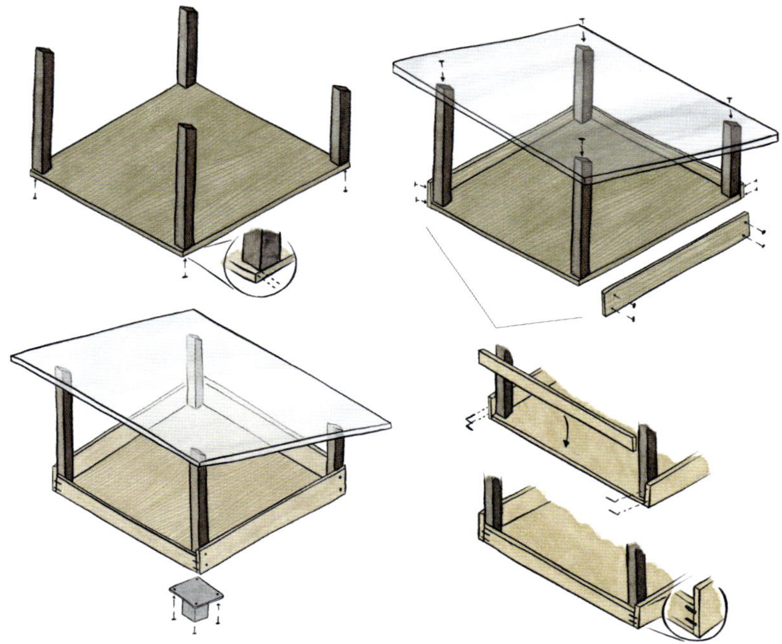

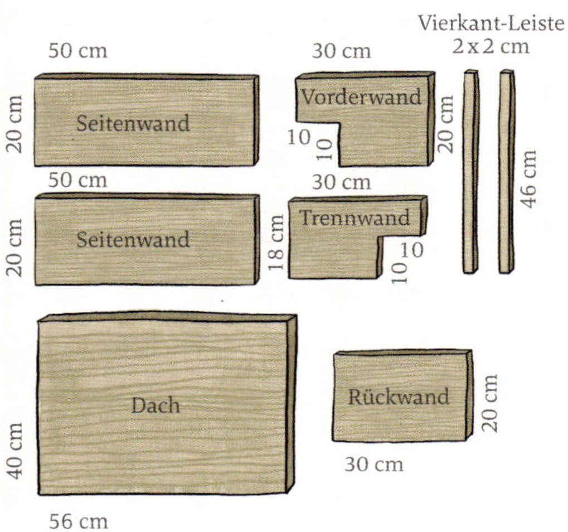
Vierkant-Leiste
2 x 2 cm
50 cm
Seitenwand
20 cm
50 cm
Seitenwand
20 cm
30 cm
Vorderwand
10
10
20 cm
30 cm
Trennwand
18 cm
10
10
46 cm
Dach
40 cm
56 cm
Rückwand
20 cm
30 cm

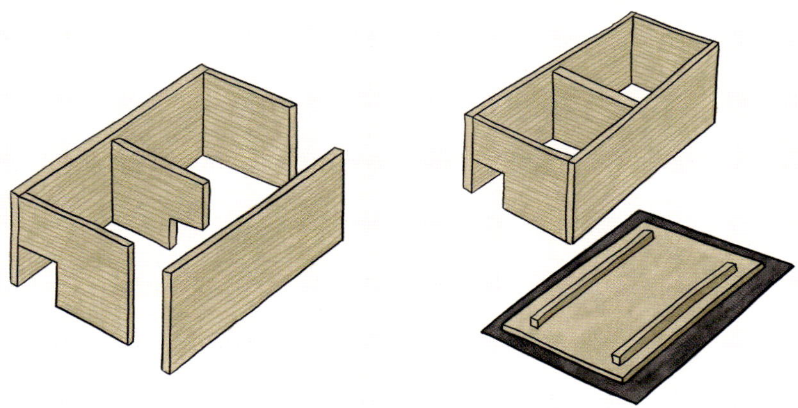

Bauanleitungen

Spätestens jetzt sollten Sie für die Überwinterungshilfen unserer Blattlausvertilger sorgen.

Überwinterungshilfe für Marienkäfer

Neben Laub, das im Herbst am Boden liegen bleiben darf, können wir Marienkäfern zusätzlich ein Quartier bauen mit Löchern im Boden und an der Vorderfront zum Rein- und Rauskrabbeln. Als Füllung dienen getrocknete, gewellte Rindenstückchen, die Höhlungen bilden, oder trockenes Stroh. Bringen Sie das »Hotel« an einem sonnigen Ort, etwa an der Hauswand oder am Zaun, an.

Überwinterungshilfe für Marienkäfer

Material: Holzbrett: 80 × 40 × 2 cm, 1 Winkelleiste: 13,5 cm lang, Schenkelbreite 2,5 cm, 1 Holzlatte: 130 × 4,5 × 2 cm, 18 Nägel: 35 mm lang, 2 Schrauben: 3,5 × 35 mm; Holzleim

Gehen Sie nach Bauplan vor. In den Boden gleichmäßig verteilt 9 Löcher bohren (Ø 1 cm), unten in die Vorderfront 3 Löcher bohren. Boden und Wände nach Skizze zusammenbauen. Die Dachflächen und die Winkelleiste zusammenkleben. An die Unterseite jeder Dachfläche 3 cm von der Giebelkante entfernt je 2 der Stückchen Holzlatte ankleben, damit das Dach nicht verrutscht. Die Holzlatte unten zuspitzen zum besseren in den Boden stecken, dann an einer Giebelseite festschrauben. Das Häuschen füllen und das Dach aufsetzen.

Überwinterungshilfe für Florfliegen

Florfliegen können wir mit Nisthilfen das Leben erleichtern. Auch sie bevorzugen jetzt im Herbst einen warmen Holzkasten an der sonnenbeschienenen, regengeschützten Hauswand. Rotbraun angestrichen, lockt er sie besonders an.

Material: 2 sägeraue Bretter: 80 × 40 × 2 cm, Dachlatte: 100 × 5 × 1 cm, Holzschrauben, 2 Schraubhaken oder Ösen, Dachpappe: mind. 24 × 25 cm, Nägel zum Befestigen der Dachpappe, Stück Draht, Säge, Akkubohrer, Hammer, Holzleim, Kiefernzapfen, Laub, kleine Rindenstücke, rotbraune Farbe, Pinsel

Gehen Sie nach Bauplan vor. Die Dachlatte in 4 Stücke schneiden, je 20 cm lang. Die 2 Seitenwände an die Rückwand bündig mit den Außenkanten anleimen und von der äußeren Seite der späteren Vorderwand mit Holzschrauben zusätzlich fixieren. Jetzt Boden und Deckel an Rück- und Seitenwände aufsetzen und mit Holzschrauben von außen festschrauben. Mit trockenem Füllmaterial den Hohlraum locker füllen. Die Dachlatten an der offenen Seite zwischen den Seitenwänden mit jeweils 1 cm Abstand festschrauben. Dachpappe auf dem Dach befestigen und den Kasten rotbraun streichen. Ösen ins Dach schrauben, Draht befestigen und mit den Öffnungen nach hinten an der Hauswand anbringen.

Überwinterungshilfe für Florfliegen

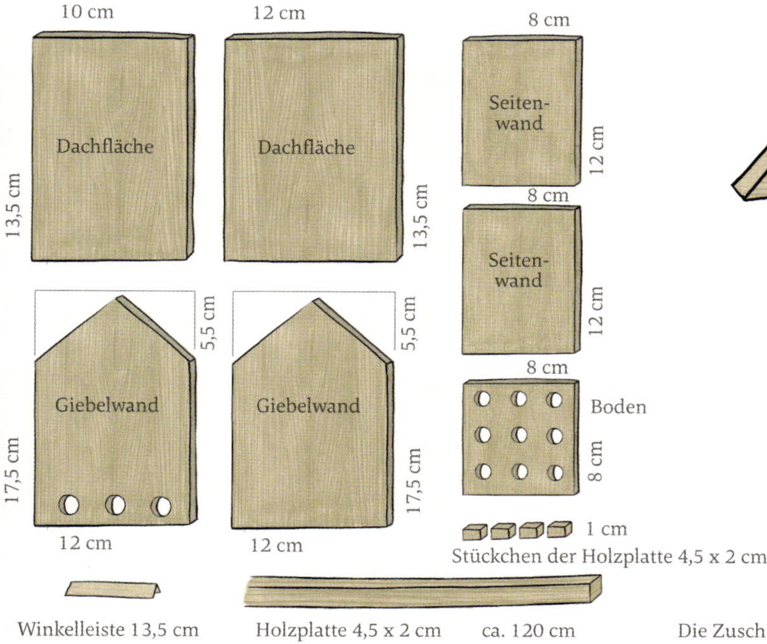

Die Zuschnitte wie abgebildet zusammenbauen. Zusätzlich kann Dachpappe auf das Dach genagelt werden.

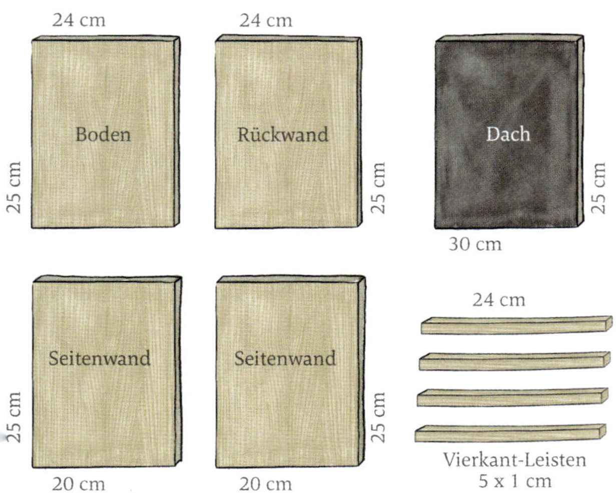

Nach Bauplan zusammensetzen. Zwischen den Dachlattenstückchen 1 cm Platz lassen.

Planen und beschaffen

Trotz Herbst steigt die Vorfreude. Was gibt es Schöneres als Samen, Pflanzen und Zwiebeln für Frühlingsblüher zu planen und zu kaufen?

Staudenpflanzung planen, Pflanzen beschaffen

Im Herbst ist die beste Staudenpflanzzeit für heimische Gewächse. Orientieren Sie sich an den Pflanzenlisten im Anhang (→ ab S. 200) und an den Pflanzkonzepten.

→ S. 39, Insektenfreundliche Beete

→ S. 180, Den Garten planen

Frühlingsblüher planen, Zwiebeln beschaffen

Sind Sie sicher, dass genügend frühlingsblühende Blumenzwiebeln Ihren Garten bevölkern? Vermutlich beantworten Sie diese Frage mit Nein, denn davon kann man gar nicht genug haben!
Kaufen Sie jetzt eine ausreichende Menge, denn die kleinen Blüten wirken am besten in großen Gruppen und nicht alle Arten vermehren sich so stark wie Traubenhyazinthen. Viele Frühlingsinsekten brauchen im zeitigen Frühjahr dringend Nahrung.

Samen für Wildblumenwiese

Wildblumenwiesen können von März bis Ende September angelegt werden, es empfiehlt sich aber eine Ansaat von Ende August bis Anfang September, da bereits mehr Nachtfeuchte existiert und Samen besser keimen können bzw. nicht ständig gewässert werden müssen.
Grundsätzlich sollte man eine Blumenwiese vorausschauend planen:

- Was ist bereits auf der Fläche vorhanden? Was passt dazu bzw. was fehlt noch oder was wollten Sie schon immer dort pflanzen?
- Mit welchem Boden habe ich es zu tun?
- Gibt es hartnäckige Wurzelunkräuter wie Ampfer und Quecke? Wenn ja, muss stärker vorbehandelt werden.

Lieber etwas mehr Zeit in die Vorbereitung investieren als dann nachbessern zu müssen!

→ ab S. 124, Eine Blumenwiese anlegen

Jetzt Frühlingsblüher planen: Puschkinie oder Kegelblume (oben), Sternhyazinthe (unten).

DIE WICHTIGSTEN FRÜHLINGSBLÜHER MIT GUTEN NEKTAR- UND POLLENWERTEN

deutscher Name	wissenschaftlicher Name	Blütezeit
Schneeglöckchen	*Galanthus*	Februar–März
Winterling	*Eranthis hyemalis*	Februar–März/April
Krokusse	*Crocus* spec.	Februar–März
Netz-Schwertlilie	*Iridodyctium reticulata*	(Februar-)März
Sibirischer Blaustern	*Scilla siberica*	März–April
Sternhyazinthe, auch Schneestolz, -glanz	*Chionodoxa luciliae*	März–April
Puschkinie oder Kegelblume	*Puschkinia scilloides*	(März-)April(-Mai)
Traubenhyazinthe	*Muscari* spec.	April–Mai
Schachbrettblume (nur für feuchte Standorte)	*Fritillaria meleagris*	April–Mai
Dolden-Milchstern	*Ornithogalum umbellatum*	April–Mai

Pflegemaßnahmen

Etwas Saubermachen sollten Sie jetzt einplanen. Aber der Aufwand hält sich in Grenzen.

Teichpflege

Jetzt ist die richtige Zeit, um Unterwasserpflanzen und Schwimmblattpflanzen abzuschneiden und zu entfernen, die zu üppig gewuchert sind. Ebenso sollte Laub und Mulm vom Teichgrund aus dem Teich gefischt werden, da sonst das Material über den Winter zersetzt wird und dadurch im Frühjahr viele Nährstoffe freigesetzt werden. Damit würden Sie vermehrtes Algenwachstum fördern. Achten Sie vor dem Entsorgen des Mulms, dass sich darin keine Libellenlarven oder Schnecken und Muscheln befinden. Diese wieder in den Teich zurücksetzen.

Reinigung der Vogelnistkästen

Die Nistkästen der Vögel sollten Sie jetzt im September säubern, denn die letzte Brut ist ausgeflogen. Sie entfernen damit Kotreste und Parasiten wie Vogelflöhe, Milben und Zecken und erleichtern somit den Tieren, die die Häuschen gern über Winter nutzen, das Überleben. Mit Gummihandschuhen und einer Spachtel ist die Reinigung schnell erledigt. Schon können Nachmieter einziehen.

In der Natur gibt es zwar auch niemanden, der Baumhöhlen leert, jedoch nutzen Vögel eine Bruthöhle oft nur einmal oder werfen das alte Material aus der Höhle. Keinesfalls zu einem späteren Zeitpunkt reinigen, da sich dann evtl. schon neue Mieter eingefunden haben können, die hier die kalten Nächte verbringen wollen. Vielleicht klopfen Sie erst mal tatsächlich an, bevor Sie das Haus öffnen. Manchmal befindet sich eine Waldmaus, ein Siebenschläfer oder eine Haselmaus darin und Sie und das Tierchen erschrecken sich. Viele Insekten wie Hummel- und Wespenköniginnen, Ohrwürmer, Florfliegen, aber auch Mäuse und Fledermäuse nutzen den Schutz. In kalten Winternächten übernachten auch gern Singvögel in den Nistkästen. Besser hier nicht von Parasiten befallen zu werden, die die harte Winterzeit noch zusätzlich erschweren.

Nicht alles entfernen!

Und schon kommt der Appell, klassische Gartenarbeiten zu unterlassen, etwa bei den Beeten mit dem Aufräumen.

Abgeblühtes stehenlassen

Egal, ob in der Staudenrabatte oder auf der Blumenwiese: Lassen Sie Abgeblühtes einfach bis zum nächsten Frühjahr stehen. Samenpickende Vögel freuen sich und Insekten überwintern häufig in solch trockenen Stängeln. Lassen Sie der Natur ihren Lauf.

Nicht alle Beeren abernten

Lassen Sie immer ein paar Beeren hängen, auch am Holunder, der gerade reift. Die Vögel – insbesondere Drosseln und Grasmücken – freuen sich darüber. Das gilt aber auch für Wespen.

Beete nicht leerräumen

Pflanzenstängel stehen zu lassen und Beete nicht abzuräumen, hilft nicht nur vielen Tieren oberirdisch, es schützt auch den Boden und seine Organismen gegen Starkregen und Austrocknung durch starke Winde, die v.a. in schneefreien Wintern immer öfter zum Problem werden.

Lassen Sie für die Vögel noch ein paar Beeren an den Sträuchern hängen.

Auf Entdeckungstour im Garten

An herrlichen Frühherbsttagen können Sie den Garten noch in vollen Zügen genießen und Insekten inklusive ihrer Jäger beobachten.

Elegante Florfliegen

Lange, zarte Fühler, transparente Flügel und meist in Grün sehen Florfliegen anmutig, aber auch sehr zerbrechlich aus. Selbst jetzt im Herbst bekommt man die spätgeschlüpften Tiere in der Dämmerung noch zu Gesicht. So langsam suchen sie sich aber ein trockenes und windgeschütztes Plätzchen zum Überwintern.

Während die Florfliege von Nektar und Pollen lebt, dezimiert ihre Larve Blattläuse.

Die Gemeine Florfliege *(Chrysoperla carnea)* ist leicht an ihrem schillernden Hellgrün zu erkennen. Sie ist die häufigste Art der elfenhaften Netzflügler in unseren Gärten und zugleich die einzige Art, die als erwachsenes Tier überwintert. Alle anderen heimischen Florfliegenarten überstehen den Winter als Puppe. Florfliegen sind dämmerungs- und nachtaktiv, sodass man die filigranen, zerbrechlich wirkenden Tiere tagsüber vielleicht sitzend auf einem Blatt, aber nicht fliegend wahrnimmt. Florfliegenweibchen legen 3-mal im Jahr ca. 350 Eier. Jede Larve vertilgt etwa 450 Blattläuse. Macht summa summarum 500.000 Blattläuse in der zumindest theoretischen Jahresbilanz eines Weibchens. Aber auch Schmierläuse, Weiße Fliegen, Thripse und Spinnmilben fallen in das Beuteschema der Larven. Von Spinnmilbeneiern vertilgen sie riesige Mengen. Mit ihren Saugzangen durchbohren die Larven ihre Beute und saugen sie aus. Daher ist es nicht verwunderlich, wenn diese biologischen Schädlingsbekämpfer für ihren intensiven Einsatz gezüchtet werden.

Wie bei vielen anderen Insekten ernähren sich die erwachsenen Tiere von Pollen und Nektar. Ihre Paarung verläuft mit Gesang. Dabei vibriert das Männchen mit seinem Hinterleib und lockt damit ein Weibchen an, das mit eigenem »Gesang« antwortet. Die Eier legt das Weibchen in die Nähe von Blattlauskolonien, um von Anfang an die Futterversorgung der gelbgrau gefärbten Larven zu sichern.

Fledermäuse

Fledermäuse müssen sich im Herbst richtig Speck anfuttern. Das bedeutet, sie sollten bis Ende Oktober 20 bis 30 Prozent mehr an Gewicht auf die Waage bringen als den ganzen Sommer über. Denn dann ist Winterschlaf angesagt, der fast ein halbes Jahr dauert. In Gärten wird man am ehesten den Abendsegler *(Nyctalus noctula)* und die winzigen Arten Zwergfledermaus *(Pipistrellus pipistrellus)* und Mückenfledermaus *(Pipistrellus pygmaeus)* beim Jagdflug in der Dämmerung beobachten können. Haben die Weibchen gerade die Wochenstuben aufgelöst, so stehen im Herbst ihre eigenen Belange

ULTRASCHALLWELLEN HÖREN

Florfliegen können Ultraschallwellen mit einem speziellen Organ, dem sogenannten Tympanalorgan, an der Basis ihrer Vorderflügel wahrnehmen. Damit schützen sie sich vor berüchtigten nächtlichen Insektenjägern wie Fledermäusen. Treffen die von Fledermäusen ausgesendeten Ultraschallwellen auf dieses Organ, lässt sich die Florfliege einfach zu Boden fallen und die Fledermaus zischt am Ziel vorbei.

ganz oben auf der Prioritätenliste. Unermüdlich fliegen sie bei trockenem Wetter gut sichtbar in der Dämmerung, um pro Nacht 1000 bis 2000 nachtaktive Insekten zu fangen. Auch die Paarung steht an. Ende Oktober ist es dann so weit und die Fledermäuse suchen sich ihr Winterquartier, je nach Art in Baumhöhlen, kühlen und feuchten Höhlen, Felsspalten oder Kellern, die frostfrei bleiben müssen – manchmal mehrere Hundert, in Ausnahmefällen sogar 1000 km vom Sommerort entfernt. Einige wechseln aber auch nur vom Dachboden in den frostfreien Keller. Im Winterquartier kuscheln sie sich gern in großen Kolonien aneinander, schlagen ihre Flughäute als Mantel um den Körper, senken ihre Körpertemperatur auf 5–3 °C ab, verlangsamen ihren Herzschlag und ihre Atmung um das 40-Fache und halten einen echten Winterschlaf. Das bedeutet, dass sie nur äußerst selten aufwachen. Fällt die Temperatur im Quartier unter 3 °C, müssen sie mit ihren Fettreserven nachheizen. Deshalb darf man Fledermäuse nicht beim Winterschlaf stören, da sie dabei wertvolle Reserven verlieren. Im Erstfrühling erwachen sie langsam, die ersten nachtaktiven Insekten zeigen sich schließlich auch bereits, und fliegen zurück in ihre Sommerquartiere. Die Weibchen werden trächtig (sie haben den Samen vom Herbst gespeichert, nun findet die Befruchtung der Eier statt) und gründen sogenannte Wochenstubengesellschaften, in denen sie ihre Jungen zur Welt bringen und säugen. Nach 4–5 Wochen beginnen die kleinen Fledermäuse, selbst Insekten zu jagen.

Fledermäuse werden je nach Art unterschiedlich alt. Schafft die Zwergfledermaus im Schnitt nur 2,5 Jahre, können Abendsegler sogar 12 Jahre alt werden.

In der Dämmerung verlässt der Abendsegler sein Tagesquartier, um Insekten zu fangen.

Wespen an Fallobst

Auch Deutsche *(Vespula germanica)* und Gemeine Wespen *(Vespula vulgaris)* lieben den Zucker im Obst, besonders in überreifem Obst, und sind im Übrigen gar nicht so gefährlich, wie häufig behauptet wird – es sei denn, Sie reagieren allergisch auf Wespenstiche (nur die genannten Arten stechen). Wespen zählen in der klassischen Aufteilung sogar eher zu den Nützlingen, denn ihre Larven brauchen viel tierisches Eiweiß. Bis zu einem halben Kilo Insekten jagt ein Wespenvolk täglich. Das entspricht einigen Tausend Einzeltieren an Blattläusen, Raupen, Fliegen und Spinnen. Damit kommt ihnen eine wichtige Rolle im Ökosystem zu. Mit sinkenden Temperaturen stirbt das Wespenvolk, lediglich die Jungköniginnen überleben den Winter mit unter dem Körper zusammengefalteten Beinen und seitlich eng angelegten Flügeln gut versteckt beispielsweise unter hervorstehenden Baumrindenstücken. Im Frühling starten sie den Nestbau, indem sie morsches Holz kleinraspeln und mit Speichel vermengt zu Pappmaché verarbeiten. Zu kleinen Kügelchen geformt, transportiert die Königin das Material zum Neststandort. Mit ihren Mundwerkzeugen fertigt sie papierdünne Streifen, woraus sie zuerst die Waben und anschließend die Hülle erstellt. In die Waben legt die Königin die Eier. Sobald die ersten Arbeiterinnen geschlüpft sind, unterstützen sie die Königin, die sich mehr und mehr auf das Legen der Eier spezialisiert. Bis zu 8000 Tiere zählen die Völker der Gemeinen und der Deutschen Wespe. Einige Wespenarten der 16 im deutschsprachigen Raum vorkommenden Arten zählen nur wenige Hundert Tiere pro Volk oder sogar nur bis zu 30 Tiere pro Nest, wie bei der Haus-Feldwespe *(Polistes dominula)*.

Tiere unterstützen

Vögel füttern – ja, aber Schmetterlinge füttern? Gerade jetzt brauchen einige Schmetterlinge einen Zuckershot

Vögel füttern und tränken

Der Klassiker – hören Sie nicht auf, für die Vögel regelmäßig Futter bereitzustellen. Meisenknödel in Knödelhaltern (also ohne Kunststoffnetze) sind das ganze Jahr über gefragt. Fett ist ein idealer Energielieferant, da Vögel beim Fliegen im Brustmuskel direkt das Fett verbrennen. Wenn Vögel genügend Futter in Garten und Umgebung finden, nutzen sie Ihr Angebot ohnehin nicht. Also: Falsch machen können Sie damit nichts. Auch frisches Wasser ist notwendig, der Klimawandel führt selbst im Frühherbst immer häufiger zu heißen Tagen.

An mehreren heißen Tagen hintereinander nutzen Vögel gern bereitgestellte Tränken.

Der Kleiber traut allerdings dem Braten nicht so recht und sorgt lieber selbst für den Winter vor. Er nimmt Sonnenblumenkerne mit dem Schnabel, aber anstatt sie zu fressen, versteckt er sie in Ritzen der Baumrinde.
Falls Sie alte und hohe Bäume im Garten haben, können Sie den Kleiber bei diesem spannenden Verhalten beobachten. Unterstützen Sie ihn, indem Sie kontinuierlich Sonnenblumenkerne anbieten. Gut auch für die anderen Vögel ist es, geerntete Sonnenblumenblüten mit den Kernen nach oben mithilfe einer Kordel regengeschützt aufzuhängen. Vögel können dann direkt auf der Blüte landen und die Kerne herauspicken. Übrigens lieben sie auch die noch grünen Kerne.

Eichhörnchen füttern

Zum Ende des Frühherbstes kann man beginnen, Eichhörnchen zu füttern. Neben Sonnenblumenkernen lieben sie natürlich Nüsse (mit und ohne Schale) – insbesondere Haselnüsse und Walnüsse, aber auch Trockenfrüchte. Falls das Futterhaus für Vögel groß genug ist, kann man Vögel und Eichhörnchen gemeinsam füttern. Alternativ können Sie spezielle Eichhörnchenfutterstellen aufhängen, die Sie im Fachhandel erhalten.

Fallobst für den Admiral

Nicht geerntete, von Wespen angenagte und halbgegorene Zwetschgen, ein paar Falläpfel, überreife Trauben oder matschige Birnen locken den stattlichen Admiral *(Vanessa atalanta)* in den Garten. Die dunklen Edelfalter erkennt man an der roten Binde und den weißen Flecken auf den Spitzen der dunklen Vorderflügel. Sind die Flügel geschlossen, gehen die Falter eher auf Tarnung. Die Hinterflügel tragen ein kompliziertes Muster in dunkleren Farben. Am Obst tanken die Falter jetzt Energie in Form von viel Zucker für den kräftezehrenden Flug zurück über die Alpen in ihre Überwinterungsgebiete in Südeuropa und Nordafrika. Die Küsten des Mittelmeeres und die daran angrenzenden Regionen sind die eigentliche Heimat und das dauerbesiedelte Gebiet des Admirals. Nach Mitteleuropa und manchmal sogar bis Nordeuropa wandert er jedes Jahr aufs Neue ein, da er hier nicht überwintern kann. Damit das alles nach genetisch einprogrammiertem Plan klappt, sind gute Winde nötig. Sie tragen manche Falter über das Mittelmeer, aber auch über die Alpen, damit sie in Mitteleuropa und im höheren Norden Eier an Brennnesseln legen und eine neue Faltergeneration entstehen lassen. Die geschlüpften Falter saugen an den typischen Schmetterlingsblumen wie Dost, Brombeeren, Flachblatt-Mannstreu *(Eryngium planum)*, Kugeldistel *(Echinops ritro)*, Fetthenne, im Herbst sehr gern an den

Blüten des Efeus. Jede Faltergeneration fliegt entweder nur nach Norden oder nur nach Süden – beide Richtungen schafft keine.

Faltertankstelle einrichten

Falls wenig Fallobst in Ihrem Garten vorhanden sein sollte, können Sie den Faltern auch anderweitig helfen. Rühren Sie Honig in Zuckerwasser. Achten Sie darauf, dass sowohl alle Zuckerkristalle wie auch der Honig komplett aufgelöst sind, damit die Saugrüssel der Falter nicht verstopfen. Dies gelingt am besten, wenn Sie warmes Wasser verwenden. Geben Sie die Mischung in einen flachen Teller oder Blumenuntersetzer und platzieren Sie ihn auf einem etwas erhöhten, sonnenbeschienen Platz. Hier können Sie die Tiere auch noch wunderbar beobachten.

Florfliegen aus dem Haus bringen

Manchmal verirren sich Florfliegen auf der Suche nach einem Überwinterungs- oder Schlafplatz ins Haus. Bringen Sie sie behutsam wieder nach draußen. Auf die Dauer ist es ihnen im Haus viel zu warm und der Kältereiz zum Winterschlaf fehlt.

→ S. 117, Tieren helfen

Fledermaus tagsüber zu sehen

Normalerweise sieht man die nachtaktiven Fledermäuse tagsüber nicht. Hat sich eine ins Haus verflogen und hängt in der Gardine, lassen Sie sie einfach an Ort und Stelle und ermöglichen Sie ihr am Abend, durch ein geöffnetes Fenster wegzufliegen. Hängt die Fledermaus außerhalb des Hauses tagsüber sichtbar oder sitzt am Boden (auch im Haus), wird sie wahrscheinlich geschwächt sein. Setzen Sie sie vorsichtig in einen mit Luftlöchern versehenen Schuhkarton. Tragen Sie dabei unbedingt Handschuhe, denn Fledermäuse können beißen und sogar Tollwut übertragen. Bieten Sie ihr Wasser an. Sie können ihr ein nasses Wattestäbchen unters Mäulchen oder einen Teelöffel mit Wasser seitlich ans Mäulchen halten. Alternativ verwenden Sie eine Spritze ohne Nadel.
Wichtig zu wissen: Fledermäuse verfallen tagsüber in eine Tagesstarre. Daher könnte man meinen, ein Tier sei tot. Sie brauchen rund eine halbe Stunde, bis sie aufgewacht sind. Belassen Sie sie deshalb erst mal an Ort und Stelle und kontrollieren Sie nach einer Weile, ob die Fledermaus die Position geändert hat.
Wenn Sie unsicher sind, wenden Sie sich am besten an einen Fledermausbeauftragten, den viele Städte und Gemeinden benannt haben, oder rufen Sie die Fledermaushotline des NABU an.

→ S. 215, Adressen

Haben Sie eine verletzte Fledermaus mit gebrochenem Flügel gefunden, informieren Sie sich bei der Hotline über kompetente Tierärzte, die auch per Telefon unterstützen können, denn nicht jeder Tierarzt kann eine Fledermaus behandeln. Knochenbrüche heilen bei richtiger Behandlung.

An aufgeplatztem Fallobst tankt der Admiral Energie für den anstrengenden Flug ins Winterquartier.

Taubenschwänzchen – Labkraut

Taubenschwänzchen

+ Echtes Labkraut

+ Raupe des Taubenschwänzchens

Wer kennt nicht das Taubenschwänzchen, das gern Lavendel, Weidenröschen und viele andere Blumen mit nektarreichen Blüten besucht?

Eigentlich ist der blitzschnelle Falter in Mitteleuropa nicht heimisch, denn das Taubenschwänzchen *(Macroglossum stellatarum)* ist ein Wanderfalter, der sich für den Winter auf den Weg über die Alpen nach Südeuropa und bis nach Nordafrika macht. Zunehmend gibt es aber Beobachtungen, dass dieser Falter auch bei uns überwintert.

Das Taubenschwänzchen zählt zu den wenigen Nachtfalterarten in Deutschland, die trotz ihres Namens tagaktiv sind. Manchmal ist es aber auch in der Dämmerung und sogar nachts unterwegs. Es gehört zur Familie der Schwärmer, die sich dadurch auszeichnen, dass sie sich nie auf die Blüten setzen, an denen sie saugen, sondern in der Luft davor stehen bleiben und den Rüssel hineinstrecken. Mit einer Länge von 25–28 mm verschafft er dem Taubenschwänzchen den entscheidenden Vorteil bei langen, schmalen Blütenkelchen, sogenannten Kronröhren, denn hier ist die nektarsammelnde Konkurrenz deutlich geringer. Nach bester Kolibri-Manier vollführt der Falter blitzschnelle Flugoperationen, kann wie ein Hubschrauber im sogenannten Schwirrflug in der Luft stehen bleiben und besitzt sogar einen Rückwärtsgang. 70 bis 90 Flügelschläge sind dazu pro Sekunde notwendig. Zudem können sie bis zu 80 km/h schnell fliegen. Klar, dass solch eine Flugakrobatik und -geschwindigkeit enorm viel Energie kostet. Dieses High-Speed-Programm zählt mit zu den energiezehrendsten Aktionen im ganzen Tierreich. Bei einem Eigengewicht von nur 0,3 g braucht das Taubenschwänzchen täglich 0,5 ml Nektar. Das hört sich erst mal nach nicht allzu viel an, entspricht aber tatsächlich dem doppelten Gewicht des Taubenschwänzchens. Dazu muss es zwischen 500 und 5000 Blütenbesuche absolvieren. (Im Vergleich dazu müsste ein durchschnittlich gewichtiger Mensch täglich ca. 140 kg Nahrung zu sich nehmen.) Taubenschwänzchen zeichnen sich durch ein hervorragendes Gedächtnis aus. Sie kehren Tag für Tag an interessante Nektarquellen zurück und nutzen die gleichen Ruhe- und Schlafplätze oft ein ganzes Falterleben lang.

Seinen ungewöhnlichen Namen hat das Taubenschwänzchen dem zweigeteilten Haarbüschel am Hinterleibsende zu verdanken, das den Schwanzfedern von Tauben ähnelt.

Das Weibchen legt am noch jungen Labkraut jeweils nur ein Ei pro Pflanze ab, damit die Nahrung für die Raupe ausreicht. Zuvor hat sie die Pflanze auf ihre Eignung hin genauestens untersucht. Bis zu 200 Eier legt sie auf diese Weise, die auf den ersten Blick an eine Knospe der Futterpflanze erinnern. Die Raupen sind 45–50 mm lang und variieren von Gelbgrün über Grün bis Rotbraun, Braun oder sogar Grauviolett. Sie knabbern im ausgewachsenen Zustand auch an den obersten Spitzen der Pflanze. Eindeutig zu erkennen sind Raupen von Nachtschwärmern an ihrem Analhorn am hinteren Ende der Raupe. Nach Verpuppung und Schlupf sind die Falter der neuen Generation im August unterwegs.

Das Echte Labkraut *(Galium verum)*, eine Verwandte des Wiesenlabkrauts *(Galium mollugo)* und Klettenlabkrauts *(Galium aparine)*, aber auch des Waldmeisters *(Galium odoratum)*, ist in Eurasien heimisch und eine bezaubernde Wildpflanze mit unzähligen kleinen, filigranen Blättchen und Blüten, die auf nährstoffarmen, kalkhaltigen und hauptsächlich trockenen Wiesen wächst. Sie blüht ausdauernd von Mai bis September intensiv zitronengelb, duftet mindestens genauso intensiv nach Honig und sollte in keinem Vielfaltsgarten fehlen. Wie der Name besagt, enthält die Pflanze – wie alle Labkräuter – Lab und wurde früher für die Käseherstellung verwendet, da Lab Milch zum Gerinnen bringt. Sogar noch heute ist das Echte Labkraut Bestandteil des berühmten englischen Chesterkäses, der durch seine intensiv gelbe Farbe hervorsticht. Diese Pflanze ist möglicherweise sogar ein fester Bestandteil unserer mitteleuropäischen Kultur zur Haltbarmachung von Milch. Der betörend honigartige Duft zieht zahlreiche Schmetterlinge, Fliegen, Wildbienen und auch Käfer an, die für Bestäubung sorgen. Das Echte Labkraut dient auch als Raupenfutterpflanze für den Kleinen Weinschwärmer und – wen verwundert es – für den Labkrautschwärmer *(Hyles gallii)*. Die Gewöhnliche Keulhornbiene *(Ceratina cyanea)* nutzt den Pollen des Echten Labkrauts und wenn Sie ihr zusätzlich aufrecht stehende markhaltige Stängel wie Brombeerruten oder abgeblühte Stängel der Königskerze als Nisthilfe zur Verfügung stellen, können Sie mit etwas Glück diese relativ häufige Art bei ihrem ungewöhnlichen Nestbau beobachten.

Auswirkung des Klimawandels auf Fauna und Flora

Vor Jahren noch ein kümmerliches Wissenschaftler-Pflänzchen, so ist mittlerweile die Existenz des Klimawandels in der Mitte der Gesellschaft angekommen – und in der Natur auch.

Auswirkungen auf Tiere und Pflanzen
Als ob nicht schon genug Faktoren unsere Biosphäre belasten – schließlich liegt die Aussterberate mittlerweile ein 1000- bis 10.000-Faches höher als die natürliche Aussterberate –, setzt der Klimawandel Pflanzen und Tiere weiter unter Druck. Die Auswirkungen sind unterschiedlich und manchmal sieht es auf den ersten Blick so aus, als ob es auch »Gewinner« gäbe. Aber nur auf den ersten Blick.

Besonders mobile Tiere profitieren manchmal von der Klimaerwärmung. So fliegen Blauschwarze Holzbienen, eine ehemals südliche Art, heute bis nach Norddeutschland und Taubenschwänzchen, früher ein reiner Wanderfalter, ziehen nicht nur im deutschsprachigen Raum ihre Nachkommen groß, sondern überwintern mittlerweile auch hier. Auch der Admiral verbrachte früher den mitteleuropäischen Winter in Südeuropa, ja sogar in Afrika und flog nur in den warmen Monaten bei uns ein. Heute kommt er schon bis Skandinavien vor, vereinzelt überwintert er auch bei uns.

Während Tiere eher mobil sind, haben es Pflanzen durchaus schwerer hinterherzukommen, wenn ihnen die klimatischen Bedingungen nicht mehr zusagen. Sie brauchen viel länger, um ein paar Kilometer in kältere Regionen auszuweichen, wenn es ihnen zu heiß wird. Denn Samen fliegen nicht so weit. Gerade Bäume benötigen besonders lange, um zu fruchten und wieder ein Stückchen weiter in Richtung Kühle zu kommen.

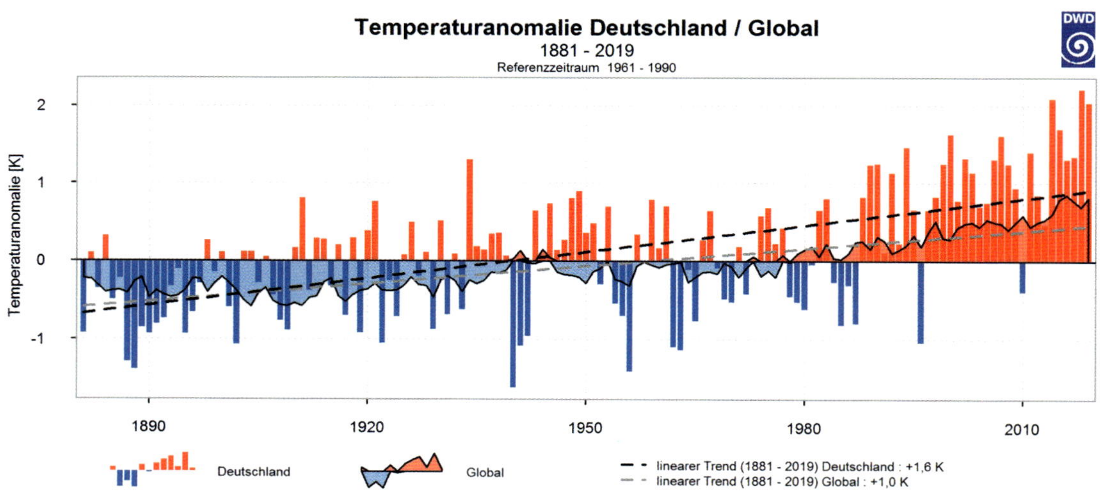

Die Klimaerwärmung führt dazu, dass es vielen Tier- und Pflanzenarten zu warm wird.

Der Vielfaltsgarten wird zum Trittstein für wandernde Tierarten.

Aber nicht nur das Wandern wird zum Problem, sondern auch die Synchronisation innerhalb eines Ökosystems. Perfekt aufeinander abgestimmt erscheinen im Jahresverlauf Blüten und deren Bestäuber. Mittlerweile verschiebt sich der mitteleuropäische Frühling innerhalb von 10 Jahren um 2,5 Tage nach vorn. Bestäuber bekommen das aber oft nicht mit, da ihr Entwicklungszyklus auch auf die Tageslänge abgestimmt ist. Sie schlüpfen erst dann, wenn ihre Blüten bereits unbestäubt verblüht sind.

Zum Gelingen des Weiterziehens zählt nicht nur die Anpassungsfähigkeit der jeweiligen Art, sondern auch, ob es überhaupt geeignete Lebensräume in den neuen Gebieten gibt. Wandern dann ein paar mobile Arten zu, kann das komplexe Zusammenleben in Ökosystemen mit seinen vielfältigen Interaktionen zwischen Pflanzen und Tieren aus dem Rhythmus geraten. Keine Frage, dass diese Turbulenzen Konsequenzen haben. Neu eingewanderte Pflanzen und Tiere müssen die Aufgaben von bereits ausgefallenen Arten übernehmen, jedoch stets verbunden mit dem Risiko, dank mangelnder Konkurrenten zu invasiven Arten zu werden und die Ökosysteme zusätzlich zu belasten.

Für diejenigen, denen es aber nicht gelingt, schnell genug weiterzuziehen, die nicht anpassungsfähig genug sind oder die an natürlichen Barrieren wie Bergketten oder Meeren scheitern, wird es knapp. Denn der Klimawandel läuft deutlich schneller ab, als genetische Anpassungen stattfinden können. So würde bei einem Temperaturanstieg um schätzungsweise 2 °C jede vierte Art in wenigen Jahrzehnten dem Klimawandel zum Opfer fallen. Bis zu 30 Prozent aller heimischen Tier- und Pflanzenarten könnten im deutschsprachigen Raum bis 2080 bereits verschwunden sein. Falls die Klimaerwärmung die Zwei-Grad-Marke übersteigt, rechnen Forscher sogar mit einer Aussterberate von bis zu 50 Prozent. Daher sind Klima- und Naturschutz keinesfalls voneinander zu trennen.

→ S. 70, Biodiversität

Verlierer der Erwärmung könnten ganz besonders kälteresistente Arten sein und solche, denen Trockenstress besonders zusetzt. Beispiele dafür sind die Alpenrose, temperaturempfindliche Fischarten wie die Bachforelle oder auch Transsaharazieher wie der Gartenrotschwanz.

Gärten als Trittsteine für Lebewesen

Dass sich Klima ändert, ist in der Erdgeschichte nicht neu. Bisher erfolgten diese Temperaturänderungen allerdings über mehrere Jahrhunderte, wenn nicht gar Jahrtausende hinweg und Pflanzen und Tiere konnten mitwandern und manchmal sich auch ein Stück weit evolutionär anpassen. Das Problem des menschgemachten Klimawandels auf die Ökosphäre ist die Geschwindigkeit, mit der er sich vollzieht. Denn das wichtigste, was Evolution braucht, ist Zeit. Der zweite Knackpunkt: Unsere durchkultivierte Landschaft, unsere Infrastruktur und unsere Wohn- und Industriebebauung hat viele Fluchtkorridore in kühlere Regionen zerstört, hat für viele Organismen unüberwindbare Barrieren geschaffen. Sowohl Pflanzen als auch Tiere brauchen aber gerade jetzt mit dem Druck von weiteren Temperaturerhöhungen dringender denn je Korridore und Trittsteine für ihre »Flucht« gen Kühle. Und das sowohl in der freien Landschaft als auch in bebauten Bereichen. Wir können mit unseren Gärten dazu beitragen und wichtige Trittsteine, aber auch Lebensräume schaffen. Schließlich sind mehr als ein Prozent der Gesamtfläche Deutschlands Gärten.

VOLLHERBST

Die Laubbäume präsentieren sich in ihren schönsten Herbstfarben. Werden die Quitten gelb und der Efeu steht in voller Blüte, kündet sich der Vollherbst an. Jetzt ist die Flugzeit der Efeu-Seidenbienen, die auf den Pollen des Efeus spezialisiert sind. Zahlreiche Schmetterlinge wie Admiral und C-Falter, aber auch neue Hummelköniginnen nutzen diesen letzten Zuckershot, bevor sie auf lange Reisen über die Alpen oder in die Überwinterung gehen.

Planen und pflanzen

Auch in eine Hecke können Sie niedrig bleibende Bäume wie bestimmte Weidenarten oder Eberesche integrieren. Planen Sie jetzt!

Bäume und Sträucher pflanzen

Planen Sie jetzt die Pflanzung von Bäumen und Sträuchern für den Spätherbst oder Winter. Gerade für heimische, regionale Pflanzen gestaltet sich die Beschaffung noch immer nicht ganz einfach. Orientieren Sie sich an den Pflanzvorschlägen im Anhang und achten Sie auf fruchtende Nährgehölze und unterschiedliche Arten. Ganz egal, ob als Solitärpflanze, als Gruppe oder als Hecke. So schaffen Sie beste Voraussetzungen für einen Vielfaltsgarten.

→ S. ab S. 200, Tabellen

Die leuchtenden Beeren der Eberesche locken viele Vögel in den Garten.

Pflanzarbeiten

Klassische Pflanzarbeiten stehen im Herbst an, aber auch für das Entfernen invasiver Stauden ist der richtige Zeitpunkt

Zwiebeln von Frühlingsblühern stecken

Pflanzen Sie die hoffentlich vielen Blumenzwiebeln der Frühjahrsblüher am besten doppelt so tief, wie sie hoch sind. Bei undurchlässigem Boden sollten Sie das Pflanzloch tiefer ausheben und unter die Zwiebeln Sand oder feinen Kies als Drainageschicht geben. Zwiebeln mögen keine Staunässe, da sie dann faulen.

Invasive Stauden entfernen

Zumindest die für Deutschland geltenden beiden invasiven Arten Kanadische Goldrute *(Solidago canadensis)* und Vielblättrige Lupine *(Lupinus polyphyllus,* zur Proteingewinnung wachsen auf den Feldern andere Arten, die heimisch bzw. nicht als invasiv gelten) sollten Sie schnellstmöglich entfernen und im Hausmüll entsorgen. Ihre Samen wandern schnell in die freie Landschaft, so wie es bereits mit ihnen und ebenso mit dem Indischen Springkraut geschehen ist, und stellen eine zusätzliche Quelle dieser expansionsfreudigen Arten dar.

Selbst die Drüsenblättrige Kugeldistel *(Echinops sphaerocephalus),* die auch Bienen-Kugeldistel genannt wird, sollten Sie entfernen, denn sie steht in Verdacht, ein invasiver Neophyt zu sein. Einige deutsche Bundesländer starten bereits großangelegte Aktionen, sie aus ihren Naturschutzgebieten zu entfernen. Pflanzen Sie stattdessen die Ruthenische Kugeldistel *(Echinops ritro),* die fast genauso aussieht, aber mit 80–100 cm deutlich niedriger bleibt als die bis zu 180 cm hoch werdende Drüsenblättrige Kugeldistel. Unterscheiden kann man beide Arten auch an den feinen Blütenblättern: Bei der Ruthenischen Kugeldistel sind sie kräftig blau gefärbt, bei der Drüsenblättrigen Kugeldistel hingegen eher grau bis metallisch weißlich, manchmal auch gräulich blau angelaufen. Nur ihre Staubblätter weisen das beliebte Blau auf. Wenn Sie schon dabei sind, entfernen Sie ggf. noch weitere invasive Arten.

→ S. 54, Invasive Arten

Stauden pflanzen

Jetzt ist die ideale Zeit, heimische Stauden zu pflanzen. Wenn Sie jetzt beispielsweise eine Wegwarte pflanzen, können Sie im nächsten Sommer ihr »Blaues Wunder« erleben. Sie sind die Witterungsbedingungen unserer Breiten gewohnt und wurzeln gut im Herbst und an günstigen Tagen im Winter ein. Vorteil einer Pflanzung zu dieser Zeit: Sie müssen im Vergleich zu einer Pflanzung in den Frühlings- und Sommermonaten kaum gießen. Arbeit und Ausfälle werden dementsprechend niedriger sein.

➢ **In sehr mageres Substrat pflanzen:** Graben Sie ein etwas tieferes Loch, geben etwas Kompost als Starthilfe hinein, gießen den Kompost ungefähr mit 1 l Wasser, damit sich die Wurzeln der Staude direkt nach unten orientieren und später nicht so viel gegossen werden muss. Nehmen Sie die Staude aus dem Topf, durchtrennen Sie stark durchwurzelte Ballen an den Seiten und am Boden, damit frisches Wurzelwachstum angeregt wird und die Wurzeln nach außen und unten wachsen.

➢ **In fetten oder verdichteten Boden pflanzen:** Heben Sie ein größeres Loch aus und magern die herausgenommene Erde mit etwas Sand ab bzw. machen sie durchlässiger, um Staunässe zu verhindern. Die meisten Wildpflanzen mögen keine Staunässe, es sei denn, es sind Feuchtigkeits- und Sumpfpflanzen. Grundsätzlich sollten Sie einen Gießrand mit dem ausgehobenen Erdreich bilden, denn die Wurzeln sind noch nicht so gut ausgebildet und Frühjahre und Sommer werden immer trockener und wärmer wegen des Klimawandels, sodass Sie notgedrungen im ersten Jahr gießen müssen. Übrigens: Fest eingewurzelte Stauden bekommt man leichter aus dem Topf, indem man den Rand des Topfes vorsichtig kopfüber auf einen Stein oder einen anderen harten Gegenstand klopft.

Garten nicht aufräumen

»Den Garten fertig machen«, das brauchen Sie in einem Vielfaltsgarten nicht, lassen Sie vielmehr alles wie es ist. Die Tiere sind dankbar.

Wildblumenwiese zum Teil stehen lassen

Manche Falter überwintern als Ei wie der Kronwicken-Bläuling *(Plebejus argyrognomon)*, Brombeer-Perlmutterfalter *(Brenthis daphne)* oder Mädesüß-Perlmutterfalter *(Brenthis ino)*. Sie legen ihre Eier an den abgeblühten Stängeln der Raupenfutterpflanzen ab, damit der Nachwuchs im nächsten Frühjahr als Raupe sicher genügend Futter findet. Aber auch die Schmetterlingsarten, die als Puppe überwintern, hängen bereits an ihren Raupenfutterpflanzen. Deswegen sind Raupenfutterpflanzen sogar im Winter wichtig und sollten nicht gemäht werden.

Unvollständige Obsternte

Gönnen Sie den Tieren während der letzten warmen Sonnenstrahlen eine Energietankstelle in Form von hängen- oder liegengelassenem Obst. Dieser Zuckershot kann unter Umständen noch als wichtige Energiespritze für viele Tiere dienen, sei es vor der Winterruhe oder vor einem langen Flug ins Winterquartier.

Blätter liegen lassen

Lassen Sie im Herbst Blätter außer auf den Wegen einfach im Garten liegen. Im Vielfaltsgarten können Sie schließlich keinen Golfrasen zerstören. Die meisten Schmetterlingsarten überwintern als Raupen und können sich gut unter Laub verkriechen. Aber auch Marienkäfer graben sich gern tief in Laubschichten und -haufen hinein. Sie werden sehen, im nächsten Frühjahr hat sich die Menge an Laub deutlich reduziert. Gerade auf den Beeten haben Regenwürmer intensive Arbeit geleistet und Blätter in ihre Gänge gezogen. Aber auch viele andere Destruenten waren bereits am Werk, wie Kellerasseln oder verschiedenste Käferarten. Das Laub von den Wegen dient zum Mulchen unter Sträuchern, auf Gemüsebeeten oder zum Einpacken der Igelkiste.

Laubbläser oder -sauger meiden

Falls Sie doch an der ein oder anderen Stelle Laub entfernen müssen, z.B. von der Blumenwiese, nehmen Sie dazu einen Laubfeger, keinesfalls einen Laubbläser oder -sauger. Mit Letzteren würden Sie viele Insekten vernichten, die bereits Schutz unter den Blättern gesucht haben, da in seinem bis zu 220 km/h schnellen Luftstrom kein Insekt überleben kann.

Bokashi

Eine Alternative zu Kompost aus Küchenabfällen oder auch Rasenschnitt ist selbst fermentiertes Bokashi.

Bokashi selbst herstellen

Selbst fermentiertes Bokashi erhöht im Boden direkt an Ort und Stelle die Vielfalt und kann gerade bei sehr verdichteten Lehmböden lockere Bodenstrukturen schaffen und gleichzeitig längerfristig Dünger zur Verfügung stellen. Dies ist für Beerensträucher, aber auch für Gemüsepflanzen eine wichtige Grundlage für ihr Gedeihen. Während Kompost unter Sauerstoffzufuhr entsteht, d.h. das organische Material wird hauptsächlich durch aerobe Bakterien und weitere Destruenten wie Asseln, Regenwürmer und Hundertfüßer verstoffwechselt, so fermentiert Bokashi mithilfe von Bakterien und Hefen unter Luftabschluss – also unter anaeroben Bedingungen. Jeder kennt fermentierte Produkte in Form von Sauerkraut, aber auch Joghurt und Kefir, die dadurch besser verdaulich werden. So entsteht beispielsweise Milchsäure, die auch für die meisten Menschen positiv wirken kann. Mithilfe von Effektiven Mikroorganismen (→ rechts) können Sie Bokashi selbst herstellen.

Den Zersetzungsprozess direkt ins Beet zu verlegen, wo die Nährstoffe gebraucht werden, hat mehrere Vorteile:

1. Würmer und andere Destruenten werden angelockt und lockern dabei den Boden auf.
Durch ihre Fortbewegung entstehen ständig neue Gänge und Röhren. Dies belüftet den Boden optimal, Regenwasser kann im Gegensatz zu verdichteten Böden leichter versickern und dadurch vor allem längerfristig im Boden gespeichert werden. Gerade bei immer heißer werdenden Sommern und stärker ausfallenden Regenfällen eine gute Strategie.
2. Außerdem soll eine Vorfermentation mit EM-a-Lösung (→ rechts) die Reproduktionsrate bei Erdwürmern verbessern und für ein gutes Milieu für die nachfolgende Wurmkompostierung im Beet sorgen.
3. Die Nährstoffe werden durch den fortschreitenden Abbauprozess erst nach und nach freigesetzt, stehen somit den Pflanzen direkt vor Ort länger zur Verfügung, statt auf einmal ins Beet zu gelangen wie beim Kompost und bei viel Regen auch ausgespült zu werden.
4. Neueste Studien legen nahe, dass eine durch Milchsäurebakterien produzierte Substanz (3-Phenylmilchsäure) sogar das Wachstum von Wurzeln anregt.

So geht's

- Wenn möglich, organisches Material zerkleinern (ist aber nicht unbedingt nötig), in einen luftdicht verschließbaren Behälter geben, bei dem das entstehende Sickerwasser separat aufgefangen wird, z.B. einen Bokashi-Eimer, oder ablaufen kann. Alternativ kann man auch größere Behälter verwenden, wie eine Tonne, in die Sie am Boden Löcher bohren, oder größere Plastiksäcke mit im unteren Bereich hineingestochenen Löchern. Bei diesen Gefäßen läuft das Sickerwasser direkt in den Boden.
- Mit einer EM-a-Lösung animpfen und so festdrücken, dass sich keine Luft mehr zwischen dem Material befindet. Der Prozess läuft unter Sauerstoffabschluss am besten ab.
- Mit einer Plastiktüte das Material abdecken und mit einem flachen Stein oder Ähnlichem beschweren und so für einen Luftabschluss nach oben hin sorgen.
- Sie können den Bokashi-Eimer im Haus, die größeren Behälter im Garten schattig aufstellen. Am günstigsten ist es, diese Behälter in eine Ecke des Gemüsebeetes zu stellen oder in der Nähe von Starkzehrern wie Brombeeren oder Rhabarber unterzubringen, dann befinden sich die Nährstoffe an Ort und Stelle.
- Nach 3–4 Wochen, je nach Umgebungstemperatur, ist der Fermentationsprozess abgeschlossen. Das Produkt riecht fein säuerlich. Jetzt kann das fermentierte Material weiterverwendet, aber auch länger aufbewahrt werden.

Alternativ können Sie das Bokashi genauso gut über den Winter im Garten aufbewahren und im Frühjahr erst einsetzen. Auch den Winter über können Sie weiterhin Bokashi herstellen. Sie benötigen lediglich entsprechend viele oder große

Behältnisse. Der Fermentationsprozess ist durch die Kälte zwar gebremst, läuft aber bei Erwärmung weiter.

So wird Bokashi weiterverarbeitet

➢ Arbeiten Sie das Material großflächig auf einer leeren Fläche oder mit 25 cm Abstand zu bereits vorhandenen Pflanzen ins Gemüsebeet ein oder bringen Sie es unter starkzehrende Gemüsesorten direkt beim Pflanzen ein. Es muss immer mit Erde bedeckt sein, bevor die Pflanze in das Pflanzloch kommt.

➢ Bei der Pflanzung von Beerensträuchern, anderen Sträuchern, Obstbäumen oder anderen Pflanzen zuunterst ins Pflanzloch geben.

➢ Wenn direkt mit Bokashi gepflanzt wird, sollten Sie unbedingt berücksichtigen, dass Sie das Pflanzloch mindestens 30 cm tiefer als sonst ausheben, eine ca. 15 cm dicke Bokashischicht hineingeben, festdrücken und nochmals 10–15 cm Erde darübergeben. Das verhindert, dass die Wurzeln mit den Säuren des Bokashis direkt in Kontakt kommen. Nach kurzer Zeit im Boden hat sich der pH-Wert des Bokashis abgemildert, schadet den Wurzeln nicht mehr und viele Zersetzer werden bereits vom Geruch angelockt.

Der Sickersaft entspricht einer hochkonzentrierten Düngerlösung, die Sie 1:500 verdünnt für die Düngung von Beerensträuchern, Obstbäumen, Gemüsepflanzen, Zimmerpflanzen verwenden können. Sie lässt sich über mehrere Monate bis Jahre problemlos aufbewahren. Ambitionierte Dauerfermentierer können die EM-a-Lösung selbst herstellen.

→ S. 215, Bücher

Effektive Mikroorganismen (EM)

Dies ist eine definierte Mischung aus unterschiedlichen aeroben, d.h. sauerstoffliebenden und anaeroben Mikrooganismen wie Milchsäurebakterien und Hefen, die durch Zufall von Prof. Teruo Higa in Japan entdeckt wurde. Die EM-a-Lösung wird mithilfe von Zuckerrohrmelasse und einer Urtinktur aus Bakterien fermentativ hergestellt.

Igel noch unterwegs?

Sobald die Temperatur längere Zeit unter 10 °C fällt, suchen sich Igel zu Beginn des Vollherbstes ihr Winterquartier.

Zuerst begeben sich Igelmännchen in den Winterschlaf, Weibchen brauchen noch etwas länger, um die Strapazen der Jungenaufzucht zu kompensieren und Gewicht zuzulegen. Den Schluss machen die Igelkinder, da sie das Überwinterungsgewicht von 500 g noch aufbauen müssen. Normalerweise verdoppeln Igelkinder, die noch spät im Jahr – August bis September – geboren werden, in nur drei Wochen ihr Gewicht mit jetzt reichlich vorhandenen Würmern, Käfern, Fallobst, Pilzen. Damit sollten sie für den Winterschlaf gut gewappnet sein. Spätestens am Ende des Vollherbstes sollten sie sich aber auch in den Winterschlaf begeben. Finden Sie jetzt noch frischen Igelkot, ist klar, dass ein Igel entweder noch auf der Suche nach einem Platz ist, zu wenig Gewicht für den Winterschlaf aufbauen konnte oder anderweitig krank ist. Typischer Igelkot ist bleistiftdick, 2–5 cm (altersabhängig) lang, hat spitz zulaufende Enden und eine feste Konsistenz. Die Farbe variiert von gelblich bis schwarz. Igel koten während des Gehens, weshalb keine Häufchen entstehen. Er ist deutlich von anderen nachtaktiven Tieren zu unterscheiden.

Seine Anwesenheit verrät der Igel oft durch seinen charakteristischen Kot.

Auf Entdeckungstour

Neben Kleibern, die Sonnenblumenkerne hinter Baumrinde als Wintervorrat verstecken, gibt es noch viele andere Tiere zu beobachten.

Grünspecht auf Ameisenjagd

Der Grünspecht ernährt sich von Ameisen – bis zu 2000 Stück pro Tag bleiben an seiner klebrigen Zunge hängen. Immer wieder sieht man ihn auf freien Flächen im Garten am Boden auf der Suche nach Ameisen. Er wird deswegen auch als Erdspecht bezeichnet. Viel schöner jedoch ist sein Spitzname »Lachvogel«, den ihm sein unverkennbarer »ha-ha-ha-ha«-Ruf eingebracht hat. Wichtig für seine Anwesenheit sind ältere Bäume im Umkreis. Streuobstwiesen bilden mit dem Wechsel aus alten Bäumen und Wiesenflächen den perfekten Lebensraum.

Wacholderdrosseln und Vogelbeeren

Wacholderdrosseln nutzen gern die Beeren des Wacholders, daher ihr Name. Sie räumen aber auch gern mal die Beeren des Vogelbeerbaums ab. In Scharen fallen die amselgroßen, grau-braun gemusterten Vögel ein und nach kurzem, dafür riesigem Spektakel fehlt von den roten Früchten und den Tieren jede Spur. Als Kurzstreckenzieher oder Standvögel kann man sie bei uns ganzjährig antreffen. In einem Vielfaltsgarten finden sie reichlich Futter in Form von Würmern, Schnecken und Insekten, aber auch von fruchtenden Sträuchern und Bäumen.

Zugvögel am Futterhaus

Jetzt bietet das Futterhaus die Möglichkeit, Teilzieher und Zugvögel bei einer stärkenden Rast zu beobachten. Erlenzeisige füllen ihre Energievorräte auf, bevor sie in die Mittelmeerländer und bis Nordafrika ziehen. in Trupps belagern die munteren Vögel dann für ein paar Tage das Futterhaus. Auch der Bergfink taucht jetzt am Futterhaus auf. Aus Skandinavien, Russland und Sibirien zieht er in großen Schwärmen südwärts zum Überwintern in die Mittelmeerländer. Aber auch Mönchsgrasmücken nehmen gern getrocknete Beeren am Futterhaus zu sich, bevor es ins Winterquartier geht.

Marienkäfer suchen ein Winterquartier

Sobald die Sonne noch mal wärmt, sieht man die Marienkäfer auf der Suche nach einem Winterquartier und nach Artgenossen. Denn gern überwintern sie in Gesellschaft unter liegen gebliebenem Laub, unter Moos, Steinen, Laubhaufen im Gehölz, in Hohlräumen, Holz oder im selbst gebauten Marienkäferkasten, aber auch mal in Vogelnistkästen.

Marmorierte Baumwanze sucht Winterquartier

Ein weniger gern gesehenes Tier sucht jetzt ebenfalls nach einem Überwinterungsort. Die Marmorierte Baumwanze *(Halyomorpha halys)*, ein invasiver Neozoon, verkriecht sich gern in Mauerritzen, Blumenkübeln oder auf Dachböden und ist jetzt auf der sonnenbeschienen Hausfassade zu sehen. Nicht töten, da sie leicht zu verwechseln ist mit heimischen Wanzen wie der Grauen Gartenwanze *(Rhaphigaster nebulosa)* oder der Spitzbauchwanze *(Troilus luridus)*.
Unterscheidungsmerkmale sind die langen, schwarz-weiß geringelten Fühler, die ungefähr zwei Drittel des Körpers entsprechen, bei den heimischen Wanzen erreichen sie lediglich eine halbe Körperlänge, sowie eine typische Querreihe von fünf hellen Flecken unterhalb des Halsschildes, die den heimischen Vertretern fehlt. Der Kopf der Marmorierten Baumwanze erscheint länglich rechteckig, der der Gartenwanze eher dreieckig. Sie überwintert als erwachsenes Insekt.
Diese Art ist gefürchtet, da über 300 Pflanzenarten, darunter auch viele Obst- und Gemüsepflanzen, auf ihrem Speiseplan stehen, wie z.B. Ahorn, Weiden, Platanen, Äpfel, Birnen, Pflaumen, Kirschen, Himbeeren, Tomaten oder Paprika. Sie saugt an den Pflanzen, aber auch an den Früchten und gibt dabei Speichel ins Gewebe der Pflanzen ab, der den Geschmack verändert. Es entstehen Deformationen und dunkle, eingefallene Stellen, wodurch die ganze Ernte von Obstbauern gefährdet ist. Die Suche nach heimischen Fressfeinden läuft auf Hochtouren. Schlupfwespen stehen im Fokus.

Igeln helfen

Vermuten Sie noch einen Igel auf Nahrungssuche im Garten oder haben Sie sogar tagsüber einen kleinen Igel gesehen, sollten Sie ihm helfen.

➢ Sie können versuchen, ihn mit Futter auf das nötige Überwinterungsgewicht von 500 g zu bringen. Als Insektenfresser haben Igel nur einen kurzen, gerade verlaufenden Magen-Darm-Bereich und damit verbunden eine kurze Verweilzeit der Nahrung im Darm. Deshalb sollte die Nahrung darauf abgestimmt sein. Am besten bieten Sie ihm hochwertiges Katzen- oder Hundefutter mit 60 Prozent Fleischanteil, aber ohne Gelee (abspülen) an, kombiniert mit gekochtem Ei oder Rührei (ungewürzt und ohne Milch).
➢ Halten Sie Ihren Komposthaufen im unteren Bereich zugänglich. Igel finden hier zahlreiche Käfer und Würmer.
➢ Ist der Igel viel zu klein oder zu schwach, als dass Sie ihn aufpäppeln könnten, heißt es handeln. Als Wildtiere dürfen Igel nur aus triftigem Grund der Natur »entnommen« werden. Fassen Sie ihn nur mit Handschuhen an. Sie haben meist eine Menge Flöhe. Setzen Sie ihn in einen mit Zeitungspapier ausgelegten größeren Karton und erkundigen Sie sich nach Personen, die Igelpfleglinge aufnehmen. Falls Sie selbst den Igel betreuen möchten, informieren Sie sich auf den Seiten des Vereins pro-Igel.de. Der Aufwand ist nicht unerheblich. Wirkt der Igel krank oder weist der Igelkot eine grünliche Färbung und eine weiche Konsistenz auf, sollten Sie das Tier zu einem Tierarzt bringen, der sich in der Behandlung mit Igeln auskennt.

Sonstige Igelgefahren bannen

Igel mussten den Menschen in die Siedlungen folgen, da ihr Lebensraum in der durchoptimierten Landwirtschaft verloren ging. Deshalb tragen wir ihnen gegenüber eine besondere Verantwortung.
➢ Setzen Sie keinen Mähroboter ein. Sie zerhäckseln nicht nur Insekten, Würmer und Schnecken, die in Bodennähe leben, sondern auch Igel. Als Abwehr rollen sich die Stacheltiere ein statt zu fliehen und können so unter oder an das Messer geraten.
➢ Vor dem Einsatz von Rasentrimmern oder Motorsensen unbedingt den zu bearbeitenden Bereich abgehen und kontrollieren, ob nicht ein Igel zusammengerollt seinen Tagesschlaf hält.
➢ Keine Ultraschallgeräte zur Katzen- oder Marderabwehr einsetzen. Auch Igel hören im Ultraschallbereich und müssen solche Gärten verlassen.
➢ Keine Chemie im Garten einsetzen. Schneckenkorn, Unkrautvernichter, Insektizide unterscheiden nicht nach »Schädlingen« und »Nützlingen«. Damit würde man dem Igel die Nahrungsgrundlage entziehen und ihn vergiften.
➢ Absturzgefahren im Garten und am Haus entschärfen: In steilwandigen Gartenteichen können Igel ertrinken. Sorgen Sie für Ausstiegshilfen durch ein schräg angelegtes Brett. In Kellerschächte oder außenliegende Kellertreppen können gerade Jungtiere fallen und verdursten oder verhungern. Schächte sollten mit einem Gitter abgedeckt und regelmäßig kontrolliert werden. Bei der Kellertreppe hilft wie im Teich ein angelegtes Brett.
➢ Gefährlicher Müll: Nicht nur gelbe Säcke, auch achtlos weggeworfene Dosen, Becher, Plastikteile, Zigarettenkippen oder verloren gegangene Masken können zur tödlichen Falle für Igel werden. Igel suchen in den Behältnissen nach Futter, können darin stecken bleiben, sich erdrosseln, an Kippen vergiften oder an verdorbenen Lebensmittelresten infizieren. Hängen Sie deshalb nach Möglichkeit gelbe Säcke vom Boden weg an den Gartenzaun oder legen sie anderweitig erhöht ab. Lassen Sie keinen Müll zurück.
➢ Holzhaufen nicht abbrennen: Holzstapel, die Sie über längere Zeit gesammelt haben oder auch nur einen Tag aufgeschichtet haben, locken Igel für Winter- und Tagesschlaf an und werden so zur tödlichen Falle. Hier verbrennen sie bei lebendigem Leib. Auch andere Tiere wie Spitzmäuse oder Wildkaninchen können sich hier verkrochen haben. Deshalb: Verzichten Sie ganz aufs Abbrennen oder errichten Sie die Holzstapel erst direkt davor (Oster-, Sonnenwendfeuer).

Efeu – Efeu-Seidenbiene

Efeu mit zwei Blattformen

+ Efeu-Seidenbiene

+ Bodennister

An den nektarreichen Blüten des Efeus kann man im Herbst zahlreiche Insekten beobachten.

Efeu *(Hedera helix)* weist drei nennenswerte Besonderheiten auf:

1. Der Efeu ist die einzige mitteleuropäische Pflanze mit Haftwurzeln und damit auch der einzige Wurzelkletterer. Diese Haftwurzeln entstehen tatsächlich durch eine Art Metamorphose. Metamorphose scheint also nicht nur für die Tierwelt reserviert zu sein und verläuft so: Wenn der Same einer Pflanze keimt, schiebt sich zunächst eine lange, dünne Wurzel in die Erde. Es erhebt sich daraufhin die Sprossachse und die Keimblätter erscheinen. Jetzt passen sich die drei Grundorgane der Pflanze, Wurzel, Spross und Blatt, an ihre Lebensbedingungen an. Dies führt unter Umständen im Falle der Wurzel zu einer Speicherknolle und es entsteht eine Rübe. Beim Efeu hingegen werden Wurzelanlagen zu Haftfüßchen umfunktioniert und schon wird er zum Wurzelkletterer.

2. Er zeigt Heterophilie, das bedeutet, dass unterschiedliche Blattformen an einer Pflanze vorkommen. So weisen die jungen Triebe immer die efeutypischen 3- bis 5-lappigen Blätter auf. Die erst nach etlichen Jahren auftauchenden fruchtbaren Triebe, die die Blüten bilden, zeigen elliptisch geformte Blätter.

3. Der bis zu 500 Jahre alt werdende Efeu blüht erst ab einem Alter von 10 Jahren – ganz ungewöhnlich für unsere Breiten – im Früh- und Vollherbst. Jetzt zeigt er seine recht unscheinbaren gelb-grünen Blüten, die es aber in sich haben. Sie liefern Nektar und Pollen im Überfluss. Sein immergrünes Kleid galt lange als Symbol des ewigen Lebens und einer ewigen, den Tod überwindenden Treue

Viele Insekten nutzen diese späte Blüte, um sich mit Nektar und Pollen zu versorgen. So auch der Admiral und der Distelfalter, die hier nochmals Nahrung finden, bevor sie sich auf den anstrengenden Flug über die Alpen aufmachen. Aber auch über 20 Schwebfliegenarten, Wespen, Hummeln, Bienen und weitere Falter wie Tagpfauenauge, Kleiner Fuchs und C-Falter sind jetzt an ihm zu finden.

Am Nektar in seinen offenen Blüten können sich selbst Käfer wie Marienkäfer und Ameisen gütlich tun. Aber nicht nur die Blüten zur ungewohnten Zeit tragen zu seinem unschätzbaren ökologischen Wert bei. Im dichten Efeugeflecht fühlen sich viele Vögel wohl wie Amsel, Zilpzalp, Sommergoldhähnchen oder Zaunkönig. Auch Rotkehlchen bauen in Bodennähe gern ihr Nest in einen dichten Efeu. Vielen anderen Kleintieren wie Spinnen, Käfern, Wanzen und Asseln bietet er Lebensraum und stellt damit auch den größeren Tieren Nahrung zur Verfügung. Er selbst wird auch zum Nahrungslieferant: Amseln, Spechte, Stare und Drosseln lieben seine für den Menschen giftigen Beeren. Früher verfütterte man an Ziegen und Schafe in langen und schneereichen Wintern seine ungiftigen Blätter.

Da der Efeu kein Schmarotzer ist, schadet er auch nicht, wenn er Bäume emporklettert. Sei Blätterkleid schützt sogar den Stamm vor zu starker Sonneneinstrahlung. Selbst an intakten Fassaden kann der Efeu keinen Schaden anrichten. Er darf nur nicht in Rolladenkästen, unter Verkleidungen und Dachschindeln wachsen. Seine Triebe wachsen weg vom Licht, weshalb er an Südwänden oder sehr hellen Wänden nicht gut gedeiht. Wenn er sich wohlfühlt und eine Hausfassade begrünt, erzeugt er eine beachtliche Isolationswirkung von bis zu 30 Prozent.

Eine Bienenart hat sich sogar voll und ganz auf Efeu spezialisiert: Die Efeu-Seidenbiene *(Colletes hederae)*. Erstmalig 1993 beschrieben, war sie nur im Südwesten Deutschlands bekannt. Mittlerweile aber hat sie sich wahrscheinlich im Zuge des Klimawandels über den gesamten deutschsprachigen Raum stark verbreitet und wurde 2019 erstmals sogar in Berlin und Brandenburg nachgewiesen. Sie fliegt von Ende August bis in den November hinein und sammelt nur notgedrungen auch an anderen spätblühenden Pflanzen wie Herbstzeitlosen.

Ihre Nester baut die Efeu-Sandbiene gern in sandigen oder lösshaltigen Boden, zum Teil auch in größeren Ansammlungen. Gern nutzen sie auch die Brutanlagen des vorherigen Jahres wieder. So wächst die Kolonie von Jahr zu Jahr. Manchmal wählen die Bienen dafür auch Sandkästen in Kindergärten. Zwar mussten diese Bereiche des Sandkastens für das Spielen gesperrt werden, die Kinder konnten aber das Treiben dieser Bienenart direkt beobachten. Der Hauptgang, von dem die Brutzellen abzweigen, kann bis zu 60 cm tief gehen. Die Bezeichnung »Seidenbiene« stammt vom Interieur der Brutzellen. Die Biene kleidet diese mit einem natürlichen Polyester, einer cellophanartigen Substanz, aus, um sie trocken zu halten.

Stickstoff – Segen und Fluch zugleich

Obwohl eines der wesentlichen Elemente und in allen Zellstrukturen präsent, ist pflanzenverfügbarer Stickstoff natürlicherweise grundsätzlich Mangelware.

Zwar gibt es Stickstoff im Überfluss in der Luft – 78 Prozent der Luft bestehen aus Stickstoff –, nur leider eben in einer sehr stabilen Form als N_2, sodass Pflanzen und Tiere ihn nicht verstoffwechseln können. Deswegen haben sich fast alle Pflanzen evolutionär an diesen Mangelzustand gewöhnt und vielfältigste Spezialisierungen entwickelt, mit denen sie ökologische Nischen besetzen. Es ist die Basis für die Artenvielfalt weltweit. Stickstoff (N_2) ist deshalb so stabil, weil die beiden Stickstoffatome über eine Dreifachbindung miteinander verknüpft sind, die nahezu unkaputtbar ist. Es gibt nur drei natürliche Möglichkeiten, diese Verbindung zu knacken und ihn Pflanzen zur Verfügung zu stellen:

Der hohe Stickstoffeintrag in den Waldboden fördert Starkzehrer wie die Brombeere.

1. Blitze: Entladen sich Blitze, wird so viel Energie freigesetzt, dass der Luftstickstoff mit Sauerstoff zu Stickoxiden (NO_x) reagiert. NO_x ist bester Dünger, auch bekannt als Nitrate.

2. Verbrennung: Hier entsteht genügend Energie, damit sich Stickoxide aus dem Luftstickstoff bilden. Natürlicherweise passiert dies bei Waldbränden. Seit der Mensch massiv ins Erdgeschehen eingreift, verbrennt er nicht nur organisches Material, sondern auch fossile Stoffe, die über Jahrmillionen CO_2 aus der Atmosphäre entzogen und im Boden gespeichert hatten. Auch Müll wird zunehmend verbrannt. Dadurch haben sich Verbrennungsvorgänge auf der Erde vervielfacht, wodurch ein Vielfaches an NO_x entsteht, als dies natürlicherweise der Fall wäre.

3. Stickstoffbildende Bakterien: In den Knöllchen der Leguminosen (Schmetterlingsblütler wie Bohnen, Erbsen oder Platterbsen) leben stickstoffknackende Bakterien, die aus dem Luftstickstoff mit-

Bakterien in den Wurzeln von Schmetterlingsblütlern reichern den Boden mit Stickstoff an.

hilfe eines Biokatalysators – das Enzym heißt Nitrogenase – Ammoniak (NH_3) und NO_x herstellen können, in Symbiose mit den Leguminosen. Denn die Bakterien, die auch als Stickstofffixierer bezeichnet werden, stellen den Pflanzen den reaktiven Stickstoff als Ammonium NH_4^+ zur Verfügung und erhalten im Gegenzug neben dem Dach über dem Kopf noch Zucker. Dies haben viele Kulturen bereits vor Jahrtausenden erkannt und vermehrt Leguminosen angebaut, um die Fruchtbarkeit der Böden zu erhalten.

Künstliche Stickstoffherstellung …

Zu Beginn des letzten Jahrhunderts – Europa hatte durch die Industrialisierung mit einem Bevölkerungswachstum zu kämpfen – drohte eine schwere Hungersnot, da die Böden völlig ausgelaugt waren und Guanodünger- und Salpetervorkommen weitgehend ausgebeutet waren. Zwei Chemikern, Fritz Haber und Carl Bosch, ist dann die chemische Synthese von Ammoniak aus Luftstickstoff N_2 gelungen. Seitdem wird mit dem Haber-Bosch-Verfahren weltweit Kunstdünger hergestellt und Äcker überall damit gedüngt. Oft wird dabei zu viel gedüngt oder der wasserlösliche Dünger gelangt schnell in tiefere Bodenschichten oder in Gewässer. Das Ergebnis kennen wir: Zu hohe Nitratbelastung im Trinkwasser und zu viele Nährstoffe in den Flüssen und Seen, die zu Überdüngung führen.

… und ihre Folgen

Sowohl die Herstellung von Kunstdünger als auch die Verbrennungsvorgänge sorgen dafür, dass sich die Menge an natürlich verfügbarem reaktivem Stickstoff in Form von Ammoniak und Nitrat weltweit verdoppelt hat. Damit hat sich das Gleichgewicht zwischen reaktivem und stabilem Stickstoff weit in Richtung des pflanzenverfügbaren reaktiven Stickstoffs verschoben. Mittlerweile haben wir zwar das Ernährungsproblem gelöst, allerdings für eine Überdüngung der Böden weltweit gesorgt. Selbst entlegene Gebiete ohne landwirtschaftliche Nutzung wie Bergregionen sind massiv überdüngt allein durch die Stickoxide der Luft. Der natürliche Eintrag von Stickstoff aus der Luft in die Böden liegt bei etwa einem Kilogramm pro Jahr und Hektar. Wald- und Heideböden erhalten mitunter mit mehr als 15 Kilogramm ein Vielfaches dessen, was Pflanzen dort vertragen. Und auch normalerweise extrem nährstoffarme Ökosysteme wie Moore werden ständig überdüngt. Je nach Lage können sogar 40 bis 60 Kilogramm reaktiver Stickstoff über die Luft in die Böden eingetragen werden, im städtischen Bereich sogar bis zu 100 Kilogramm pro Jahr und Hektar. Sichtbar wird die Überdüngung in Wäldern an den sich mittlerweile am Boden massiv ausbreitenden Brombeeren, sodass man beim Durchqueren häufiger an Fußangeln durch Brombeerruten hängen bleibt als noch vor ungefähr 30 Jahren. Brombeeren benötigen viel Stickstoff und gelten als sogenannte Stickstoffzeiger. Deshalb macht es Sinn, so viele magere, d.h. nitratarme Standorte zu schaffen wie nur möglich – auch im Garten –, um die Vielfalt der Pflanzenarten, die wenig Dünger brauchen, und die mit ihnen verbundene Vielfalt der Tierarten und damit die Stabilität der Ökosysteme zu sichern. Denn nur Nährstoffmangel erzeugt Vielfalt. Reaktiver Stickstoff in der Luft ist aber nicht nur ein Artenkiller, sondern auch giftig für unsere Lungen.

SPÄTHERBST

Die Vogelbeeren verlieren ihr Blätterkleid wie fast alle Laubbäume, tragen aber mit etwas Glück noch Früchte, an denen sich jetzt Amseln laben und beschwipst zwitschern, wenn es bereits erste leichte Fröste gab. Jetzt ist der ideale Zeitpunkt, Heckenbereiche auf Stock zu setzen, Bäume zu schneiden oder zu entfernen, aber auch eine gute Gelegenheit für Neupflanzungen von Sträuchern und Bäumen.

Krötensteine aufschichten

Falls noch nicht vorhanden, richten Sie jetzt für die Kröten ein Winterquartier her.

Überwinterungsplatz für Kröten

Schichten Sie lockere Haufen aus einfachen Feldsteinen oder Bruchsteinen unterschiedlicher Größe aus der Umgebung auf. Kröten nutzen solche Bereiche für die Überwinterung. Es macht aber auch Sinn, Laub am Rand des Komposthaufens oder auf anderen geeigneten Flächen, etwa am Rand des Käferkellers oder der Second-Life Holzhecke, aufzuschichten, um Kröten weitere Überwinterungsquartiere anzubieten. Auch Erdhöhlen und verrottende Baumstümpfe werden gern angenommen.

→ S. 44, Schneckenjäger – Helfer der Gärtner
→ S. 183, Bauanleitungen für Insekten
→ S. 176, Totholz? Nein, besser Second-Life Holz

Kröten im Garten sind überaus lohnenswerte Tiere, da sie gute Schneckenvertilger sind und im Gegensatz zu Molchen nicht von Katzen gefressen werden. Eine weitere gute Nachricht: Gibt es aus dem Gartenteich erst mal Nachwuchs, werden sich immer wieder Kröten in Ihrem Garten einstellen, denn in der Regel suchen sie zum Ablaichen das Gewässer auf, in dem sie geboren wurden.

Auch gut für Eidechsen

Wenn Sie auf einem solchen Steinhaufen, vor allem wenn er aus größeren Steinen besteht, oben einen Sandplatz schaffen, können Eidechsen dort ihre Eier ablegen, um sie von der Sonne ausbrüten zu lassen. Halten sich Katzen in Ihrem Grundstück auf, umhüllen Sie den Steinhaufen mit Hasengitterdraht oder Maschendraht, um die Eidechsen zu schützen.

Erdkröten sind wichtige Helfer im Garten, ein Überwinterungsschutz hält sie hier.

ERDKRÖTEN – EIN BISSCHEN BIOLOGIE

Erdkröten *(Bufo bufo)* sind Landtiere, die nur zum Ablaichen im Erstfrühling die bis zu 2 km entfernten Gewässer aufsuchen. Das führt zu den bekannten Krötenwanderungen im Frühjahr, bei denen immer wieder viele Tiere ums Leben kommen. In der Regel suchen sie zum Ablaichen wieder ihren Geburtsort auf und legen dort ihre langen Laichschnüre ab. In dieser Zeit geht es gerade bei den Männchen hoch her. Sobald sie einen bestimmten Hormonzustand haben, umklammern sie nämlich alles, was auch nur einigermaßen passend sein könnte. Dieser Klammerreflex (normalerweise klammern sie sich auf dem Rücken der Weibchen fest) führt auch häufig zu Fehlleistung, etwa wenn ein Hecht oder ein anderes Männchen umklammert wird statt eines Krötenweibchens.

Die deutlich größeren Weibchen werden bis zu 15 cm groß, besitzen eine warzige, braune Haut mit vielen Flecken und goldgelbe Augen, die ihnen auch den Beinamen »Goldaugen« beschert haben. Aufgrund ihrer enormen Anpassungsfähigkeit sind sie die am häufigsten vorkommenden Kröten. Dennoch nehmen auch ihre Bestände ab, was alle Alarmglocken schrillen lassen sollte. Die nachtaktiven Tiere jagen Käfer, Tausendfüßer, Asseln, Spinnen, aber auch Nacktschnecken.

Erdkröten sind zur Feindabwehr bestens ausgestattet. Sie produzieren Bufotoxin in den großen Ohrdrüsen am Hinterkopf und schützen sich damit vor Fressfeinden, aber auch vor Parasiten und Bakterien. Bufotoxin wirkt stimulierend auf die Herzfrequenz und den Blutdruck, aber auch halluzinogen. Man findet es auch in Christrosen und verschiedenen Pilzen. Selbst die Laichschnüre und die sich daraus entwickelnden Larven schützen sich bereits durch dieses Gift gegen Feinde wie Fische und Molche.

Pflanz- und Pflegearbeiten

Endlich heißt es jetzt mal Ärmel hochkrempeln, Gummistiefel an und ordentlich das Werkzeug benutzen.

Bäume, Sträucher und Hecken pflanzen

Jetzt ist die optimale Pflanzzeit für heimische Bäume und Sträucher. Häufig bekommt man sie zu dieser Jahreszeit statt im Container auch im Pflanzballen. Das ist unter Umständen günstiger und plastikfrei.

Bäume, Sträucher, Hecke schneiden

Ende Oktober, nach dem Ende der Vogelbrutzeit und nach dem Laubabwurf, ist die ideale Zeit, alles zu groß Gewordene zu schneiden, zu verkleinern, zu verjüngen. Frei wachsende Hecken können partiell auf den Stock gesetzt werden. Das fördert die Verjüngung.

→ S. 193, Schnittarbeiten

Abgesenkerte Sträucher oder Kletterpflanzen

Die Absenker von Sträuchern oder Kletterpflanzen können jetzt von der Mutterpflanze getrennt werden und ihren eigenen Platz im Garten finden.

Im Spätherbst ist es an der Zeit, Hecken zu schneiden.

Samenstände dienen als Winterschutz für viele Insekten und als Futter für Vögel.

Bitte unterlassen!

Der Spätherbst hinterlässt bereits deutliche Spuren. Abgestorbene Pflanzen und morgens glitzernde Wege. Eine Optik, an die Sie sich gewöhnen sollten.

Vertrocknete Pflanzenstängel stehen lassen

Damit werden nicht nur Samen für die körnerfressenden Vögel bereit gehalten, sondern auch verschiedensten Kleintieren wie Insekten und Spinnen Unterschlupf gewährt. Diese wiederum sind willkommenes Futter für Meisen und weitere Vögel.

Kein Salz streuen

Verzichten Sie, bei ersten Frösten mit Glätte Salz zu streuen, um so das Eis zum Tauen zu bringen. Nehmen Sie lieber Splitt oder Sand. Viele Pflanzen und Bodenlebewesen reagieren auf Salz sehr empfindlich und sterben ab.
Dagegen brauchen einige Vögel zur Unterstützung ihrer Verdauung sogenannte Magensteinchen, die sie vom Boden aufnehmen. Dazu gehören z.B. Tauben wie die mittlerweile auch seltener gewordenen Ringel- oder Türkentauben. Sie profitieren also, wenn Sie nicht salzen.

Beerensträucher pflanzen

Alle Beerensträucher, insbesondere die heimischen Arten, erfreuen sich bei unseren Insekten großer Beliebtheit.

Auch wenn mittlerweile Beerensträucher als Containerware verfügbar sind und eine Pflanzung fast zu jeder Jahreszeit möglich ist, empfiehlt es sich, spätestens jetzt zu pflanzen, um ein schnelles Einwurzeln und eine optimale Ernte direkt im ersten Jahr zu garantieren. Außerdem treiben Beerensträucher relativ früh aus. Den Boden grundsätzlich zwei spatentief lockern. Vögel mögen besonders im zeitigen Frühjahr die Blütenknospen, insbesondere die von Jostabeeren. Eine Alternative sind die gut gefüllte Vogeltränke und reichhaltiges Vogelfutter.

Brombeeren liefern leckere Früchte und ihre Blüten reichlich Nektar für Insekten.

Brombeeren

Sie sind die Lieblinge der Hummeln und eine tolle Pflanze für die dritte Dimension. Sorten mit Stacheln wären zwar ein guter Vogelschutz, falls man eine dichte Brombeerhecke gestalten möchte, sind aber selbst für einen Vielfaltsgarten problematisch, da die Beeren sehr schwer zu ernten sind. Also werden Sie sich in der Regel für stachellose Sorten entscheiden. Brombeeren können eine dreifache Funktion erfüllen, sie liefern nämlich Sichtschutz, viel Nektar für Hummeln und viele andere Insekten und ein vitamin- und nährstoffreiches Naschwerk. Falls Sie ein Brombeerspalier direkt an der Grundstücksgrenze zum Nachbarn erwägen, empfiehlt es sich, dies mit dem Nachbarn abzusprechen, um Konflikten vorzubeugen. Brombeeren mögen einen sonnigen Standort kombiniert mit einer Rankhilfe oder einem Spalier von ca. 1,80 m Höhe. Ein halbschattiger oder gar schattiger Platz sorgt nur für Verdruss: Den Früchten fehlt die beliebte Süße.
Bei der Bodenbeschaffenheit sollten Sie unbedingt berücksichtigen, dass Brombeeren Starkzehrer sind und keine Staunässe vertragen. Darunter leidet Blütenbildung und Fruchtqualität. Daher sollten Sie vor der Pflanzung verdichtete Böden besonders gut lockern. Doppelt nützlich erweist sich hier das selbst hergestellte Bokashi. Der ideale Pflanzabstand beträgt 2 m.

→ S. 158, Bokashi

Himbeeren

Himbeeren gibt es sowohl als Sommer- wie auch als Herbstsorten. Hier sollten Sie

PFLANZANLEITUNG BEERENSTRÄUCHER

Graben Sie das Pflanzloch ca. 40 cm tiefer als notwendig und bringen Sie auf dem Boden eine 30 cm dicke Packung Bokashi auf, die Sie festtreten sollten, damit keine Luftzwischenräume entstehen. Darauf geben Sie ca. 10 cm Kompost, damit die Wurzeln nicht direkt mit dem frischen Bokashi, das sehr säurehaltig ist, in Kontakt kommen und Schaden nehmen. In ca. 2 Wochen ist die Säure neutralisiert. Das Bokashi sorgt dafür, dass der Boden sowohl wunderbar gelockert und belüftet wird als auch viele Nährstoffe bereitstellt. Das Bodenleben wird aktiviert.

Falls Sie keinen Bokashi (→ S. 158) zur Hand haben, stellen großzügige Kompostgaben eine weitere Möglichkeit dar, die allerdings das Bodenleben nicht so stark optimieren, da bereits viele Abbauprozesse im Komposthaufen stattgefunden haben.

beide Varianten pflanzen, da Pollen und Nektar über einen längeren Zeitraum bereitgestellt werden und auch Sie von Juni bis in den Herbst hinein dieses Superfood ernten können. Um Wurzelfäule zu vermeiden, sollten Sie schwere und nasse Böden mit Sand verbessern. Ansonsten sind die Standortansprüche eher gering, Himbeeren kommen auch mit Halbschatten zurecht. Der ideale Pflanzabstand beträgt 50 cm.

Stachelbeeren

Sie wachsen in der Natur in Gebüschen, lichten Bergwäldern und Auenlandschaften auf feuchten und nährstoffreichen Böden. Am wohlsten fühlen sie sich im Halbschatten. Die Zuchtformen sind weniger empfindlich und tolerieren auch trockenere Böden. Dennoch sollten Sie mit viel Humus und Kompost den Flachwurzlern Wasserspeicherung und Nährstofflieferung ermöglichen. Pflanzen Sie verschiedene Sorten und die Büsche im Abstand von 1–1,5 m.

Johannisbeeren

Johannisbeeren wachsen ursprünglich an Waldrändern. Im Garten sollten Sie dennoch einen sonnigen Standort wählen, damit die Früchte größer und süßer werden. Johannisbeeren sind ebenfalls Flachwurzler und benötigen eine lockere und nahrhafte Erde. Vermeiden Sie Staunässe. Setzen Sie die Pflanzen etwas tiefer ein als im Container bzw. als die Oberkante des Wurzelballens, damit sich ausreichend Neutriebe bilden. Johannisbeeren sind eine gute Pollenquelle für verschiedene Sandbienenarten wie die Veränderliche Lockensandbiene *(Andrena varians)*. Pflanzabstand 1–1,5 m, bei sehr hochwachsenden Sorten sind 2 m geeignet.

Jostabeeren

Sie sind eine Kreuzung aus Johannis- und Stachelbeere. Ihre Ansprüche sind recht gering. Die wüchsigen Pflanzen blühen nach und nach, sodass sie wertvolle Insektennahrung über einen langen Zeitraum liefern. Insbesondere Hummeln lieben die Blüten der Jostapflanzen. Pflanzabstand 1,50–2 m.

Heidelbeeren

Sie sind eine der wenigen Pflanzen, die sauren Boden benötigen. Ist der Boden in Ihrem Garten eher kalkhaltig, empfiehlt es sich, die Pflanzen in einen größeren Pflanzkübel (1 Pflanze pro Kübel) mit entsprechender Erde zu setzen. Achten Sie beim Kauf der Erde auf torffreie Qualität. Mit Fichtennadeln oder Fichtennadelerde können Sie den Boden optimieren. Denken Sie daran, nur mit Regenwasser zu gießen, weil das keinen Kalk enthält. Bestäuber der Heidelbeeren sind Hummeln, verschiedene Schmalbienenarten wie die Heidelbeer-Lockensandbiene *(Andrena lapponica)* oder die Waldschmalbiene *(Lasioglossum fratellum)* und die Feld-Wespenbiene *(Nomada goodeniana)*.

Die Himbeere ist ein Liebling der Schmetterlingsraupen. Über 50 Arten leben von ihr.

Die duftenden Stachelbeerblüten locken Fliegen und Bienen an, die Früchte fressen Vögel gern.

Die ausladend wachsende Jostabeere liefert ab Juli bis in den Herbst hinein ihre Früchte.

Auf Entdeckungstour

Selbst wenn der Novembernebel in den Garten hereindrückt und es gar nicht richtig Tag werden lässt, kann man nette Entdeckungen im Vielfaltsgarten machen.

Beschwipste Amseln

Auch Tiere können betrunken werden. Genießen jetzt Amseln die Früchte von Bäumen oder Sträuchern, kann es passieren, dass Sie ein unentwegtes Gezwitscher – ganz untypisch zu dieser Jahreszeit – wahrnehmen. Möglicherweise waren die Früchte bereits gegoren und haben zu den bekannten Effekten geführt. Genießen junge Tiere zu viel davon, kann eine Alkoholvergiftung drohen. Wenn Sie dies bemerken, verscheuchen Sie die Vögel.

Eichhörnchen mit Puschel an den Ohren

Bei Eichhörnchen gilt ab jetzt das Motto »Bitte mit Ohrwärmern in die kalte Jahreszeit starten«. Eichhörnchen verlieren beim Fellwechsel im Frühjahr die langen Pinselhaare auf den Ohren und laufen dann ohne herum. Bis zum Herbst wachsen sie jedoch wieder nach, genauso wie auch das Winterfell, und schützen die empfindlichen Ohrspitzen vor der Kälte. Achten Sie mal darauf!

Jetzt im Herbst tragen Eichhörnchen wieder »Mützchen« auf den Ohren als Kälteschutz.

Tieren helfen

Der Spätherbst ist die klassische Jahreszeit für die Vogelfütterung. Beachten Sie dabei einige wichtige Aspekte

Futterhaus an geeigneter Stelle platzieren

Der beste Standort für das Futterhaus für Vögel sollte möglichst so gewählt werden, dass:

- die Vögel vor Fressfeinden geschützt sind, dass sich also 2–3 m um die Futterstelle herum keine Deckung befindet, wo sich Katzen auf die Lauer legen und Greifvögel ihre Überraschungsangriffe starten können.
- dennoch in erreichbarer Nähe ein Baum oder Strauch steht, in den sich die Vögel bei Gefahr zurückziehen können.
- er möglichst weit entfernt von stark befahrenen Straßen ist.
- er möglichst weit weg von ungeschützten Fensterscheiben ist, um Vogelschlag zu verringern.

Vorkehrungen gegen Vogelschlag an Fenstern

Vogelschlag an Glasscheiben von Häusern und Wintergärten kommt leider viel zu oft vor. Hochrechnungen ergaben, dass über 100 Millionen Vögel jährlich allein an deutschen Fensterscheiben sterben – mit zum Teil weitreichenden Folgen. Denn sobald ein fütternder Elternteil zu Tode kommt, haben die Nestlinge kaum Chancen zu überleben. Es kommt einfach nicht genug Nahrung mehr an. Selbst nach einer Glaskollision noch davonhüpfende Vögel sterben oft an den Spätfolgen im Versteck. Wenn Sie ein paar Hinweise beachten, können Sie Vogelschlag vermeiden oder zumindest verringern. Häufig spiegelt sich nämlich die Landschaft in der Scheibe und Vögel glauben, in die nächste Hecke zu fliegen statt an eine harte Fensterscheibe.

➤ Bringen Sie innen Gardinen an und ziehen Sie diese zu. Dadurch sollte keine Spiegelung mehr stattfinden können.
➤ Moderne Häuser mit großen Fensterfronten besitzen häufig Außenjalousien, deren Lamellen man aufstellen kann.
➤ Greifvogelsilhouetten, außen aufgeklebt, erzielen keinerlei Effekte. Vögel erkennen darin lediglich einen dunklen Fleck, der sich nicht bewegt und somit auch keine Gefahr darstellt.
➤ Neueste Untersuchungen zeigen, dass Muster mit UV-Farben nicht von allen Vogelarten erkannt werden. Dies wäre die praktischste Lösung: für den Menschen unsichtbar, für Vögel sichtbar.
➤ Kunst am Glas: Außen aufgebrachte »Kunstwerke« mit abwaschbaren Kreidefarben oder Fingerfarben machen Glas sichtbar. Der Nachteil kann gleichzeitig ein Vorteil sein: Die Kunstwerke müssen nach jedem heftigen Regenguss erneuert werden. Achten Sie darauf, dass keine Flächen, die größer als eine Hand ist, unbemalt bleibt. Hier versuchen Vögel nämlich noch durchzuschlüpfen.
➤ Mit Insektenschutzgittern bleiben Insekten draußen und die Scheiben werden für Vögel sichtbar.
➤ Vogelschutzgitter, die Sie mit Saugnäpfen außen auf den Glasscheiben montieren, verhindern Reflexionen.
➤ Eine der wirksamsten Abwehrmethoden von Vogelschlag sind Folien mit vertikalen, regelmäßig angeordneten Punkten oder Linien, die nachträglich außen auf den Scheiben angebracht werden. Der Abstand der vertikalen Punktreihen sollte nicht mehr als 10 cm betragen, die Punkte oder Linien müssen mindestens 5 mm breit sein. Es geht letztlich darum, dem Vogel zu vermitteln, dass er zu groß ist, hier durchzufliegen.
➤ Lautlose Windspiele vor dem Fenster halten durch die Bewegung Vögel davon ab, an die Scheibe zu fliegen. Bei größeren Scheiben sind dann allerdings zwei oder mehrere Windspiele notwendig.
➤ Eine ganz praktische Lösung: Putzen Sie so selten wie möglich die Fenster. Stumpfe Fensterscheiben reflektieren das Licht nicht und werden dadurch sichtbar.
➤ Bei Neubau: Erkundigen Sie sich, welche Möglichkeiten es direkt am Glas gibt.

Verletzter Vogel durch Vogelschlag

Ein Vogel ist an die Scheibe gekracht. Was tun? Vögel, die nach einer Kollision vor der Scheibe liegen, sind im besten Fall nur geschockt oder bewusstlos. Jetzt heißt es, schnell zu handeln, denn Katzen lassen sich so einfache Beute nicht entgehen. Legen Sie den Vogel vorsichtig in einen großen Schuhkarton, der mit Heu oder einem alten Handtuch gepolstert ist und mit großen Luft- und Sichtlöchern versehen ist. Deckel schließen und den Karton an eine ruhige und warme Stelle im Zimmer bringen. Nach ca. 30 Minuten sollte sich ein Vogel wieder erholt haben, der keine gravierenden Verletzungen erlitten hat. Geht es dem Vogel immer noch nicht gut, bringen Sie ihn zu einem Tierarzt oder zu einer Vogelpflegestelle.

Komposthaufen einseitig öffnen

Falls noch nicht geschehen, öffnen Sie Ihren Komposthaufen im unteren Bereich auf einer Seite. Bei Kompostgestellen aus Holz können Sie einfach an einer Seite die unterste Holzlatte entfernen, bei Drahtgestellen schneiden Sie unten eine Öffnung hinein. Falls es sich um ein Steckgestell handelt, setzen Sie je nach Modell eine Seite ca. 20 cm nach oben. Jetzt können noch Tiere wie Kröten oder Igel ein beheiztes Winterquartier beziehen oder bei mildem Wetter auch noch schmackhafte und proteinreiche Nahrung finden.

Ein Komposthaufen dient vielen Tieren als Winterquartier. Gut, wenn er unten zugänglich ist.

Eberesche – Gimpel

Ebereschenblüte

+ Ebereschenbeeren

+ Gimpel

Leuchtend rote Vogelbeeren in dichten Trauben gegen knallblauen Himmel. Auch diese Bilder gibt es im Spätherbst, sofern man zu den Glücklichen zählt und eine Eberesche im Garten hat.

Vielleicht haben Stare, Amseln und Wacholderdrosseln noch ein paar reife Vogelbeeren für den jetzt wieder aus dem angrenzenden Wald auftauchenden Gimpel *(Pyrrhula pyrrhula)* an der Eberesche *(Sorbus aucuparia)* belassen.

Nicht umsonst wird die Eberesche auch Vogelbeerbaum genannt, denn mehr als 60 Vogelarten schätzen ihre Beeren. Selbst die Mönchsgrasmücke als Insektenfresser wird bei den roten Beeren schwach, die eigentlich kleine Äpfelchen sind. Damit holt sie sich den nötigen Energievorrat für den Zug ins Winterquartier. Und auch der Eichelhäher oder der Buchfink lieben die roten Früchte. Rot wird von vielen Vögeln besonders gut wahrgenommen. Deswegen gibt es so viele rote Früchte in der Pflanzenwelt.

Die Triebe, Blätter und Blüten der Eberesche nutzen aber auch über 70 Insektenarten als Nahrungsquelle. Darunter befinden sich auf den Baum spezialisierte Arten wie der seltene und nachtaktive Ebereschen-Bergspanner *(Venusia cambrica)*. Viele Käfer, Fliegen und Bienen nutzen den Nektar und Pollen. Sogar 20 Säugetierarten lieben ihre Früchte. Dazu gehören Eichhörnchen und Marder, aber auch Bilche wie der Siebenschläfer, der Baum- und Gartenschläfer sowie die mittlerweile extrem selten gewordene und vom Aussterben bedrohte Haselmaus – alle absolute Sympathieträger. Auch das Wild liebt die Eberesche über alles. Der Baum nimmt eine führende Position beim Verbiss ein. Selbst für Schweine wurden die Beeren früher zur Mast verwendet. Darum heißt der Baum auch »Eber«-esche.

Auch wenn der Gimpel, wegen seines schwarzen Käppchens auch Dompfaff genannt, ganzjährig bei uns vorkommt, zieht es ihn erst im Spätherbst paarweise aus den Wäldern in die Gärten, dann wird er für uns sichtbar. Teilweise handelt es sich aber auch um Tiere, die aus Sibirien bei uns überwintern. Am meisten schätzt er dichtes Gebüsch und bewohnt mitunter auch Parks, die naturnah gestaltet sind und entsprechende Strukturen aufweisen. Als typischer Fink hat er sich auf Samen spezialisiert, insbesondere liebt er die Samen von vielen Wildkräutern wie Löwenzahn, Brombeere, Gänsedistel, Brennnessel, Vogelmiere, Vergissmeinnicht, Ampfer und Knöterich. Samen von Bäumen, halbreif oder reif, nimmt er ebenfalls zu sich und kann dann auch nicht den Vogelbeeren widerstehen. Da er nur an den Samen interessiert ist, zerquetscht der Gimpel die Beeren mit seinem klobigen Schnabel und holt die Samen mit der Zunge heraus. Das Fruchtfleisch, das auf den Boden fällt, erfreut dann andere Beerenfresser. Dagegen »vergeht« sich der Gimpel im Frühjahr gern an Knospen von Laubbäumen, bevorzugt von Obstbäumen, und macht sich dadurch unbeliebt bei Gärtnern und Obstbauern.

Während das Männchen eine wunderbare rosenrote Unterseite ziert, ist das Weibchen dort eher unscheinbar rötlichbräunlich gefärbt. Aber auch die Damenwelt trägt die schwarze Kappe. Gimpel sind monogam und bleiben oft über mehrere Jahre zusammen. Im Gegensatz dazu haben die meisten Singvögel jedes Jahr einen neuen Partner. Gimpel bauen ihr Nest gut versteckt häufig an den Außenästen junger Nadelbäumen bis in drei Meter Höhe und haben zwei Bruten mit bis zu sechs Eiern von April bis Juli. Jetzt die gute Nachricht: Ihr Bestand ist zumindest in Deutschland nicht gefährdet und scheint sogar entgegen dem europäischen Trend zuzunehmen.

Die Eberesche ist der Top-Baum im Garten. Mit nur fünf bis maximal zwölf Meter Wuchshöhe eher zierlich als wuchtig und dicht, lässt er mit seiner locker aufgebauten und unregelmäßigen Krone noch genug Licht für einen Unterbewuchs am Boden zu. Häufig sieht man ihn auch mehrstämmig als Strauch mit anmutig überhängenden Ästen, ergänzt um die fiedrigen Blätter, die im Herbst rotgold leuchten, und die schönen Blüten und Fruchtstände. Er sollte in keinem Garten fehlen, sei es als solitär stehender Baum oder als Teil einer Baumgruppe oder freiwachsenden Hecke. Dann können Sie ziemlich sicher auch Gimpel im Garten begrüßen. Auch die Holzqualität lässt nichts zu wünschen übrig und ähnelt der der Stieleiche, insbesondere weist das zähe Holz mit guten Festigkeits- und Elastizitätswerten auf. Leider findet es in der Möbelindustrie kaum Verwendung, da der Baum in der Forstwirtschaft lange Zeit als »Unkraut des Waldes« galt, da man ihn als Konkurrenzart zu den Brotbaumarten ansah. Immerhin gilt es auch heute noch als wertvolles Drechselholz.

Totholz? Nein, besser Second-Life Holz!

Totholz, welch düsterer Klang für ein so wertvolles und lebensschaffendes Element nicht nur im Garten, sondern auch in der freien Landschaft. Seien wir einfach kreativ und geben ihm einen schöneren Namen.

Second-Life Holz ist ein viel schönerer und bezeichnenderer Name für Totholz. Denn obwohl der Ast, der Baum oder der Strauch, von dem das Holz stammt, abgestorben ist, stellt dieses Holz eines der am meisten unterschätzten Strukturen in unserer Landschaft dar und kann als eigenes Biotop betrachtet werden. Die Natur kennt nämlich keinen Abfall – insofern ist abgestorbenes Holz auch nichts, was keinen Wert mehr hätte.

Leben im Totholz

Ganz im Gegenteil: Solch ein Second-Life Holz bietet Lebensraum für eine Vielzahl an Organismen.
So leben an die 1500 Pilzarten, insbesondere Weißfäulepilze wie der Zunderschwamm *(Fomes fomentarius)* vom Ligninabbau des Holzes. Pflanzenfresser hingegen können Lignin als komplexes Polymer nicht verdauen. Ist diese Polymerstruktur durch Pilze erst einmal zerstört, können viele Bakterien wie Streptomyceten, die für den typischen Waldbodengeruch zuständig sind, zugreifen und die einzelnen Bausteine weiter verstoffwechseln.
Aber auch bis zu 1400 pilzmyzelfressende Käferarten besiedeln jetzt das Holz. Von deren Resten leben dann 1100 Mücken- und Fliegenarten, häufig entdeckt man sogar darunter noch neue Arten, aber auch 500 Käferarten. Zahlreiche Insektenarten, so auch Wildbienen, können die ins Holz gefressenen Gänge für die Anlage ihrer Nester nutzen. Oder sie nagen wie die Blauschwarze Holzbiene sogar eigene Brutzellen heraus. Hornissen und Wespen schaben morsches Holz ab, vermengen es mit ihrem Speichel und bauen ihre Papiernester damit.

Spechte sind Wohnraumbeschaffer

Ins morsche Holz hacken Spechte ihre Höhlen hinein und spielen somit Lebensraumgestalter. Sie zählen damit zu den sogenannten Schlusssteinarten im Ökosystem Wald, in Streuobstanlagen oder auch im Garten, da sie durch ihre Aktivitäten mehr Einfluss auf andere Arten nehmen als durch ihre schiere Biomasse zu erklären ist – vergleichbar mit einem Schlussstein zum Bogenmauern. Fehlt dieser Schlussstein, hält der ganze Bogen nicht. Spechthöhlen im Second-Life Holz werden von einer Vielzahl weiterer Arten genutzt, z.B. von Käuzen, Wiedehopfen, Hohltauben, Singvögeln, Fledermäusen, Ameisen, Hornissen und Wespen.
Aber auch Pflanzen nutzen Second-Life Holz als Kinderstube. So siedeln viele Moose und Farne auf solchen Holzstrukturen, die in schattigen Bereichen einen guten Wasserspeicher darstellen, und kleine Baumsämlinge nutzen die geringere Konkurrenz, um auf morschen Holzstrukturen emporwachsen zu können.
Unsere heutigen Wirtschaftswälder haben meist nur 15 Festmeter Second-Life Holz zu bieten. 100 Festmeter wären hingegen notwendig, um das Ökosystem gut auszustatten. Urwälder beherbergen sogar 250 Festmeter.
Deshalb sollten wir im Garten dieses Element besonders fördern und sowohl stehendes als auch liegendes Second-Life Holz integrieren. Viele Tiere profitieren davon. Und wir können sie im Gegenzug bei ihren Aktivitäten beobachten. Nach ein paar Jahren ist vom Baumstumpf durch deren Zersetzungstätigkeiten nichts mehr übrig – und Sie haben sich das aufwändige Ausfräsen erspart.

WINTER

Die Blätter sind von den Bäumen gefallen. Die Winterruhe ist in den Garten eingezogen – außer bei den Vögeln an den Futterstellen. Jetzt ist die Zeit, Bilanz zu ziehen. Fühlen sich bereits neue Bewohner im Garten wohl? Ist das Trachtfließband geschlossen? Gibt es genügend Unterschlupfgelegenheiten? Denn: Nach dem Gartenjahr ist vor dem Gartenjahr und dieser Kreislauf der Natur eröffnet immer wieder neue Chancen.

Den Garten planen

Pläne schmieden und konkretisieren kann man zu jeder Zeit. Aber jetzt im Winter, wenn die eigentliche Gartenarbeit ruht, hat man richtig Muße dazu.

Jetzt kann man sich die Zeit nehmen, den Garten oder den zukünftigen Garten aus anderer Perspektive – nämlich aus der Perspektive der heimischen Pflanzen und Wildtiere – zu betrachten und Bilanz zu ziehen, Literatur dazu zu wälzen und in die grundlegende Planung oder Umgestaltung des Gartens einzusteigen. Eine Neuplanung sollte natürlich dann erfolgen, wenn die Hauptplanungen für das Haus abgeschlossen sind und man den Kopf wieder ein wenig frei bekommen hat. Das kann selbstverständlich zu jeder Jahreszeit der Fall sein. Hausplanungen, insbesondere Fassade und Dach, können aber grundsätzlich vorausschauend mit einer Optimierung von Lebensräumen für Tiere einhergehen. Natürlich raten umsetzende Firmen dazu, alle Hohlräume und Ritzen, insbesondere am Dach, zu schließen, damit sich keine Tiere »einnisten« können, seien es Spatzen und Fledermäuse unter den Dachschindeln oder auch Hornissen. Schließlich ist das mittlerweile Standard. Lassen Sie sich nicht beirren und orientieren Sie sich am »Animal Aided Design« (→ S. 215), das sogar eigene Elemente für eine »Fassadenbetierung« bereithält – wie direkt in die Hauswand integrierte Bruthöhlen.

Der Vielfaltsgarten

Vielfalt ist der Überbegriff, nach ihren Gesichtspunkten sollten Sie Ihren Garten betrachten, d.h. mit den Augen seiner zukünftigen Bewohner (damit sind nicht wir gemeint). Orientieren Sie sich an den Grundprinzipien des Vielfaltsgartens ab S. 19. Wie sieht das Relief aus? Sind genügend unterschiedliche Strukturen wie Mulden, Mauern, erhöhte Beete oder ein Senkgarten, Vertikal- und Dachbegrünungen, Wasserbereiche, Wiesenbereiche und Hügel oder Wälle am Boden vorhanden/eingeplant, um verschiedensten Pflanzen- und Tierarten Lebensraum zu bieten? Wird die dritte Dimension ausreichend genutzt? Sind genügend heimische Pflanzen vertreten? Gibt es ausreichend Unterschlupf für Tiere?
Falls Sie einige oder sogar alle diese Fragen mit Nein beantworten müssen: Käme eine Generalüberholung des Gartens überhaupt infrage? Oder doch lieber nur Umgestaltung einzelner Elemente?
Falls Sie eine dieser letzten beiden Fragen mit Ja beantworten können, ist jetzt der geeignete Zeitpunkt, in die Planungen einzusteigen. Unter Umständen kann es sogar Sinn machen, bereits bestimmte Materialien, aber auch heimische Gehölze, Stauden und Samen zu bestellen, wenn man Lieferzeiten berücksichtigt. Orientieren Sie sich für die geeigneten Umsetzungszeiten an den Stichwörtern im Quickfinder.

→ S. 4–15, Quickfinder

Die Pläne notieren

Sie benötigen viele Blätter Papier und los geht es. Versuchen Sie, im Maßstab 1:100 oder 1:50, je nach Größe Ihres Gartens, so viele Elemente wie möglich – am besten ohne Lineal – unterzubringen, das bedeutet Vielfalt. Dazu braucht man nicht immer einen großen Garten, das kann selbst auf kleinstem Raum gelingen. Die Checkliste rechts kann Ihnen dabei helfen.
Möglicherweise helfen Ihnen im nächsten Schritt 3 Blätter Papier: Blatt 1 mit Ihren Wünschen als »Vision« und Blatt 2 mit den direkt umsetzbaren Möglichkeiten. Schreiben Sie auf ein drittes Blatt Papier, wie und wann Sie von 2 nach 1 kommen könnten. Tragen Sie ihre »Umsetzungsstrategie« in der Tabelle rechts ein.
Auch wenn Sie in der Checkliste erst mal bei nur wenigen Elementen Maßnahmen eingetragen haben, zählt jeder einzelne Schritt. Denn wer anfängt, ist den halben Weg bereits gegangen. Nehmen Sie sich diese Liste regelmäßig vor und aktualisieren Sie sie kontinuierlich.

Geländeprofilierung bzw. Relief

Die Profilierung sollten Sie als Skizze vor der Umsetzung zumindest grob auf ein Blatt Papier bringen. Spontane und kreative Optimierungen sind dann bei der Umsetzung jederzeit möglich.

CHECKLISTE, WAS BEI EINER GARTENPLANUNG ZU BEACHTEN IST

Element	Was ist wo vorstellbar?	Wann?	Priorisierung	Was muss ich tun?
Geländeprofil				
Zaun				
Weg				
Garageneinfahrt				
Flachdach				
Fassade				
Spalier				
Hecke				
Bäume				
Sträucher				
Saum				
Mageres Wildstaudenbeet				
Rasen → Wiese				
Kompost				
Teich oder Feuchtflächen				
Trockenstandorte				
Trockenmauern aus Naturstein				
Offene Bodenstrukturen				
Second-Life Holzstrukturen				
Beleuchtung				

Eine Trockenmauer planen

Grundsätzlich sollten Trockenmauern je nach Höhe und Funktion sorgfältig geplant und ausgeführt werden.

Reicht es bei einem kleinen, niedrigen Mäuerchen zur Wegbegrenzung, die Steine einfach aufeinanderzuschichten, so bedarf es bei einer hohen Trockenmauer, die entweder Erdreich abfangen oder als hohe Abtrennung fungieren soll, einer Gründung und einer Verfestigung des Untergrunds mit Schotter und Rüttler. Die Mauer muss eine Neigung von ca. 10–20 Prozent zum Hang aufweisen, wird mit Schotter hinterfüllt und ebenfalls festgerüttelt. Die Hinterfüllung dient als Wasserdrainage und verhindert, dass der Frost die Mauersteine heraustreiben kann und so für Instabilität sorgt. Erst dann kann das Erdreich eingefüllt werden bzw. der Hang dauerhaft abgefangen werden. Orientieren Sie sich bei der Planung an den Umsetzungsanleitungen.

→ S. 36, Bau von Trockenmauern

Kümmern Sie sich bereits jetzt um die Beschaffung des Materials. Im Idealfall stehen Ihnen als Baumaterial Bruchsteine oder gespaltene Steine aus einem nahegelegenen Steinbruch zur Verfügung. Falls keine Steinbrüche in Ihrer Nähe sein sollten, gilt es, einen Kompromiss zu finden aus nützlichem Element im Garten und Transportkilometern. Tatsächlich kontraproduktiv wäre es, Steine von weither, etwa aus Asien oder Übersee, kommen zu lassen. Hier würden die Nachteile die Vorteile überwiegen.

MATERIAL FÜR EINE TROCKENMAUER

Material	Verwendung für	Bezug	Gewicht/m³ (Schüttgut)
Schotter ohne Nullanteile (Feinstanteile)	Splitt, Pflasterbett, Hinterfüllung, Natursteinmauer	örtlicher Steinbruch, Baustoffhandel,	1,6 t
Bruchsteine, Quader, Findlinge, Natursteinpflaster	Trockenmauern, freie Gestaltungselemente, Pflaster	örtlicher Steinbruch, Baustoffhandel, Natursteinhandel, aber auch als Recyclingmaterial wie Abriss historischer Gebäude, Kleinanzeigen	–

TIPP!

Regional denken

Häufig werden über regionale Kleinanzeigen Materialien verschenkt oder zu einem geringen Preis abgegeben. Ein solches Material zu verwenden, wäre ideal, da die Natur keinen Abfall kennt und der Kreislaufgedanke gilt. Auch Abbruchmaterial von alten Häusern kann unter Umständen geeignet sein.

Geländeprofilierung

Eingriffe in die Topographie, in die Geländestruktur, sollten am besten jetzt vorgenommen werden.

Im Idealfall herrscht trockenes, frostiges Wetter (da wird der Boden weniger verdichtet), die Maßnahmen sind aber grundsätzlich von der Jahreszeit unabhängig. Bei kleineren Vorhaben benötigen Sie in der Regel einen Minibagger, den Sie kostengünstig in Geräteparks oder möglicherweise auch beim Bauhof ihrer Gemeinde ausleihen können. Bei größeren Geländeprofilierungen ist abzuwägen, ob schwereres Gerät und damit schnelleres Arbeiten eine stärkere Verdichtung des Bodens rechtfertigen oder ob es an bestimmten Stellen beispielsweise für einen Feuchtstandort sogar von Vorteil sein kann. Falls bei einem Neubau der Bagger sowieso auf der Fläche steht und auch noch ein Baggerfahrer dazu existiert, sollten Sie die Gelegenheit nicht ungenutzt verstreichen lassen!

Bauanleitungen für Insekten

Mit »Eh-da«-Material im Garten können Sie Insekten, aber auch eine Vielzahl anderer Tiere ganz einfach fördern.

Käferkeller mit Second-Life-Holzhaufen

Zum Bau eines Käferkellers oder Holzhaufens braucht man kein Geschick, lediglich Spaten, Astschere und Baumsäge und natürlich im Garten, bei Freunden oder beim Nachbarn anfallendes Holz – am besten in verschiedenen Stamm- und Aststärken und von Laubbäumen. Gerade wenn man jetzt im Winter einen Baum entfernt hat, sollte man das Holz von Stamm und Ästen weder komplett kaminfertig sägen, kleinhäckseln noch auf dem Wertstoffhof entsorgen, sondern im Garten halten. Aber auch abgesägte Äste, Wurzelstöcke, alte Zaun- und Dachlatten, Heckenschnitt oder sonstige unbehandelte Resthölzer können zu einem Käferkeller umfunktioniert werden. Falls Ihr Grundstück in Laubwaldnähe liegt und Sie den seltenen Hirschkäfer fördern wollen, sollten Sie Laub-, im Idealfall Eichenholz verschiedener Dicken verwenden. Die Larven brauchen bis zu 6 Jahre für ihre Entwicklung.

Suchen Sie für den Käferkeller eine Stelle in einem halbschattigen Bereich des Gartens. Idealerweise beträgt die Grundfläche ca. 1 m². Man hebt eine mindestens 30 cm tiefe Mulde aus, gern auch tiefer, damit es am Grund auch frostfrei bleibt. Das ausgehobene Erdreich kann man am Rand der Mulde als kleinen Hügel oder erhöhten Rand aufwerfen. Die Vertiefung füllt man zuunterst mit dickstämmigen Holzresten, wenn vorhanden am besten aus verschiedenen Holzarten, nach oben hin eher mit Ästen und Zweigen. Sie können auch über dem Käferkeller weiterbauen und einen höheren Haufen aus Ästen und Zweigen aufschichten. Wenn neues Holz anfällt, immer wieder »nachlegen«. Am Boden der Mulde verrottet das Holz zunehmend und schafft oben Platz für Nachschub.

Je dichter der Haufen wird, umso sicherer bleiben die Tiere vor Mardern und Katzen. Hier werden zahlreiche Insekten einziehen, z.B. verschiedenste Käferarten wie Laufkäfer, aber auch Hundert- und Tausendfüßer, Asseln und Spinnen, und im frostfreien Holzmulm am Boden überwintern. Auch Blindschleichen, Ringelnattern, Erdkröten und Molche schätzen solche komfortablen Überwinterungs- oder Rückzugsorte.

Gerade Laufkäfer sind eine wertvolle und proteinhaltige Nahrung für Igel. Und sogar deren Chitinpanzer nützt den Stacheltieren massiv, denn Chitin reinigt den Darmtrakt der Igel von Parasiten, die sie durch den Verzehr zu vieler Schnecken bekommen. Da Igel Insektenfresser und keine Schneckenfresser sind, sind Schnecken weder bekömmlich noch schmecken sie ihnen gut.

Reisighaufen

Der Reisighaufen ist quasi der oberirdische Teil eines Käferkellers und denkbar einfach herzustellen. Natürlich können Sie auch ohne Käferkeller einen Reisighaufen errichten. Jetzt im Winter anfallendes Holz vom Baum- und Heckenschnitt, ausrangierte Christbäume und Bohnenstangen, morsche Bretter einfach aufschichten, wobei es auch hier günstiger ist, die dickeren Stücke an der Basis zu verbauen.

Hecke oder Benjeshecke aus Second-Life Holz

Eine Variante des Reisighaufens stellt eine lineare Struktur dar. Damit die Hecke in Form bleibt und Platz spart, dienen seitliche Begrenzungspfähle. Dazu kann man einfach angespitzte Äste in den Boden schlagen (Vorschlaghammer und untergelegtes Holz, um ein Absplittern an der Oberseite des Astes zu verhindern, oder eine hülsenförmige Pfahlramme aus Metall verwenden). Alternativ kann man auch Holzpfähle aus dem Baumarkt nutzen. Jetzt kann das Holz vom Hecken- oder Baumschnitt innerhalb der Begrenzungspfähle übereinandergestapelt werden. Sobald ein Begrenzungsast oder -pfahl morsch wird, schlägt man direkt daneben einen neuen ein und erhält den morschen Pfahl als weiteren Lebensraum.

Nisthilfen für Wildbienen

Sie sind vor allem dann attraktiv, wenn sie die natürlichen Nistweisen der verschiedenen Arten berücksichtigen und aus den jeweiligen Materialien gefertigt sind.

Zwar kann man damit lediglich etwa 40 der ca. 585 in Deutschland vorkommenden Arten unterstützen, da allein 75 Prozent der Wildbienenarten im Boden nisten. Dafür kann man die Lebensweise und Nistweise sehr gut aus nächster Nähe beobachten. In einem Insektenhotel – oder besser gesagt Insektenappartement – verbringen Insekten schließlich die meiste Zeit ihres Lebens, jedoch finden sich in der Regel eher selten bedrohte Wildbienenarten ein.
Bei Nisthilfen für Wildbienen muss man unterscheiden, wo die Insekten natürlicherweise nisten:

- in vorhandenen Hohlräumen
- in Second-Life Holz und Morschholz
- in markhaltigen Stängeln
- in Löchern in Steilwänden
- in Löchern im Erdboden

In einem entsprechend großdimensionierten Insektenappartement können viele dieser Elemente untergebracht werden. Dabei sollten wir den Wildbienen nur beste Qualität anbieten.

→ S. 136, Insekten und Wildbienen

Waagerecht angeordnete Nisthilfen aus Holz

Welches Holz? Es sollte gut abgelagertes und unbehandeltes Hartholz sein. Nadelholz ist ungeeignet, da sich bei Feuchtigkeit einzelne Holzfasern wieder aufrichten können und die empfindlichen Flügel der Wildbienen verletzen.
Holzstücke mit Bohrungen: Unbedingt die Löcher in das Längsholz und nicht in das Stirnholz (hier sind die runden Jahresringe sichtbar) bohren, da mit der Zeit leichter Risse im gebohrten Stirnholz entstehen, Feuchtigkeit in die Wildbienennester eindringen kann und Pilzbefall zum Totalverlust führen könnte. Ebenso nutzen Parasiten diese Risse als Eintrittspforte. Falls Sie dafür Buchenholz verwenden, lassen Sie am besten relativ große Abstände zwischen den einzelnen Bohrlöchern, da Buchenholz dazu neigt, bei Feuchtigkeit selbst im Längsholz Risse zu bilden. Und je näher beieinander die Löcher, desto häufiger treten Risse auf. Am besten verwenden Sie für Hartholz geeignete Holzbohrstifte mit verschiedenen Durchmessern von 3–9 mm, um verschiedenste Wildbienenarten zu fördern. Die Mehrzahl der Bohrdurchmesser sollte zwischen 3 und 6 mm liegen, da die meisten Arten diese Größen nutzen. Nach dem Bohren klopfen Sie das Mehl heraus und glätten die Holzoberfläche mit feinem Sandpapier, damit keine Fasern die Eingänge versperren oder die Flügel verletzen.

Nisthilfen aus Pappröhrchen, Bambusröhrchen und Schilfhalmen

Sehr viele Gänge auf engstem Raum kann man mit käuflichen Pappröhrchen (Innendurchmesser 6–8 mm) oder Bambusröhrchen bzw. Schilfhalmen herstellen.
Pappröhrchen eignen sich dann besonders, wenn das Insektenappartement gut vor Regen geschützt ist. Sie werden sehr gern angenommen, wenn die Rückseite verschlossen ist.
Bambusröhrchen, die Sie in jedem Baumarkt oder Gartencenter bekommen, sollten Sie so auseinandersägen, dass sich jeweils ein Verschluss am Ende des Röhrchens befindet. Passen die Abstände der Knoten nicht und das hintere Ende bleibt offen, sollten Sie es verschließen, etwa mit Lehm, Gips, Watte oder Polsterwolle. Nur Röhrchen, in denen Dunkelheit herrscht, werden besiedelt. Die einzelnen Röhrchen müssen stabil und waagerecht

Nisthilfe für Wildbienen: Nistziegel mit verschiedenen Lochgrößen aus gebranntem Ton untergebracht werden. Dazu eignen sich Lochziegel oder leere Konservendosen, in die die Röhrchen gesteckt werden. Auf den Boden der Konservendose kann man etwas feuchten Lehm oder Gips füllen und die Röhrchen hineinstecken. So sind sie gut fixiert und können nicht mehr herausfallen.

Schilfhalme gibt es im Baumarkt als Schilfmatten (Sichtschutzmatten), die Sie auf die gewünschte Länge zuschneiden und dann aufrollen können. Die Papierschere (keine Rosenschere!), die Sie dafür verwenden, sollte sehr scharf sein, damit die Halme kaum gequetscht werden und keine Längsrisse bekommen.

TYPISCHE BEWOHNER

- Rostrote Mauerbiene *(Osmia bicornis)*
- Blaue Mauerbiene *(Osmia caerulescens)*
- Gehörnte Mauerbiene *(Osmia cornuta)*
- Hahnenfuß-Scherenbiene *(Chelestoma florisomnis)*
- Glockenblumen-Scherenbiene *(Chelestoma rapunculi)*
- Löcherbiene *(Osmia truncorum)*
- Seidenbiene *(Colletes daviesanus)*
- Maskenbienen (*Hylaeus* spec.)
- Blattschneiderbienen (*Megachile* spec.)
- Goldwespen (*Chrysis* spec.)
- Gichtwespen (*Gasteruption* spec.)
- Keulenwespe *(Sapygina decemguttata)*
- Schlupfwespen (*Ephialtes* spec.)
- Erzwespe *(Monodontomerus obsoletus)*
- Blattlaus-Grabwespen (*Passaloecus* spec.)
- Lehmwespen (*Ancistrocerus* spec., *Symmorphus* spec.)
- Goldwespen (*Chrysididae* spec.)

Fertige Nistziegel, Niststeine aus Ton

Kaufen Sie mit verschiedenen Lochgrößen versehene Ziegel oder Lehmsteine und integrieren sie in das Insektenappartement oder stellen sie gesondert und vor Regen geschützt auf. Je nach Modell können sie 180–300 Nistgänge unterschiedlichster Größe bieten. Offenporig gebrannt (unter 1000 °C), bleibt der Ton atmungsaktiv und verpilzt nicht.

Second-Life Holz für Wildbienen

Einige Wildbienenarten nutzen auch Second-Life Holz als Nisträume. Wir können sie fördern, indem wir 1–2 m lange Stammstücke, dickere Äste von Obstbäumen oder Laubbäumen aufstellen oder stapeln. Besonders begehrt ist bei ihnen noch relativ festes Holz vom Apfel, von der Blauschwarzen Holzbiene auch das Holz von Pappel und Weide. Als eine der größten und imposantesten Wildbienenarten kann man die Holzbiene sehr gut anlocken, wenn man ihr parallel dazu ein gutes Nahrungsangebot macht mit beispielsweise Muskatellersalbei *(Salvia sclarea)*, Platterbse *(Lathyrus latifolius)* oder Blasenstrauch *(Colutea arborescens)*. Etwas morschere Holzklötze oder Holzstämme mit weißfaulem Morschholz werden sehr gern von der Wald-Pelzbiene *(Anthophora furcata)*, aber auch von Grabwespen *(Pemphredon)* genutzt.

Markhaltige Stängel

Verschiedene Insektenarten wie die Dreizahn-Mauerbiene *(Osmia tridendata)* oder Grab- und Faltenwespen kann man ganz leicht mit Materialien, die wir im Garten haben, unterstützen. Viele von ihnen bauen ihre Nester in dürre Ranken oder Stängel von Himbeeren, Brombeeren, Königskerzen oder Disteln. Die trockenen Stängel dieser Pflanzen können Sie senkrecht und einzeln (wichtig!) am besten gut geschützt seitlich am Insektenappartement mit Draht befestigen.

Im Erdboden nistende Arten

Rund drei Viertel der Wildbienenarten nisten im Erdboden, deshalb ist es wichtig, auch ihnen Lebensraum zu schaffen.

➢ Gibt es nicht genügend unbewachsene und grabfähige Bereiche in den Beeten oder der Wiese, legen Sie ein Sandarium an sonnenexponierter Stelle an.

➢ Achten Sie bei der Neuanlage von Pflasterwegen auf relativ breite Fugen, in denen viele winzige Insekten ihre Nester graben können.

➢ Unter gut vor Regen geschützten Dachvorsprüngen kann man Sand- oder Lehmflächen herstellen, die vegetationsfrei bleiben.

→ S. 38, Anlegen eines »Sandariums«

Ein Haus für Hummeln

Einige Hummelarten nutzen verlassene Mäusebauten als Nistraum. Daher macht es Sinn, die Architektur eines Mäusebaus nachzubilden

Fertighaus kaufen

Die schlechte Nachricht aber vorneweg: In den seltensten Fällen beziehen Hummeln die angebotenen Nisthilfen freiwillig. Am ehesten akzeptieren sie von sich aus Kästen, die ungefähr 5–10 cm unter der Erdoberfläche liegen und eine ungefähr 50 cm lange Eingangsröhre aufweisen. Für diese Variante ist es tatsächlich zu empfehlen, einen käuflichen Hummelnistkasten aus Holzbeton (→ S. 215, Adressen) zu verwenden, da dieser länger haltbar ist als Holzvarianten.

Hummelhaus selbst bauen

Falls Sie sich die Mühe machen möchten, einen oberirdischen Kasten selbst zu bauen – in dem Bewusstsein, bei der Besiedlung auch nachhelfen zu müssen –, sollten Sie sich an dem Nistkastenmodell Münden orientieren, mit dem gute Erfahrungen gemacht wurden. Im Internet sind nämlich eine Menge Fehlinformationen zu Hummelnistkästen zu finden. Jetzt die gute Nachricht: Wenn das Hummelhaus einmal bezogen wurde, erhöht sich die Wahrscheinlichkeit, dass im nächsten Jahr erneut eine Hummel einzieht. Die Jungköniginnen suchen in der Nähe ihres Herkunftsnestes eine Bleibe.

Material/Haus: 3 Holzbretter: 80 × 40 × 2 cm, 1 Brett: 46 × 46 × 2 cm, Vierkantleisten: 80 × 2 × 2 cm, 18 × 1 × 1 cm, 8 × 5 × 1 cm, Dachpappe: 60 × 60 cm, Nägel und Holzschrauben.

Material/Inneneinrichtung: kleinerer Pappkarton; Pappkern einer Alu-, Frischhaltefolienrolle oder Küchenrolle, alternativ 50 cm langer Schlauch mit entsprechendem Durchmesser, trockenes Moos, Sägespäne als Füllung; 2 Holzleisten als Abstandhalter für den Karton vom Boden in der Holzkiste.

Bauanleitung: Bohren Sie in alle Wände oben Lüftungslöcher (Ø 1 cm) und in die Front des Hummelhauses das Einflugloch mit 3 cm Ø. Unterhalb des Loches schrauben Sie das Landebrettchen an. Setzen Sie die Holzteile entsprechend der Skizze zusammen. Befestigen Sie am Boden die Füßchen, die Dachpappe auf dem Dach und auf der Unterseite die Leisten, damit es nicht verrutschen kann.

Inneneinrichtung: In das Loch schieben Sie den Pappkern der Alurolle. Den Pappkern einer Küchenrolle können Sie im Durchmesser auf die notwendige Größe verkleinern, indem Sie sie längs aufschneiden, auf den entsprechenden Durchmesser enger drehen und mit Klebeband fixieren. Falls Sie einen Schlauch verwenden, können Sie ihn geschlängelt legen, bevor er in den Pappkarton mündet. Das imitiert Mäusegänge und Hummeln schätzen die Behaglichkeit von Mäusebauten. Stellen Sie den Karton in die Kiste auf die beiden Holzleisten, damit er nicht feucht wird. Schneiden Sie in den Karton in entsprechender Höhe ebenfalls ein Loch mit 3 cm Ø und schieben das andere Ende des Pappkerns bzw. des Schlauches durch. Füllen Sie den Karton zuerst mit einigen Zentimetern Sägespänen und dann locker, aber vollständig mit dem trockenen Moos. Formen Sie an der Stelle, an der der Pappkern im Moos endet, eine apfelgroße Kuhle. Verschließen Sie den Karton mit Paketklebeband (Papier), die Holzkiste mit dem Deckel.

→ S. 40, Nisthilfen anbringen

Fertiges Hummelhaus

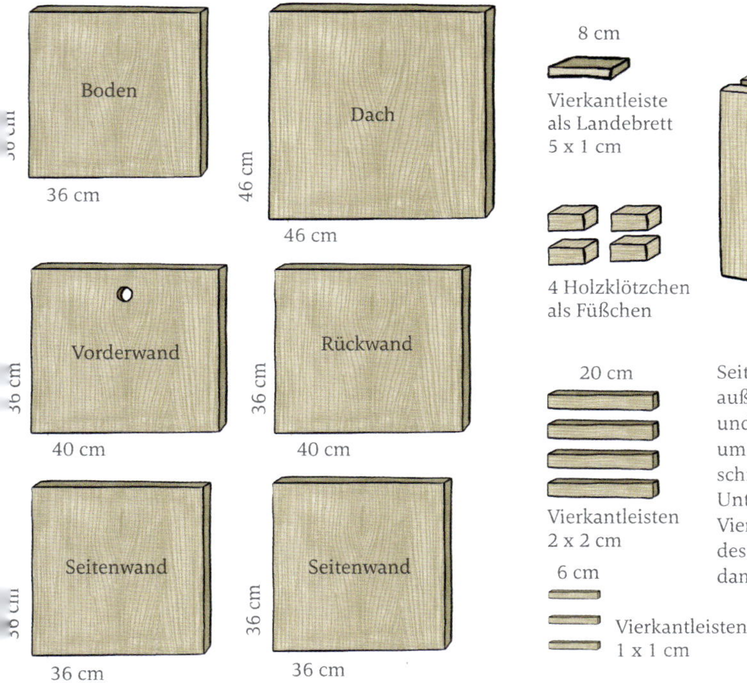

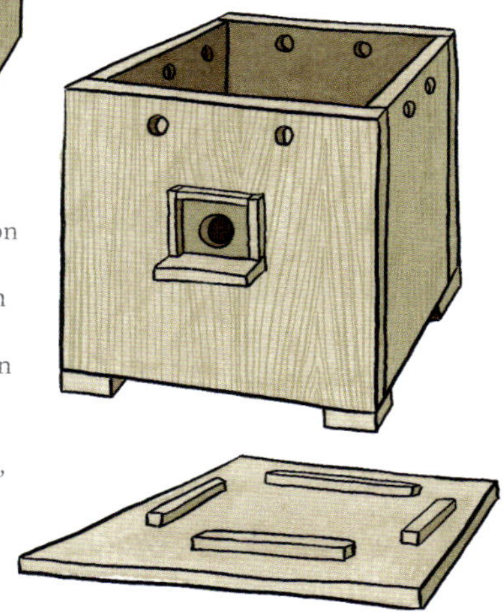

Seitenwände an die Bodenplatte von außen schrauben. Landebrettchen und die 6 x 1 x 1 cm langen Leisten um das Einflugloch kleben oder schrauben. Die vier Füßchen an den Unterboden und die 20 cm langen Vierkantleisten an die Unterseite des Deckels kleben oder schrauben, damit der Deckel nicht verrutscht.

Eigenheim für Ohrwürmer

»Ohrenkneifern«, die völlig ungefährlich für uns Menschen sind – sie krabbeln und kneifen uns keineswegs ins Ohr –, können Sie ganz einfach mit einem Tagesversteck unter die Arme zu greifen.

Füllen Sie einen Tontopf mit trockenem Gras, Stroh oder Holzwolle und hängen Sie diesen umgedreht so an einen Baum, dass der Rand des Tontopfes den Baumstamm berührt und nicht allzu weit vom Boden entfernt ist. Ohrenkneifer können mit ihren Stummelflügeln nur schlecht fliegen und sind deshalb Fußgänger. Sie wandern den Baumstamm aufwärts, um Blattlauskolonien oder Mehltaurasen gründlich abzuweiden. Zweckmäßig, wenn sie in unmittelbarer Nähe einen Unterschlupf finden.
Und für Sie praktisch: Ist die Blattlausplage an dieser Stelle eingedämmt, können Sie den Tontopf mitsamt den Ohrwürmern problemlos an eine andere Stelle mit Blattläusen oder Mehltau bringen.

→ S. 100, Tiere beobachten

Ein solcher Blumentopf mit geeigneter Füllung lockt Ohrwürmer, die Feinde von Blattläusen, an.

Bauanleitung für Vögel

Jetzt im Winter findet sich vielleicht genügend Zeit, Nistkästen für Meisen und andere Höhlenbrüter selbst zu bauen.

Höhlenbrüter-Nistkasten

Den Höhlenbrütern unter den Gartenvögeln, wie Meisen, Kleiber, Gartenrotschwanz oder Star, fällt es in Gärten zunehmend schwer, einen natürlichen Nistplatz zu finden, denn hier fehlen oft alte Bäume mit Spechthöhlen, die von ihnen quasi zweitgenutzt werden könnten, sowie größere Astlöcher oder ausgefaulte Stämme. Selbst zum Schlafen ziehen sich Vögel gern in einen Nistkasten zurück. Deshalb macht es Sinn, diese Tiere mit Nistkästen zu unterstützen. Auch wenn Vögel Reviere etablieren und meist kaum Platz für mehr als ein bis zwei Brutpaare im Garten ist, sollten Sie an mehreren Stellen Nistplätze anbieten, denn Vögel wissen besser, welcher Platz für sie am geeignetsten ist. Zudem werden Vogelkästen auch gern von Baumhummeln, Hornissen oder Wespen als Nisthöhle genutzt. Auch die ein oder andere Fledermaus verschläft in solch künstlichen Höhlen gern mal den Tag. Gelegentlich ziehen Ohrwürmer, Mäuse oder mit ganz viel Glück ein Siebenschläfer in einen leeren Nistkasten. Und selbst Marienkäfer überwintern hier ab und an.

Material: Sägeraues Brett von 2 cm Stärke, Säge, Hammer, Akkuschrauber, Holzschrauben, Leim, ein Stück Dachpappe, 2 Nägel als Scharniere, 2 L-Schraubhaken als Verschluss der Vorderklappe, Bohraufsätze zum Bohren des Einflugloches.
Bauanleitung: Gehen Sie nach nebenstehendem Bauplan vor. Rückwand und Seitenwände von außen am Boden befestigen. Das mit Dachpappe bedeckte Dach montieren. Vorderwand zwischen die Seitenwände klemmen und 2 Nägel ca. 14 cm vom Boden entfernt an der vorderen Seite der Seitenwände als Scharniere zum Öffnen der Vorderwand einschlagen.
Einfluglochgröße: Der Standard-Meisenkasten hat ein Einflugloch von 32 mm Ø. Wollen Sie die beim Streit um eine Bruthöhle oft unterlegenen kleineren Blaumeisen fördern, sollten Sie auch Kästen mit einem Einflugloch von 28 mm Ø anbieten. Der Gartenrotschwanz bevorzugt etwas größere hochovale Einfluglöcher als Meisen.
Marderschutz: → S. 47, Vogelschutz

Starenkasten

Stare benötigen mit 45 mm Ø ein deutlich größeres Einflugloch. Deshalb machen spezielle Starenkästen Sinn.
Material: wie Höhlenbrüter-Nistkasten.
Bauanleitung: Gehen Sie vor, wie für den Höhlennistkasten beschrieben (→ oben). Vergrößern Sie die Grundfläche des Höhlenbrüter-Nistkastens auf 16 × 16 cm und passen Sie alle anderen Teile entsprechend an. Die früher übliche Starenstange wird nicht mehr empfohlen, da sie für Nesträuber eine gute Einstiegshilfe darstellt.

Halbhöhlenbrüter-Nistkasten

Der Hausrotschwanz bezieht einen Halbhöhlen-Nistkästen, bei dem die Vorderfront ca. ein Drittel geöffnet ist.
Material: sägeraues Brett, Säge, Holzschrauben, Akkubohrer, Leim, Stück Dachpappe.
Bauanleitung: Gehen Sie nach nebenstehendem Bauplan vor und montieren Sie die Seitenteile an den Boden. Anschließend das Dach anschrauben und mit Dachpappe schützen.
Diese Kästen lassen sich einfach an der Hauswand anbringen.

Spatzenkolonie

Spatzen kann man am Haus helfen, indem man sogenannte Spatzengitter zwischen Dachziegel und Dachlatte entfernt oder beim Neubau oder bei der Renovierung auf sie verzichtet und somit diesen geselligen Vögeln ein Wohnrecht am Haus zugesteht. Als Kulturfolger nehmen Spatzen sofort diese Nisthilfe an. Auch andere tierische Untermieter nutzen diese Zwischenräume wie etwa Fledermäuse. Falls das nicht möglich ist, kann man an der Hausfassade mehrere selbstgebaute Nistkästen aus Holz anbringen oder eine sogenannte Spatzenkolonie kaufen.

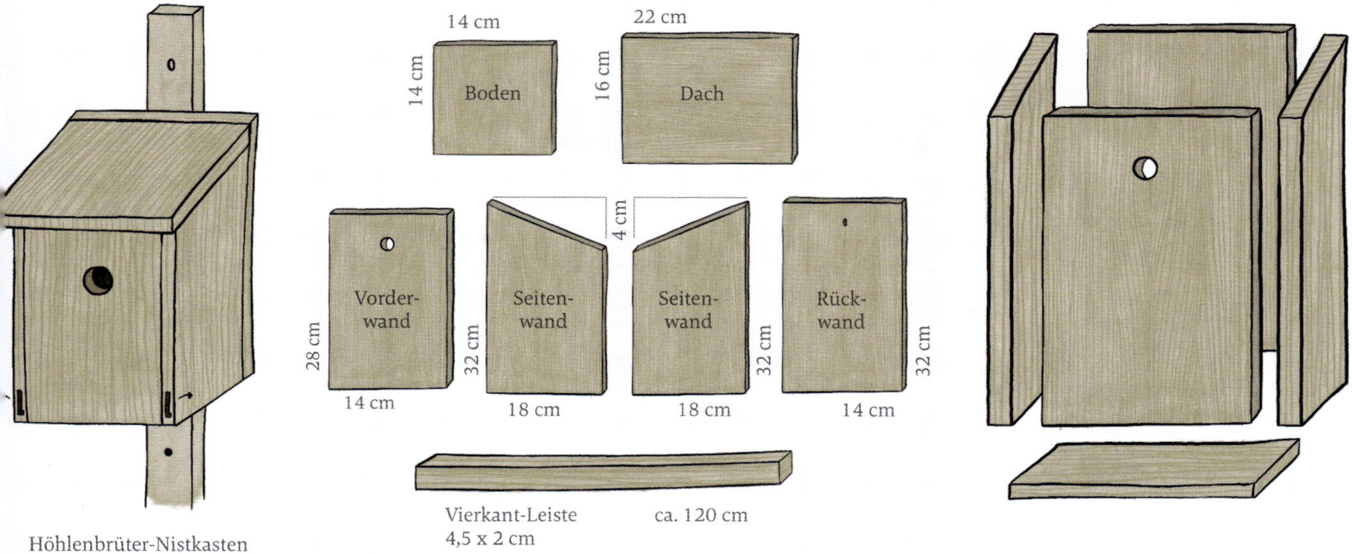

Höhlenbrüter-Nistkasten

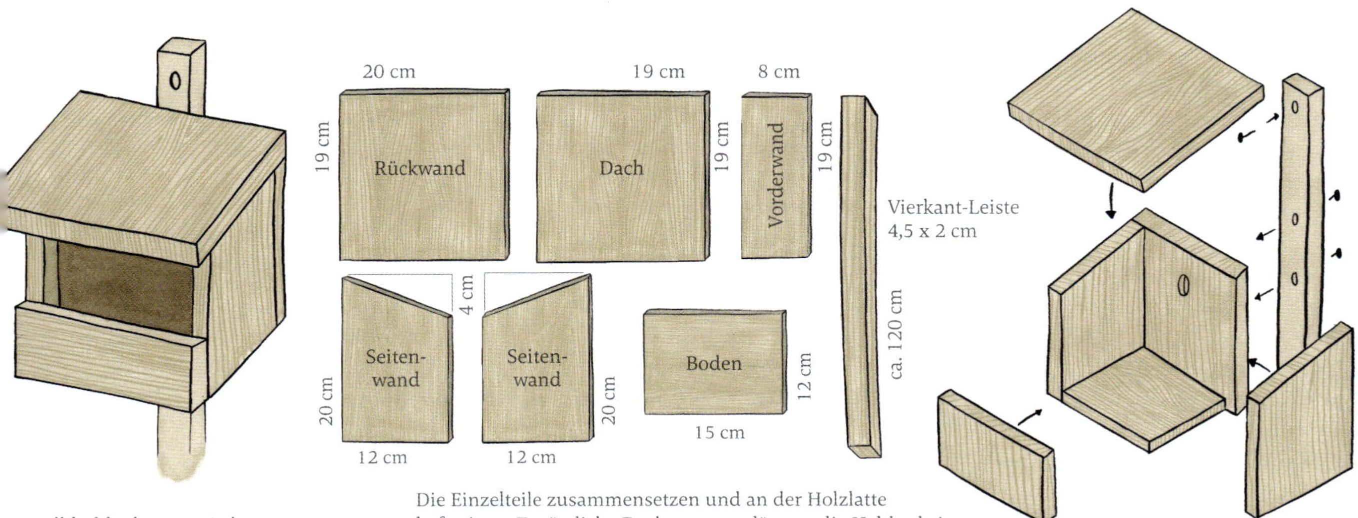

Halbhöhlenbrüter-Nistkasten

Die Einzelteile zusammensetzen und an der Holzlatte befestigen. Zusätzliche Dachpappe verlängert die Haltbarkeit.

Bauanleitungen für Säugetiere

Die meisten Gartenbesiterinnen und -besitzer denken bei Nisthilfen an Vögel und Insekten – dabei können Sie auch kleinen Säugetieren unter die Arme greifen.

Unterkunft für Gartenschläfer und Siebenschläfer

Finden sich in der Umgebung Ihres Gartens Obstbäume, andere »wilde« Gärten und viele Hecken- und Gebüschstrukturen, Laubwald oder Weinberge, dann könnte es Gartenschläfer geben.

Der Gartenschläfer ist mittlerweile extrem selten geworden, deshalb lohnt es sich, ihm eine Unterkunft bereitzustellen. Durch das schräge vorgezogene Dach wird sie von Vögeln nicht so wahrgenommen und besetzt. Auch der Siebenschläfer kann sie nutzen, um den Tag dort zu verschlafen. Falls sich keine Bilche (→ rechts) einstellen sollten, wird der Kasten vielleicht von Gelbhalsmäusen als Futterlager oder auch mal von einer Fledermaus als Tagesquartier genutzt.

Material: sägeraues Brett von 2 cm Stärke, Dachlatte ca. 50 cm lang, Säge, Holzschrauben, Akkubohrer.

Bauanleitung: Gehen Sie nach nebenstehendem Bauplan vor. Falls vorhanden, bedecken Sie das Dach mit Dachpappe. Hängen Sie den Kasten in einen Obstbaum oder einen Strauch.

Fledermauskasten

Fledermäuse nutzen Spalten und Nischen an Häusern wie unter Dachschindeln, unter Holzverkleidungen, hinter Fensterläden, oder auch Spalten und Nischen an der Borke alter Bäume. Können wir ihnen all das nicht bieten, kann ein Fledermauskasten Ersatz schaffen. Fledermäuse mögen es eng und warm. Sie nutzen gern einen flachen Kasten, der den Tieren im Inneren vorn und hinten Wandkontakt garantiert. Der Einschlupfspalt im unteren Bereich zwischen Rück- und Vorderwand sollte nur 2–2,5 cm breit sein, sonst gelangen auch Vögel in den Kasten. Dies kann man gewährleisten, indem man die 26 cm lange Vierkant-Leiste mittig an der unteren Kante auf der Innenseite der Vorderfront anbringt. Das verschmälert den Einschlupfspalt.

Material: sägeraues Brett von 2 cm Stärke, Holzschrauben, Holzleim, Säge, Akkuschrauber.

In der Rückwand sollten Sie über die gesamte Fläche Querrillen in ca. 2 cm Abstand einsägen, damit sich die Fledermäuse besser festhalten und im Inneren herumklettern können.

BILCHE

Der **Gartenschläfer** gehört zu den Bilchen. Er ernährt sich von Würmern, Insekten, kleinen Wirbeltieren, Eiern sowie Früchten, Samen und Knospen und frisst sogar Weinberg- und große Wegschnecken, die von anderen Tieren weitgehend verschmäht werden. Vorkommen des Gartenschläfers konzentrieren sich in Deutschland auf den Westen mit Rheinebene und Weinbauregionen. Aufgrund seiner europaweiten Gefährdung gilt der Gartenschläfer als eine sogenannte nationale Verantwortungsart für Deutschland – ähnlich dem in Bezug auf Windräder vieldiskutierten Rotmilan. Der Gartenschläfer steht als gefährdet auf der Roten Liste Deutschlands. Und im Niedlichkeitsranking befindet er sich sicherlich auf Platz eins der Gartentiere.

Der **Siebenschläfer**, ebenfalls aus der Familie der Bilche, besitzt ein dichtes, graubraunes Fell mit weißem Bauch und konzentriert sich bei seiner Nahrung stärker auf fettreiche Samen wie Bucheckern, Haselnüsse und Kastanien. Im Sommer verspeist er Früchte, Knospen, Rinden und Pilze, manchmal ergänzt durch Insekten, Vogeleier oder kleine Vögel. Er ist noch nicht bedroht, dennoch keine Allerweltsart im Garten. Früher deutlich häufiger, hat er gern auf Dachböden, die in der Regel leicht zugänglich waren, sein Quartier bezogen und die Hausbewohner mit seinen lautstarken Streitereien oftmals verärgert.

Beide Arten leben nachtaktiv und halten einen langen Winterschlaf: Der Gartenschläfer von Oktober bis April in Baumhöhlen, Gebäuden, Felsspalten und unter Umständen auch in solch einer Nisthilfe, der Siebenschläfer sogar von September bis Mai 30–100 cm tief in die Erde eingegraben.

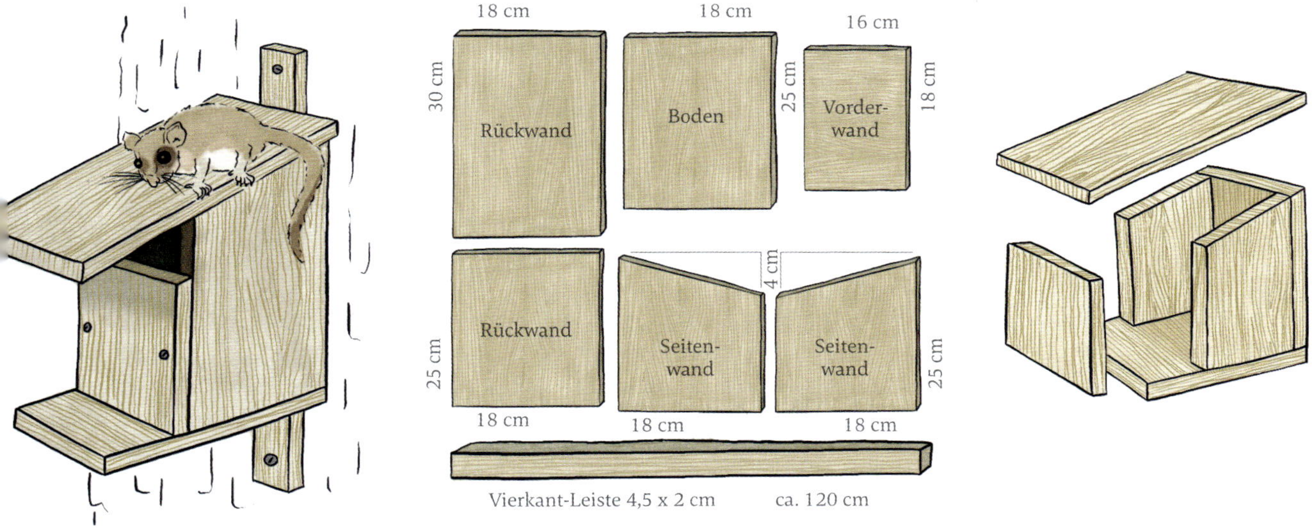

Unterkunft für Bilche

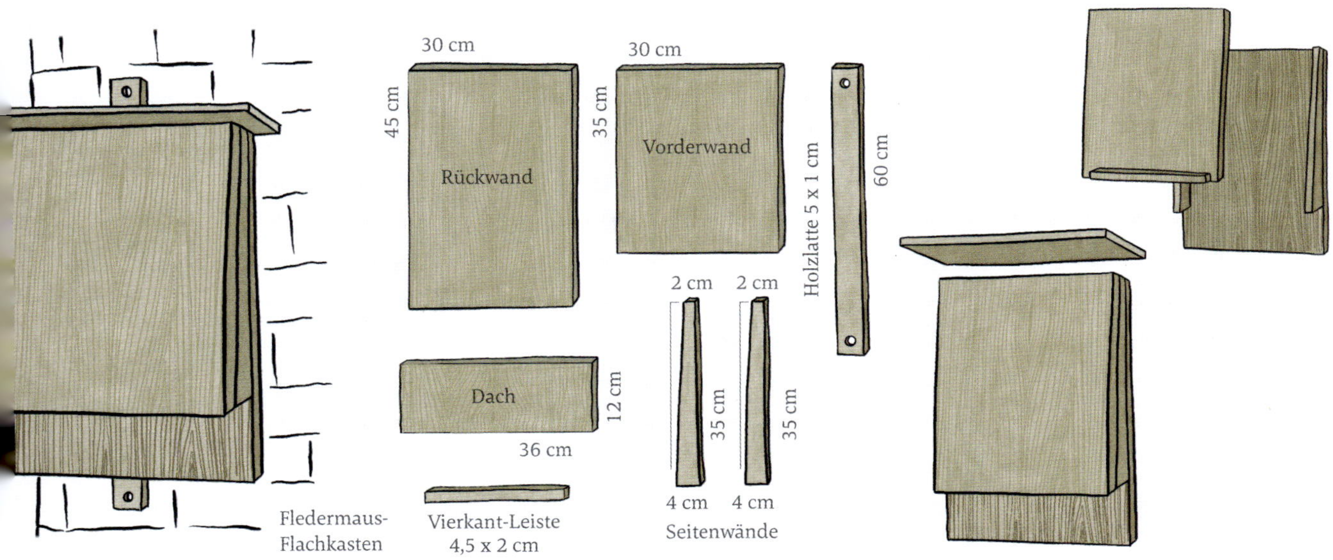

Fledermaus-Flachkasten

Entfernen nicht heimischer Gehölze

Die Vogelschutzzeit (März bis Ende September) ist vorbei, die Blätter sind in der Regel abgefallen. In trockenen Perioden kann man nun Bäume und Sträucher entfernen, ohne allzu viel kaputt zu machen.

Bäume entfernen/pflanzen

Jetzt fällt es auch leichter, sich von solchen Pflanzen zu trennen, die zwar unpassend sind, aber während der Vegetationszeit trotz allem Freude bereitet haben. Von Fichten und Kiefern sollte man sich grundsätzlich verabschieden, für diese Waldbäume sind die allermeisten Gärten zu klein. Praktischerweise führen Sie diese Arbeiten bei trockenem Wetter, idealerweise bei leichtem Frost durch, da der Boden weder matschig noch bei Einsatz von schwerem Gerät stark verdichtet wird. Falls man an gleicher Stelle nachpflanzen möchte, sollte man den Baum samt Wurzelballen entfernen oder den Wurzelstock großflächig herausfräsen (lassen). Bestenfalls lässt man den Stamm am Stück und integriert ihn im Trockenbeet als Second-Life Holz.
Falls man nichts neu pflanzen möchte, schneidet man den entasteten Stamm in einigen Metern Höhe ab und erhält den Rest als stehendes Second-Life Holz. Nach einigen Jahren wird er von zahlreichen Insekten und Baumpilzen besiedelt sein, Morschholz bilden und ein wertvolles Element für Insekten sein.
Jetzt kann man auch die Zeit nutzen, um einige invasive Arten, falls es sich dabei nicht gerade um einen wichtigen Baum handelt, der dem Haus und der Terrasse Schatten spendet, dauerhaft aus dem Garten zu entfernen. Idealerweise rodet man großflächig alle Wurzeln, da speziell Robinie und Essigbaum massiv dazu neigen, Wurzelausläufer zu bilden.
Pflanzen Sie stattdessen heimische Arten z.B. Pfaffenhütchen, Faulbaum oder Kreuzdorn. Weitere Arten finden Sie im Anhang (→ S. 200). Jetzt ist die ideale Zeit, die deutlich günstigeren wurzelnackten Gehölze zu pflanzen. Pflanzzeit ist den ganzen Winter über bei frostfreiem Wetter. Denken Sie unbedingt an den Pflanzschnitt bei Wurzeln und Ästen, der das Anwachsen erhöht.
Im Idealfall bekommen Sie sogar autochthone Arten, die direkt aus Ihrer Umgebung stammen. Orientieren kann man sich anhand der in der Karte aufgeführten Vorkommensgebiete (→ Grafik rechts).

→ S. 54, Invasive Arten

Hecke, Sträucher entfernen/pflanzen

Gerade viele ältere Gärten besitzen große und raumeinnehmende **Thujenhecken,** die zwar einen idealen Sicht- und auch Windschutz bieten, jedoch für unsere Tierwelt nahezu nutzlos sind.
Durchtrennen Sie mit der Motorsäge von unten nach oben im Abstand von ungefähr einem Meter die ineinander gewachsenen Zweige. Mit einem am Minibagger befestigten Seil oder einer Kette können Sie nun die Thujen samt Wurzelstock aus dem Boden herausziehen. Alternativ schneiden Sie die Hecke über den Wurzeln ab, graben die Wurzelstöcke ggf. mit dem Minibagger aus und entsorgen alles. Mit den für die heimische Tierwelt ebenso wertlosen **Kirschlorbeerhecken,** deren winterfeste Gartenvariante mittlerweile auch als invasive Art gilt, kann man ähnlich verfahren. Der senkrechte Schnitt ist hier in der Regel überflüssig. Auch ein übergroßer **Rhododendron** kann einem heimischen Gehölz weichen. **Japanischen**

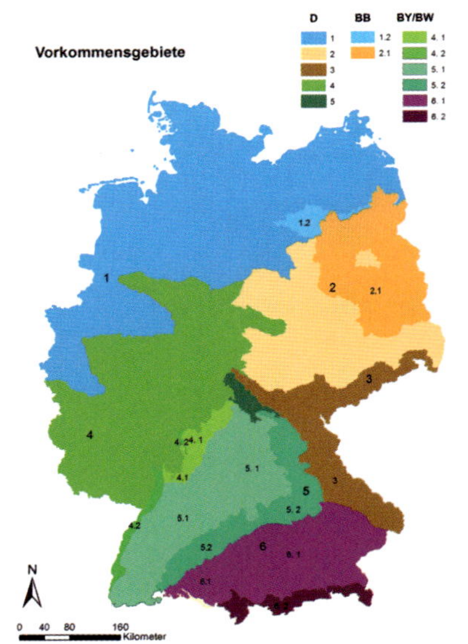

Die Karte zeigt die Vorkommensgebiete gebietseigener Gehölze in Deutschland.

Staudenknöterich und wuchernde **Bambusarten** sollten Sie so schnell wie möglich entfernen, da beide Arten ein expansives Wachstum an den Tag legen und auch vor einem Ausbruch aus dem Garten nicht Halt machen. Beispielsweise gilt der Japanische Staudenknöterich in Belgien bereits als invasive Art. Kleinste Wurzel- bzw. Rhizomstücke treiben bei beiden Arten erneut aus, sodass es sich lohnt, hier radikal vorzugehen – man braucht aber einen langen Atem. Den Staudenknöterich sollten Sie abschneiden, sobald sich neue Triebe zeigen und der Pflanze die Chance auf Fotosynthese nehmen. Informieren Sie sich auch bei der Landwirtschaftskammer Ihres Bundeslandes, wie eine Bekämpfung aussehen könnte.

Kleinere Gehölze entfernen

Weniger intensiv und schweißtreibend, aber dennoch sinnvoll ist es, jetzt kleinere Gehölze wie die Forsythie z.B. gegen eine Kornelkirsche auszutauschen. Die Forsythie ist für heimische Arten völlig wertlos, da sie weder Nektar noch Pollen bietet und ihre Blätter auch als Raupenfutter nicht nutzbar sind. Auch andere, sogar invasive Arten, wie die Gewöhnliche Schneebeere *(Symphoricarpos albus)*, Knallerbse oder die Kartoffel-Rose *(Rosa rugosa)*, haben in einem Garten, der Artenvielfalt fördern will, nichts zu suchen und sollten entfernt werden.

Sommerflieder entfernen

Für ganz Radikale steht sogar die Überlegung im Raum, sich vom Sommerflieder *(Buddleja)* zu trennen, obwohl er während der Sommermonate ein toller Nektarspender für Schmetterlinge und weitere Insekten darstellt. Da er aber zu den invasiven Pflanzen zählt und mittlerweile ganze Bahnstrecken in Europa erobert, sollte man auf ihn verzichten, wenn genügend andere Nektarspender den Sommer über zur Verfügung stehen.

Schnittarbeiten

An frostfreien Tagen ist der ideale Zeitpunkt, um Gehölze zu schneiden – sei es Hecken oder Sträucher auf »Stock zu setzen« oder auch Bäume in Umfang und Höhe zu reduzieren.

Gehölzschnitt

Eine frei wachsende Hecke sollte nicht einfach oben abgeschnitten werden, um sie auf die gewünschte Höhe zu bringen. Sie würde darauf nur mit verstärktem Austrieb in Form eines »Besenwuchses« reagieren. Außerdem blühen einige Gehölze hauptsächlich an den Astenden, sodass Blüte und Fruchtbildung als Insekten- und Vogelnahrung entfallen würden. Besser ist es, Gehölze zu pflanzen, die die gewünschte maximale Wuchshöhe nicht wesentlich überschreiten.

Bedarf die Hecke einer Verjüngung, sollte man nur abschnittsweise oder einzelne Gehölze auf Stock setzen, das heißt, die Äste werden knapp über dem Boden entfernt. Alternativ können Sie alle 3–5 Jahre auch einzelne starke und alte Äste eines Strauches herausnehmen. Damit fördern Sie zwar einerseits die Verjüngung, andererseits nehmen Sie aber den Vögeln nicht die Möglichkeit zum Brüten und zum Verstecken. Auch Igel oder Kröten finden bei dieser Vorgehensweise immer noch genügend Rückzugsorte.

Nistquirle für Vögel schneiden

Wenn Sie mit Ihrer Hecke nestbauenden Vögeln eine kleine Starthilfe geben wollen, sollten Sie an bestimmten Stellen den eigentlich ungeliebten Besenwuchs, einen sogenannten Quirl, provozieren. Dazu wird der ausgewählte Ast knapp oberhalb eines Auges, einer Gabel oder mehrerer Verzweigungen abgeschnitten. Der Austrieb wird in Form eines Besens die so geschaffene kleine Plattform umrahmen, die Vögel können ihr Nest hineinbauen. **Nistquirl für Vögel binden:** Alternativ kann man in größeren, am besten dornigen Sträuchern einen Nistquirl binden, indem man ein paar Äste oder Zweige oben zusammenfasst.

Vögel füttern im Winter

Noch vor weniger als 20 Jahren galt die Vogelfütterung im Winter als unnötig. Heute weiß man, dass man damit den Vögeln wirklich hilft.

Warum füttern?

Mittlerweile ist es mehr als klar, dass die Winterfütterung nicht nur sinnvoll ist, sondern für alle Vogelarten immer wichtiger, zum Teil sogar überlebenswichtig wird – aber nicht nur im Winter, sondern das ganze Jahr über. Da unsere ausgeräumten Landschaften, städtischen Bereiche, aber auch die Gärten für Vögel immer strukturärmer und damit verbunden immer nahrungsärmer werden, müssen sie immer weiter fliegen, um ihren Energiebedarf zu decken. Die Folge: Der Rückgang aller Vogelarten ist erschreckend, was auch wissenschaftliche Zahlen belegen.

TIPP!

Fettfutter

Fetthaltiges Futter wie Meisenknödel (am besten ohne Kunststoffnetz, sondern im Spiralhalter oder Knödelhalter), Fettkugeln oder Fettringe mit Rindertalg sind in den Morgenstunden bei sehr kalter Witterung eine schnelle Hilfe, um die über Nacht verlorene Energie wieder aufzufüllen. Bis zu 20 Prozent ihres Eigengewichts verbrennen Vögel in kalten Winternächten. Werden diese Verluste nicht unmittelbar wieder ausgeglichen, droht ihnen in den nächsten Nächten der Hungertod.

Was füttern?

Am Futterhaus können Sie jetzt **Körnerfressern** wie Finken (Buch- und Grünfink, Bergfink, Stieglitz oder Kernbeißer), Haus- und Feldsperling, den verschiedenen Meisenarten, Kleiber und Spechten mit dem klassischen Sonnenblumen-Vogelfutter helfen. Zusätzlich schmecken ihnen Samen von Hanf, Mohn, Disteln, aber auch Erd- und Walnüsse. Walnussbruch mit Schale wird gern von Meisen genommen und ausgepickt. Futter für Kanarienvögel ist ebenso geeignet.
Den **Weichfressern**, zu denen Amsel, Rotkehlchen, Star, Zaunkönig, Garten- und Waldbaumläufer und die Heckenbraunelle gehören, mögen sehr gern das handelsübliche Weichfresserfutter oder in Öl getränkte Hafer- oder Weizenflocken, Rosinen, Mohn, Fett-Kleie-Mischungen (ausgelassener Rindertalg und Weizenkleie im gleichen Verhältnis). Diese Vögel fressen aber auch gern aufgeschnittene Äpfel und Birnen, selbst gefroren.

Wasserstelle auch im Winter

Auch im Winter müssen Vögel trinken. Füllen Sie eine größere, tiefere Schale regelmäßig mit Wasser, denn selbst wenn alles verschneit ist, nehmen Vögel gern ein Bad. Sowohl die Futterstelle als auch das Vogelbad sollten von allen Seiten frei einsehbar sein, damit sich Katzen nicht auf die Lauer legen oder Greifvögel nicht überraschend anfliegen können.

TIPP!

Krankheiten vorbeugen

Reinigen Sie regelmäßig das Futterhaus, damit Krankheiten nicht über den Vogelkot übertragen werden. Regelmäßig heißt, dass Sie das Futterhaus einmal pro Monat auskratzen oder bei sehr starker Verschmutzung mit heißem Wasser auswaschen. Besser sind sogenannte Futterampeln oder Futterspender, bei denen der Vogelkot direkt auf die Erde fällt. Grundsätzlich ist es sinnvoll, mehrere Futterstellen im Garten einzurichten, damit das Gedränge nicht zu groß wird und die Keime nicht so leicht von Vogel auf Vogel übertragen werden können.

Gut besuchtes Futterhaus: Stimmt die Futtermischung, kommen unterschiedlichste Vogelarten.

Tiere und Pflanzen entdecken

Völlig überraschend gibt es im Winter noch andere Tiere als Vögel und Eichhörnchen zu beobachten.

➢ **Vögel:** Am Futterhaus herrscht reges Leben. Neben den häufigen Gästen wie Meisen, Grünfinken, Spatzen erscheinen auch seltenere Arten wie Gimpel, Buntspecht, Kernbeißer, die normalerweise in Wäldern leben. Manchmal tauchen auch durchziehende Vögel auf, wie Bergfinken oder Erlenzeisige. Beobachten Sie, um wie viel aufgeplusterter die kleinen Vögel sind, sobald es richtig kalt wird. An noch verbliebenen Hagebutten laben sich Amseln, Stieglitze fallen in Scharen ein, um an den Samenständen in der Wildblumenwiese oder an den Disteln und der Wilden Karden Samen zu picken.
Machen Sie mit bei der Stunde der Wintervögel und zählen Sie Ihre gefiederten Gäste. Die Zählung findet in der Regel in der ersten Januarwoche statt und wird vom LBV, NABU und Birdlife Österreich durchgeführt. Damit leisten Sie einen kleinen Beitrag zu »Citizen Science« (= Bürgerwissenschaften) und helfen, die Bestandsentwicklung der einzelnen Arten zu messen.

➢ **Fledermäuse und Wespenköniginnen:** Sie überwintern auch schon mal ganz gern im Holzstoß. Vorsicht bei der Holzentnahme!

➢ **Eichhörnchen:** Auch sie können am Futterhaus auftauchen. Diese possierlichen Tiere mit den schwarzen Knopfaugen sind besonders für Kinder ein tolles Erlebnis, wenn sie Nüsse knabbern.

➢ **Gelbhalsmäuse:** Sie legen ihre Wintervorräte nicht selten in Vogelnistkästen an. Im Winter klettern sie dann äußerst geschickt aus ihren Nestern am oder im Boden hoch in die Zweige, um sich aus ihren Vorräten zu bedienen. Selbst Weitsprung ist für die dämmerungs- und nachtaktive Maus eine einfache Disziplin.

➢ **Tierspuren im Schnee:** Die Spuren verraten Ihnen, wer sich ungesehen im Garten bewegt. Trotz Winterschlaf gibt es neben den Vogelfußabdrücken hin und wieder auch Spuren von Säugetieren wie Mäusen oder Mardern zu entdecken. Mittlerweile kommen auch Füchse in Siedlungen – in der Regel unbemerkt.

➢ **Schmetterlinge:** Einige Schmetterlinge wie das Tagpfauenauge oder der Kleine Fuchs überwintern als erwachsene Tiere gern in Häusern, Garagen und Geräteschuppen. Bitte belassen Sie sie an Ort und Stelle. Jedes Aufwachen kostet sie Kraft und kann den Tod bedeuten.
Den Zitronenfalter kann man mit viel Glück mit zusammengeklappten Flügeln im Geäst von Hecken entdecken, wo er dank Glykol im Blut als Frostschutz überleben kann. Bei Frostpannern ist der Name Programm. Die Männchen tanzen selbst bei Schneefall und man kann sie im Licht von Lampen beobachten. Nach der Paarung klettern die flugunfähigen Weibchen hinauf in die Baumkronen, um dort ihre Eier abzulegen.

➢ **Wintermücken:** An sonnigen Tagen kann man große Mückenschwärme beobachten – allerdings keine Steckmücken, sondern Wintermücken oder Stelzmücken. Bei ca. 4 °C werden sie aktiv und kommen in Paarungslaune.

Pflanzen mit Reif und Schnee

Gerade der Vielfaltsgarten bietet tolle Winterbilder – viel mehr als ein abgeräumter Standardgarten. Bizarre Reifbilder zaubern z.B. die Wilde Karde mit ihren stacheligen Blütenkränzen oder die Samenstände der Königskerzen.

Ein vielfältig bepflanzter Garten bietet auch im Winter mit Raureif einen tollen Anblick.

Wilde Karde – Stieglitz

Wilde Karde

+ Stieglitz

+ Samenstände der Kratzdistel

Aus dem Mittelmeerraum stammend, kam die Wilde Karde noch vor Kolumbus mit den Menschen nach Mitteleuropa.
Als sogenannter Archaeophyt gehört die Wilde Karde *(Dipsacus fullonum)* mittlerweile zur heimischen Flora. Und dazu ist sie eine ganz besonders wertvolle Pflanze. Unzählige regionale Namen von ihr zeigen, wie wichtig sie als Kulturpflanze war. Die getrockneten Blütenköpfe wurden zum Bürsten der Wolle vor dem Verspinnen genutzt. Ihr lateinischer Name bedeutet »durstiger Tuchmacher«.

Optisch zwar eine Distel, gehört sie aber zu den Geißblattgewächsen. Als zweijährige Pflanze schmückt sie im ersten Jahr mit schönen Blattrosetten und im zweiten Jahr mit ihrer majestätischen Gestalt jedes Beet. Mit bis zu zwei Metern Höhe zählt die Wilde Karte zu den strukturgebenden Pflanzen und kann durchaus als Gruppe auch einen Strauch ersetzen oder Abgrenzungen schaffen. Interessanterweise fängt sie in der Mitte des Blütenstands an zu blühen. Daraufhin wandert eine Hälfte des Blütenkranzes nach oben und die andere nach unten. Ihre helllila Blüten erscheinen von Anfang Juni bis Ende August und dienen einer Vielzahl von Wildbienenarten, insbesondere Hummeln, dem Taubenschwänzchen und vielen weiteren Insekten als Nahrung. Manchmal sind die Blüten regelrecht übersät mit unterschiedlichsten Insekten. Hummeln übernachten auch ganz gern an ihnen. Ein weiteres spannendes Merkmal ist, dass die Blätter am Stängel verwachsen sind und Trichter bilden, die das Wasser sammeln. Hier lassen sich neben Insekten auch Vögel beim Trinken beobachten. Wozu diese Miniteiche der Pflanze dienen, ist noch nicht geklärt. Vielleicht sind sie eine evolutionäre Vorstufe zur Aufnahme zusätzlicher Nährstoffe in Form ertrunkener Insekten, ein trickreicher Schutz der Blüten vor aufsteigenden Insekten, eine Strategie gegen Wasserknappheit oder doch nur Erquickung des »durstigen Tuchmachers«.

Zwar liebt sie eher feuchtere Standorte, trotzdem hat sie etliche Strategien entwickelt, um auch Dürreperioden gut zu überstehen, wie eine lange Pfahlwurzel oder die nach oben hin schmaler werden Oberblätter, die eine Abnahme der Verdunstungsflächen in den oben stärker austrocknenden Wind- und Wärmezonen zur Folge hat. Damit kann die Wilde Karte zu den Klimaarten der Zukunft zählen.

Sobald die Samen reifen, können die Blätter von Mehltau befallen werden. Jetzt gilt es für den Gärtner, durchzuhalten und die Staude stehen zu lassen. Denn kurz darauf belohnt sie uns mit wunderschönen Herbst- und Winterbildern mit Raureif, Schnee und mit Stieglitzscharen, die an ihnen kunstvoll herumturnen und die Samen picken. Damit kann sie auch eine Vorreiterrolle/Botschafterrolle für eine stärkere Naturnähe in den Gärten der Zukunft einnehmen. Denn wer erst einmal die Wilde Karde über Winter stehen lässt, schafft es sicherlich auch, eine abgeblühte Königskerze bis zum nächsten Frühjahr stehen zu lassen.

Distelfinken *(Carduelis carduelis)*, die auch nach ihrem Ruf »stigelitt« Stieglitz genannt werden, sind Teilzieher, d. h. nur ein Teil zieht gen Süden, der Rest bleibt hier. Die Überwinterer sind besonders auf solche Samenstände angewiesen. Je nach Stängelstärke nutzen sie unterschiedliche Strategien, um an die begehrten Samen zu gelangen: Stabile Pflanzenstängel fliegen sie von oben an, setzen sich auf die Blüte und picken oft kopfüber die Samen heraus. Dünnere Stängel fliegen sie von unten an und klettern nach und nach zur Blüte hoch. Oftmals biegen sich dabei die Stängel zum Boden. Sehr geschickt setzen die Vögel dabei ihre Krallen ein, um Stängel und Samenstände zu sich heranzuziehen. Sehr dünne Stängel fliegen mehrere Stieglitze gleichzeitig an, um Gewicht auszugleichen. Überhaupt beeindrucken sie mit teils akrobatischen Verrenkungen und einer exzellenten Schnabel-Fuß-Koordination. Mit ihrem farbenfrohen Gefieder ein schönes Spektakel! Seine knallrote Gesichtsmaske auf schwarzweißem Grund und das breite gelbe Flügelband mit den gelben Flügelspitzen lassen diesen kleinen Finkenvogel bereits von Weitem erkennen. Zu hören sind die geselligen Vögel, die ständig in Bewegung sind, fast das ganze Jahr mit ihrem perlenden Gesang.

Insbesondere lieben sie die Samen von Kratzdisteln, Karden und anderen Korbblütlern, insgesamt mehr als 150 Nahrungspflanzen stehen auf ihrer Liste. Also neben der Wilden Karde Disteln wie die Eselsdisteln, Mariendisteln und Artischocken anpflanzen und die bunten Vögel sind Ihnen sicher. Denn obwohl noch nicht akut gefährdet, haben sich ihre Bestände dennoch halbiert. Der Stieglitz ist wie alle anderen Vögel durch die EU-Vogelschutzrichtlinie geschützt.

Ausgeräumte Landschaft vs. Wildnis

Mittlerweile befinden wir uns in einer sogenannten ausgeräumten Landschaft. Wir gestalten die Erde in Produktionsstätten und Siedlungsräume um, ohne an die Lebewesen auf der Erde zu denken.

Durch Landwirtschaft und intensive Nutzung geprägte Regionen sind über das letzte Jahrhundert, ganz besonders aber seit der Flurbereinigung der 1970er-Jahre, die meisten strukturgebenden Elemente wie Hecken, Gehölze, Wegraine, Lesesteinhaufen am Feldrand, große Solitärbäume im Feld, aber auch Brachflächen der Effizienzsteigerung zum Opfer gefallen. Milliarden von Hecken sind allein in Deutschland seitdem verschwunden. Und mit ihnen die Lebensräume nicht nur für Insekten, sondern auch für viele andere Tiere wie Hasen, Igel, Blindschleichen.

Im Zuge der Flurbereinigung »verkommt« die Landschaft zur ausgeräumten, monotonen Agrarsteppe.

Monotone Landschaften

Das nicht zu übersehende Resultat sind an großmaßstäbliche Maschinen angepasste großmaßstäbliche Felder mit Monokulturen, die entsprechend intensiv »betreut und gepflegt«, nämlich gedüngt und gespritzt werden müssen, denn was könnte einem Schädling Besseres passieren als seine Leibspeise in Reinform als Monokultur ohne Feinde am Feldrand vorzufinden. Ehemals blütenreiche Ackerränder werden immer schmaler und oftmals mit gespritzt, gedüngt, und damit alles ordentlich aussieht, auch gern gemulcht. Denn was soll denn sonst der Nachbarlandwirt denken? Ehemals blütenreiche Wiesenflächen, vor Jahrzehnten noch extensiv bewirtschaftet, d.h. zweimal im Jahr gemäht und nicht gedüngt, bleiben mittlerweile nur noch grün, werden bis zu sechsmal gemäht und zwischendurch immer wieder gedüngt, nur damit genügend Grünmasse für die Milchwirtschaft nachwächst.

Artenarmut in Städten, ...

Selbst im urbanen Raum auf städtischen und Gemeindeflächen hat die Effizienz

Vielerorts hat die Eintönigkeit auch in die Gärten Einzug gehalten.

Einzug gehalten. Aufsitzrasenmäher werden wöchentlich über die Flächen geschickt und diese oftmals sogar gemulcht. Das bedeutet, dass das Schnittgut liegen bleibt und verrottet, damit die Fläche düngt, aber auch den Boden gleichzeitig verfilzen lässt. Keine Nahrung und kein Platz für bodennistende Insekten, die durch den Filz nicht mehr in den Boden hinein ihre Brutröhren und Nester anlegen können. Aber auch für Vögel sieht es düster aus. Totgepflegte Flächen produzieren keine Samen, die gerade für alle Finkenarten während der Herbst- und Wintermonate wichtig sind. Mit Laubbläsern werden die Blätter entfernt und somit das Winterquartier vieler Tiere.

... aber auch in Gärten

Moderne Gärten zeichnen sich mittlerweile durch eine ähnliche Monotonie wie öffentliches Grün aus. Metall- oder Kunststoffzäune verbergen artenarme und mährobotergepflegte Rollrasenflächen neben ein Paar zurecht gestutzten Solitärgehölzen, ergänzt mit toten Kiesflächen. Falls Staudenbeete existieren, dann oftmals ausgestattet mit den üblichen »Weltarten« – also Arten, die in jedem Gartencenter weltweit zu finden sind. Dabei handelt es sich in der Regel um züchterisch optimierte Formen ohne Nektar oder Pollen, die keinerlei Nutzwert für Insekten oder Vögel bieten. Ungefähr 60 verschiedene Pflanzenarten finden wir im Angebot der Gartencenter und Baumärkte, davon sind die wenigsten heimische Wildarten. Im Vergleich dazu gedeihen in Deutschland um die 5000 Wildpflanzenarten, ca. 2000 davon sind gärtnerisch geeignet.

Ein weiteres Schwergewicht stellt die nicht enden wollende Versiegelung der Flächen dar. Jede Gemeinde versucht, neue Flächen für Gewerbe- und Wohngebiete auszuweisen, um mehr Menschen und mehr Wirtschaft zu sich zu holen zur Aufbesserung der Steuereinnahmen. Dabei entsteht oftmals eine sogenannte ABC-Architektur: Asphalt, Beton, Cotoneaster. Gesetzlich vorgeschriebene Ausgleichsflächen, die ökologische Funktionen übernehmen sollen, werden oft entweder gar nicht oder nur mangelhaft umgesetzt. Und falls umgesetzt, stellt sich oft das Problem der hochwertigen Pflege. Denn falsche Pflege führt in der Regel zum Verlust der Qualität.

Wildnis in Deutschland? Fehl am Platz!

Aufgeräumt und ausgeräumt präsentiert sich unsere Kulturlandschaft, keine Brache auf den Feldern dank Kunstdünger, keine Ecke im Garten, wo es vor sich hin wildern darf, und kein Wildwuchs auf Gemeindeflächen.

Echte Wildnis gibt es in Deutschland nur noch auf 0,7 Prozent der Fläche. Das sind Flächen wie Nationalparks und Naturschutzgebiete. Ziel ist es, diese Flächen auf 2 Prozent zu erhöhen. Edward O. Wilson, der kürzlich verstorbene Insektenpapst, forderte bereits vor Jahren, weltweit mindestens 50 Prozent der Flächen der Natur zur Verfügung zu stellen, um damit das Insektensterben in den Griff zu bekommen. Und selbst die Weltgemeinschaft ringt mit dem Ziel, 30 Prozent der Erdoberfläche dem Naturschutz zur Verfügung zu stellen.

Mit diesen Hintergründen nehmen artenreiche Gärten einen immer wichtiger werdenden Stellenwert ein, um gefährdeten Arten Rückzugsräume und Nahrung zu gewähren.

GEHÖLZE

Deutscher Name	Wissenschaftl. Name	Höhe	J	F	M	A	M	J	J	A	S	O	N	D
			Blühzeitraum und Blütenfarbe											
Kornelkirsche	*Cornus mas*	6 m		gelb	gelb	gelb								
Waldhasel	*Corylus avellana*	5 m		gelb	gelb	gelb								
Salweide	*Salix caprea*	7 m		gelb	gelb	gelb								
Schlehe	*Prunus spinosa*	3 m			weiß	weiß								
Seidelbast	*Daphne mezereum*	1 m			rosa	rosa								
Eibe	*Taxus baccata*	15 m			grün	grün	grün							
Wildapfel	*Malus sylvestris*	7 m				weiß	weiß							
Gewöhnliche Zwergmispel	*Cotoneaster integerrimus*	1,5 m				rosa	rosa							
Roter Geißklee	*Cytisus purpureus*	1 m				rot	rot							
Steinweichsel	*Prunus mahaleb*	6 m				weiß	weiß							
Vogelkirsche	*Prunus avium*	20 m				weiß	weiß							
Alpen-Johannisbeere	*Ribes alpinum*	2,5 m				gelb	grün							
Kopfginster	*Cytisus supinus*	0,6 m				gelb	gelb	gelb	gelb					
Blaue Heckenkirsche	*Lonicera caerulea*	1,5 m					weiß	weiß						
Europäisches Pfaffenhütchen	*Euonymus europaeus*	3 m					weiß	weiß						
Gemeine Felsenbirne	*Amelanchier ovalis*	3 m					weiß	weiß						
Eingriffeliger Weißdorn	*Crataegus monogyna*	4,5 m					weiß	weiß						
Zweigriffliger Weißdorn	*Crataegus laevigata*	4,5 m					weiß	weiß						
Echter Kreuzdorn	*Rhamnus cathartica*	4,5 m					grün	grün						
Vogelbeere	*Sorbus aucuparia*	15 m					weiß	weiß						
Goldregen	*Laburnum anagyroides*	8 m					gelb	gelb						
Traubenkirsche	*Prunus padus*	10 m					weiß	weiß						
Wacholder	*Juniperus communis*	8 m					gelb	grün	gelb					
Wildrosen (Hunds-, Apfel-, Wein-,...)	*Rosa canina, villosa, rubiginosa*	3 m					rosa	rosa	rosa					
Gemeiner Schneeball	*Viburnum opulus*	6 m					weiß	weiß	weiß	weiß				
Blasenstrauch	*Colutea arborescens*	4 m					gelb	gelb	gelb	gelb	gelb			
Faulbaum	*Frangula alnus*	5 m					grün	grün	grün	grün	grün			
Pfeifenstrauch	*Philadelphus coronarius*	4 m					weiß	weiß	weiß	weiß				
Elsbeere	*Sorbus torminalis*	25 m						weiß	weiß					
Mehlbeere	*Sorbus aria*	15 m						weiß	weiß					
Schwarzer Holunder	*Sambucus nigra*	6 m						weiß	weiß					
Stechpalme	*Ilex aquifolium*	15 m						weiß	weiß					
Liguster	*Ligustrum vulgare*	5 m						weiß	weiß					
Efeu	*Hedera helix Arborescens*	2 m									grün	grün		

HUMMELPFLANZEN

Deutscher Name	Wissenschaftl. Name
Winter-Heckenkirsche	*Lonicera x purpusii*
Stinkende Nieswurz	*Heleborus foetidus*
Geflecktes Lungenkraut	*Pulmonaria officinalis*
Beerensträucher und Obstbäume	
Riesen-Taubnessel	*Lamium orvala*
Katzenminze	*Nepata*
Akelei	*Aquilegia vulgaris*
Diptam	*Dictamnus albus*
Echtes Geißblatt	*Lonicera caprifolium*
Wilde Esparsette	*Onobrychis viciifolia*
Purpur-Geißklee	*Cytisus purpureus*
Wiesensalbei, Gartensalbei	*Salvia pratensis*
Flockenblume	*Centaurea*
Bunte Kronwicke	*Securigera varia*
Hornklee	*Lotus corniculatus*
Glockenblumen	*Campanula*
Gew. Ochsenzunge	*Anchusa officinalis*
Blasenstrauch	*Colutea arborescens*
Beinwell	*Symphytum officinale*
Schwarznessel	*Ballota nigra*
Natternkopf	*Echium vulgare*
Borretsch	*Borago officinalis*
Weiße Taubnessel*	*Lamium album*
Hoher Rittersporn	*Delphinium elatum*
Zieste	*Stachys*
Wilder Dost	*Origanum vulgare*
Blauer Eisenhut	*Aconitum napellus*
Lavendel	*Lavandula*
Königskerzen	*Verbascum*
Taubenskabiose	*Scabiosa columbaria*
Wilde Malve	*Malva sylvestris*
Herzgespann	*Leonurus cardiaca*
Wilde Karde	*Dipsacus silvaticus*
Echter Eibisch	*Althea officinalis*
Ruthenische Kugeldistel	*Echinops ritro*
Mannstreu	*Eryngium planum*
Purpur-Fetthenne	*Sedum telephium*

Blühzeitraum und Blütenfarbe

* nicht Silberblättrige Goldnessel *(Lamium argentatum)*

PFLANZEN FÜR TROCKENSTANDORTE

Deutscher Name	Wissenschaftl. Name
Echte Küchenschelle	*Pulsatilla vulgaris*
Roter Steinbrech	*Saxifraga oppositifolia*
Überseh. Traubenhyazinthe	*Muscari neglectum*
Frühlingsfingerkraut	*Potentilla neumannia*
Zwergschwertlilie	*Iris pumila*
Große Traubenhyazinthe	*Muscari racemosum*
Buchsblättrige Kreuzblume	*Polygala chamaebuxus*
Zypressenwolfsmilch	*Euphorbia cyparissias*
Kelchsteinkraut	*Alyssum alyssoides*
Gemeine Grasnelke	*Armeria maritima*
Gelbes Sonnenröschen	*Helianthemum nummularium*
Taubenkropfleimkraut	*Silene vulgaris*
Goldlack	*Cheiranthus cheiri*
Grasschwertlilie	*Iris graminea*
Holunderschwertlilie	*Iris sambucina*
Bunte Schwertlilie	*Iris variegata*
Zierliches Federgras	*Stipa pennata*
Alpenkönigskerze	*Verbascum lanatum*
Gew. Katzenpfötchen	*Antennaria dioica*
Pfingstnelke	*Dianthus gratianopolitanus*
Pechnelke	*Lychnis viscaria*
Gelbe Hauhechel	*Ononis natrix*
Violette Königskerze	*Verbascum phoenicum*
Österreichischer Ehrenpreis	*Veronica austriaca*
Gew. Wundklee	*Anthyllis vulneraria*
Natternkopf	*Echium vulgare*
Prachtsteinbrech	*Saxifraga cotyledon*
Rispensteinbrech	*Saxifraga paniculata*
Schwarze Königskerze	*Verbascum nigrum*
Großer Ehrenpreis	*Veronica teucrium*
Gelber Günsel	*Ajuga chamaepitys*
Genfer Günsel	*Ajuga genevensis*
Gew. Ochsenzunge	*Anchusa offincinalis*
Kartäusernelke	*Dianthus carthusianorum*
Blutstorchschnabel	*Geranium sanguineum*
Kleines Habichtskraut	*Hieracium pilosella*
Nickendes Leimkraut	*Silene nutans*
Wildes Stiefmütterchen	*Viola tricolor*

Blühzeitraum und Blütenfarbe

PFLANZEN FÜR TROCKENSTANDORTE

Deutscher Name	Wissenschaftl. Name
Gelber Lerchensporn	*Corydalis lutea*
Zimbelkraut	*Cymbalaria muralis*
Sandthymian	*Thymus serpyllum*
Gelber Lein	*Linum flavum*
Aufrechtes Fingerkraut	*Potentilla recta*
Scharfer Mauerpfeffer	*Sedum acre*
Weißer Mauerpfeffer	*Sedum album*
Tripmadam	*Sedum reflexum*
Gekielter Lauch	*Allium carinatum*
Gelber Lauch	*Allium flavum*
Kopflauch	*Allium spaerocephalon*
Weinbergslauch	*Allium vineale*
Ästige Graslilie	*Anthericum liliago*
Zwergglockenblume	*Campunala cochleariifolia*
Ackerglockenblume	*Campunala rapunculoides*
Blauer Enzian	*Gentiana acaulis*
Dornige Hauhechel	*Onosis spinosa*
Rosenwurz	*Rhodiola rosea*
Steppensalbei	*Salvia nemorosa*
Muskatellersalbei	*Salvia sclarea*
Deutscher Ziest	*Stachys germanica*
Berggamander	*Teucrium montanum*
Schabenkönigskerze	*Verbascum blattaria*
Färberkamille	*Anthemis tinctoria*
Ochsenauge	*Buphthalmum salicifolium*
Skabiosenflockenblume	*Centaurea scabiosa*
Rispenflockenblume	*Centaurea stoebe*
Sandnelke	*Dianthus arenarius*
Gemeine Nachtkerze	*Oenothera biennis*
Gelbe Resede	*Reseda lutea*
Quirlblütiger Salbei	*Salvia verticillata*
Nelkenleimkraut	*Silene armeria*
Echter Gamander	*Teucrium chamaedrus*
Mehlige Königskerze	*Verbascum lychnites*
Wegwarte	*Cichorium intybus*
Bunte Kronwicke	*Coronilla varia*
Heidenelke	*Dianthus deltoides*
Rauer Alant	*Inula hirta*

Blühzeitraum und Blütenfarbe

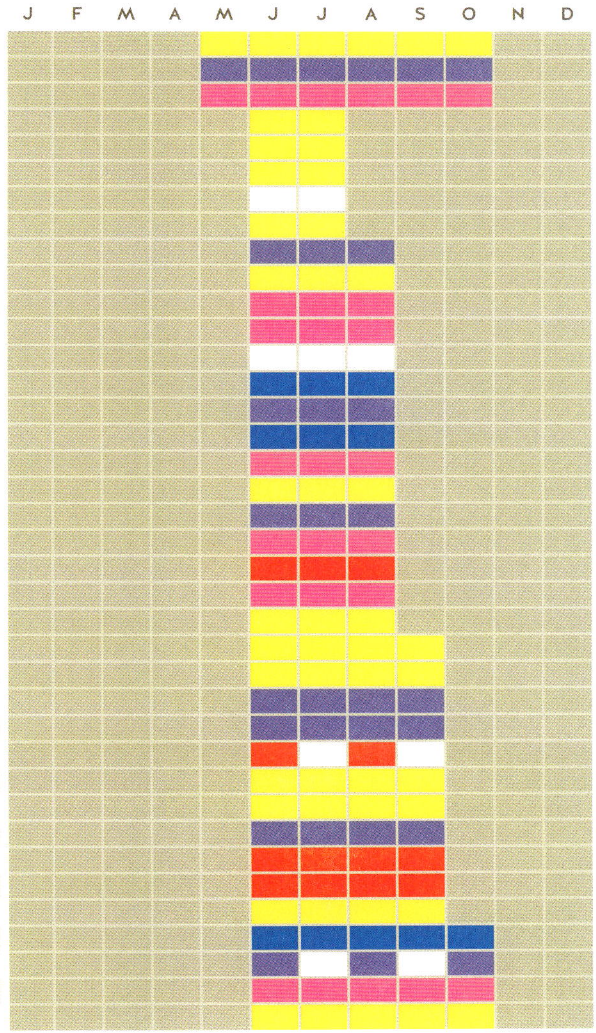

PFLANZEN FÜR TROCKENSTANDORTE

Deutscher Name	Wissenschaftl. Name	J	F	M	A	M	J	J	A	S	O	N	D
		Blühzeitraum und Blütenfarbe											
Gemeines Leinkraut	*Linaria vulgaris*						gelb	rot	gelb	rot	gelb		
Gewöhnlicher Thymian	*Thymus pulegioides*						rosa	rosa	rosa	rosa	rosa		
Echtes Herzgespann	*Leonurus cardiaca*						rot	rot	rot	rot	rot	rot	
Berglauch	*Allium montanum*							rosa	rosa				
Alpenaster	*Aster alpinus*							violett	violett				
Wilde Karde	*Dipsacus silvestris*							violett	violett				
Drachenkopf	*Dracocephalum ruyschiana*							violett	violett				
Feldmannstreu	*Eryngium campestre*							grün	grün				
Sprossende Steinwurz	*Jovibarba sobolifera*							gelb	gelb				
Wollziest	*Stachys lanata*							rosa	rosa				
Flockige Königskerze	*Verbascum pulverulentum*							gelb	gelb				
Steinnelke	*Dianthus silvestris*							rosa	rosa	rosa			
Dürrwurz	*Inula conyza*							gelb	gelb	gelb			
Wilder Majoran	*Origanum vulgare*							rosa	rosa	rosa			
Große Fetthenne	*Sedum maximum*							weiß	weiß	weiß			
Rote Fetthenne	*Sedum telephium*							rot	rot	rot			
Spinnwebenhauswurz	*Sempervivum arachnoideum*							rot	rot	rot			
Berghauswurz	*Sempervivum montanum*							violett	violett	violett			
Echte Hauswurz	*Sempervivum tectorum*							rot	rot	rot			
Österreichische Königskerze	*Verbascum chaixii*							gelb	gelb	gelb			
Großblütige Königskerze	*Verbascum densiflorum*							gelb	gelb	gelb			
Windblumenkönigskerze	*Verbascum phlomoides*							gelb	gelb	gelb			
Echtes Eisenkraut	*Verbena officinalis*							violett	violett	violett			
Ähriger Ehrenpreis	*Veronica spicata*							violett	violett	violett			

SCHATTENSTAUDEN

Deutscher Name	Wissenschaftl. Name	J	F	M	A	M	J	J	A	S	O	N	D
		Blühzeitraum und Blütenfarbe											
Christrose	*Heleborus niger*	weiß	weiß	weiß									weiß
Stinkende Nieswurz	*Heleborus foetidus*		grün	grün	grün								
Stengellose Schlüsselblume	*Primula vulgaris*		gelb	gelb	gelb								
Duftveilchen	*Viola odorata*			violett	violett								
Nacktstängelige Schwertlilie	*Iris aphylla*				violett	violett							
Brauner Storchschnabel	*Geranium phaeum*					rot	rot						

SCHATTENSTAUDEN

Deutscher Name	Wissenschaftl. Name
Blauer Lattich	*Lactura perennis*
Immenblatt	*Melittis melissophyllum*
Vielblütige Weißwurz	*polygonatum multifl.*
Gemeine Akelei	*Aquilegia vulgaris*
Goldnessel	*Galeobdolon luteum*
Gewöhnliche Nachtviole	*Hesperis matronalia*
Wildes Silberblatt	*Lunaria rediva*
Herzblättrige Gämswurz	*Doronicum luteum*
Kriechende Gämswurz	*Doronicum pardal.*
Schwarze Königskerze	*Verabascum nigrum*
Großer Ehrenpreis	*Veronica teucrium*
Bergflockenblume	*Centaurea montana*
Schwarzviolette Akelei	*Aquilegia atrata*
Waldgeißbart	*Aruncus dioicus*
Gelber Eisenhut	*Aconitum vulparia*
Pyramidengünsel	*Ajuga pyramidalis*
Breitblättrige Glockenblume	*Campanula latifolia*
Pfirsichglockenblume	*Campanula persicifolia*
Nesselglockenblume	*Campanula trachelium*
Roter Fingerhut	*Digitalis purpurea*
Steppensalbei	*Salvia nemorosa*
Blauer Eisenhut	*Aconitum napellus*
Großblütiger Fingerhut	*Digitalis grandiflora*
Waldziest	*Stachys sylvatica*

Blühzeitraum und Blütenfarbe

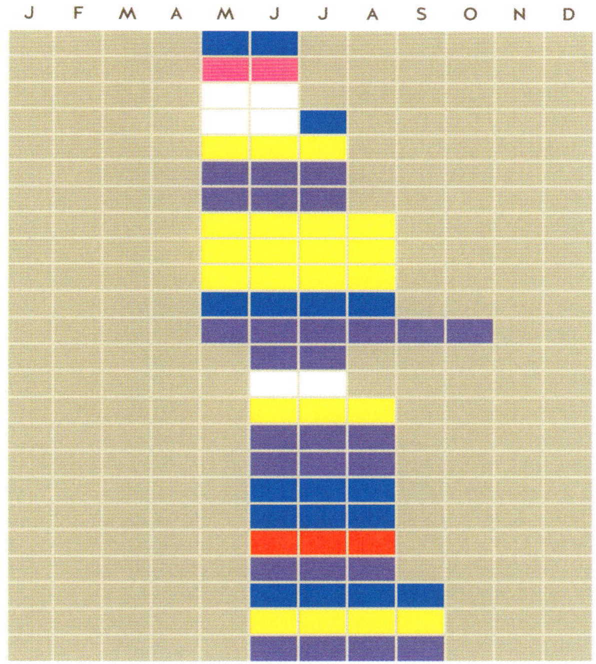

SPÄTSOMMERBLÜHER

Deutscher Name	Wissenschaftl. Name
Borretsch	*Borago officinalis*
Echtes Labkraut	*Galium verum*
Sandthymian	*Thymus serphyllum*
Rainfarn	*Tanacetum vulgare*
Färberkamille	*Anthemis tinctoria*
Großes Löwenmaul	*Anthirrhinum majus*
Ochsenauge	*Buphthalmum salicifolium*
Knäuelglockenblume	*Campanula glomerata*

Blühzeitraum und Blütenfarbe

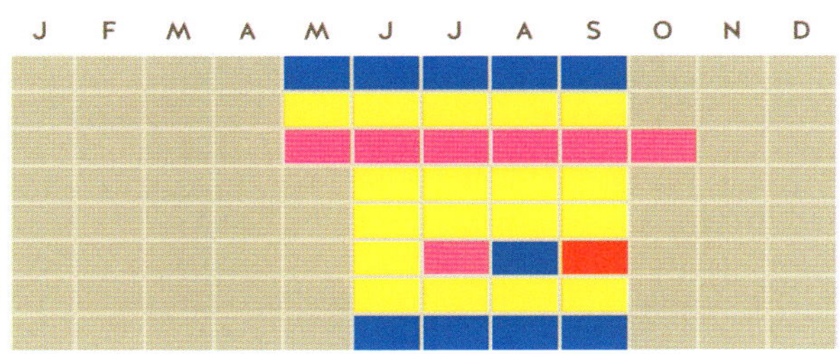

SPÄTSOMMERBLÜHER

Deutscher Name	Wissenschaftl. Name	Blühzeitraum und Blütenfarbe											
		J	F	M	A	M	J	J	A	S	O	N	D
Gartenringelblume	*Calendula officinalis*						orange	orange	orange	orange	orange		
Wiesenflockenblume	*Centaurea jacea*						violett	violett	violett	violett	violett		
Doldige Wucherblume	*Chrysanthemum corymbosum*						weiß	weiß	weiß	weiß	weiß		
Wegwarte	*Cichorium intybus*						blau	blau	blau	blau	blau		
Wirbeldost	*Clinopodium vulgare*						violett	violett	violett	violett	violett		
Bunte Kronwicke	*Coronilla varia*						violett	violett	violett	weiß	weiß		
Stechapfel	*Datura stramonium*						weiß	weiß	weiß	weiß	weiß		
Gemeines Leinkraut	*Linaria vulgaris*						orange	orange	orange	orange	orange		
Rosenmalve	*Malva alcea*						rosa	rosa	rosa	rosa	rosa		
Krichende Hauhechel	*Ononis repens*						rosa	rosa	rosa	rosa	rosa		
Klebriger Salbei	*Salvia glutinosa*						gelb	gelb	gelb	gelb	gelb		
Alpenaster	*Aster alpinus*							violett	violett				
Gemeiner Odermennig	*Agrimonia eupatoria*							gelb	gelb	gelb			
Wohlriechender Lauch	*Allium suavolens*							violett	violett	violett			
Echter Eibisch	*Althea officinalis*							violett	violett	violett			
Stockrose	*Althea rosea*							rosa	weiß	weiß			
Wilde Karde	*Dipsacus silvaticus*							violett	violett	violett			
Alpenmannstreu	*Eryngium alpinum*							blau	blau	blau			
Echter Alant	*Inula helenium*							gelb	gelb	gelb			
Rossminze	*Mentha longifolia*							violett	violett	violett			
Wilder Majoran	*Origanum vulgare*							rosa	rosa	rosa			
Echtes Seifenkraut	*Saponaria officinalis*							rosa	weiß	weiß			
Rote Fetthenne	*Sedum telephium*							violett	violett	violett			
Goldaster	*Aster linosyris*							gelb	gelb	gelb	gelb		
Lungenenzian	*Gentiana pneumonanthe*							blau	blau	blau	blau		
Sandstrohblume	*Helichrysum arenarium*							gelb	gelb	gelb	gelb		
Weidenalant	*Inula salicina*							gelb	gelb	gelb	gelb		
Thüringer Strauchpappel	*Lavathera thuringiaca*							rosa	rosa	rosa	rosa		
Schlitzblättriger Sonnenhut	*Rudbeckia lacinata*							orange	orange	orange	orange		
Taubenskabiose	*Scabiosa columbaria*							violett	violett	violett	violett		
Gelbe Skabiose	*Scabiosa ochroleuca*							gelb	gelb	gelb	gelb		
Wohlriechende Skabiose	*Scabiosa canescens*							blau	blau	blau	blau	blau	
Bergaster	*Aster amellus*								violett	violett	violett		
Lanzettblättrige Aster	*Aster lanceolatus*								violett	violett	violett		
Glatte Aster	*Aster laevis*								violett	violett	violett		
Safrankrokus	*Crocus sativus*									violett	violett	violett	
Herbstblaustern	*Scilla autumnalis*									braun	braun	braun	

INSEKTENFREUNDLICHE GARTENSTAUDEN

Deutscher Name	Wissenschaftl. Name
Nieswurz, Christ-, Lenzrose	*Heleborus*
Schlüsselblume	*Primula*
Frühlings-Anemone	*Anemone blanda*
Veilchen	*Viola*
Lungenkraut	*Pulmonaria*
Wolfsmilch	*Euphorbia*
Große Ochsenzunge	*Anchusa azurea*
Bergenie	*Bergenia*
Golderdbeere	*Waldsteinia*
Blaukissen	*Aubrieta*
Gänsekresse	*Arabis*
Küchenschelle	*Pulsatilla vulgaris*
Steinkraut	*Allysum*
Rosmarin	*Rosmarinus*
Taubnessel	*Lamium*
Beinwell	*Symphytum*
Immergrün	*Vinca*
Nelken	*Lychnis*
Trollblume	*Trollius*
Jakobsleiter	*Polemonium*
Ehrenpreis	*Veronica*
Lauch	*Allium*
Färberkamille-Sorten	*Anthemis tinctoria*
Margerite	*Leucanthemella*
Purpur-Leinkraut	*Linaria purpurea*
Salomonssiegel	*Polygonatum*
Günselsorten	*Ajuga-Sorten*
Akelei-Sorten (alle Farben)	*Aquilegia-Sorten*
Pfingstrose	*Paeonia*
Mohn	*Papaver*
Geißbart	*Aruncus*
Fingerhut	*Digitalis*
Sonnenröschen	*Helianthemum*
Indiandernessel	*Monarda*
Katzenminze	*Nepeta*
Basilikum	*Ocimum basilicum*
Glockenblumen	*Campanula*

Blühzeitraum und Blütenfarbe

INSEKTENFREUNDLICHE GARTENSTAUDEN

Deutscher Name	Wissenschaftl. Name
Steppenkerze	*Eremurus*
Nelkenwurz	*Geum*
Bunte Kronwicke	*Securigera varia*
Gemeiner Baldrian	*Valeriana officinalis*
Mauerpfeffer	*Sedum*
Stockrosen	*Alcea-Sorten*
Steinquendel	*Calamintha*
Sonnenhut	*Echinacea*
Witwenblume	*Knautia*
Salbei	*Salvia*
Skabiose	*Scabiosa*
Storchschnabel	*Geranium*
Kleinblütige Aster-Sorten	*Aster*
Lavendel	*Lavendula*
Scheinalant	*Telekia speciosa*
Steinbrech-Felsennelke	*Petrorhagia saxifraga*
Brandkraut	*Phlomis*
Hauswurz	*Sempervivum*
Braunelle	*Prunella*
Gemeiner Gold-Felberich	*Lysimachia vulgaris*
Ziest	*Stachys*
Sterndolde	*Astrantia*
Flockenblume	*Centaurea*
Sonnenbraut	*Helenium*
Nachtkerze	*Oenothera*
Oregano / Dost	*Origanum*
Strahlendolde	*Orlaya grandiflora*
Weiderich	*Lythrum*
Malve	*Malva*
Melisse	*Melissa*
Minze	*Mentha*
Staudenwicke	*Lathyrus*
Thymian	*Thymus*
Königskerze	*Verbascum*
Phlox	*Phlox*
Wucherblume	*Tanacetum*
Garten-Dreimasterblume	*Tradescantia*

Blühzeitraum und Blütenfarbe

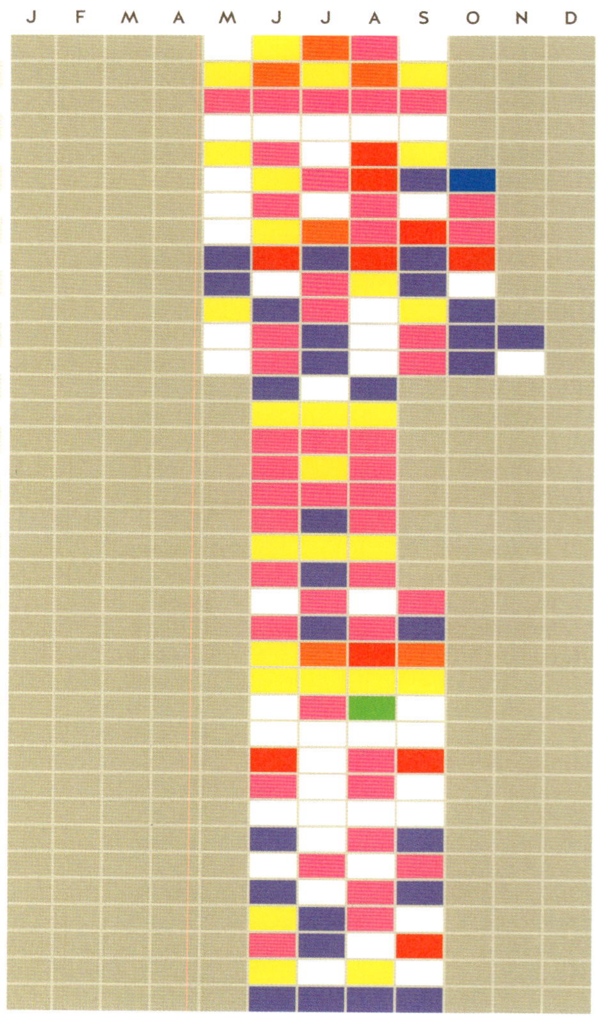

INSEKTENFREUNDLICHE GARTENSTAUDEN

Deutscher Name	Wissenschaftl. Name
Kandelaber-Ehrenpreis	*Veronicastrum*
Eisenkraut	*Verbena*
Mariendistel	*Silybum marianum*
Helmkraut	*Scutellaria*
Bergminze	*Pycnanthemum*
Muskatellersalbei	*Salvia sclarea*
Wiesenknopf	*Sanguisorba*
Silberkerze	*Cimicifuga*
Krautige Waldrebe-Sorten	*Clematis x heracleifolia*
Schönaster	*Calimeris*
Rittersporn	*Delphinium*
Distel	*Eryngium*
Prachtscharte	*Liatris*
Kreuzkraut	*Ligularia*
Ysop	*Hyssopus*
Bartblume	*Caryopteris*
Duft-, Blaunessel/Anis-Ysop	*Agastache-Sorten*
Bleikraut	*Amorpha canescens*
Grönland-Margerite	*Arctanthemum arcticum*
Seifenkraut	*Saponaria*
Echter Bergfenchel	*Seseli montanum*
Balkan-Bärenklau	*Acanthus hungaricus*
Schafgarbenzüchtungen	*Achillea-Sorten*
Eisenhutzüchtungen	*Aconitum-Sorten*
Knöterich-Sorten	*Bistorta*
Artischocke	*Cynara scolymus*
Kugeldistel	*Echinops*
Natternkopf	*Echium*
Wasserdost	*Eupatorium*
Alant	*Inula*
Blauraute	*Perovskia*
Gelenkblume	*Physostegia*
Sonnenhut	*Rudbeckia*
Bergbohnenkraut	*Satureja*
Goldrute (nicht Kanadische)	*Solidago* (nicht *canadensis*)
Mönchspfeffer	*Vitex agnus-castus*

Blühzeitraum und Blütenfarbe

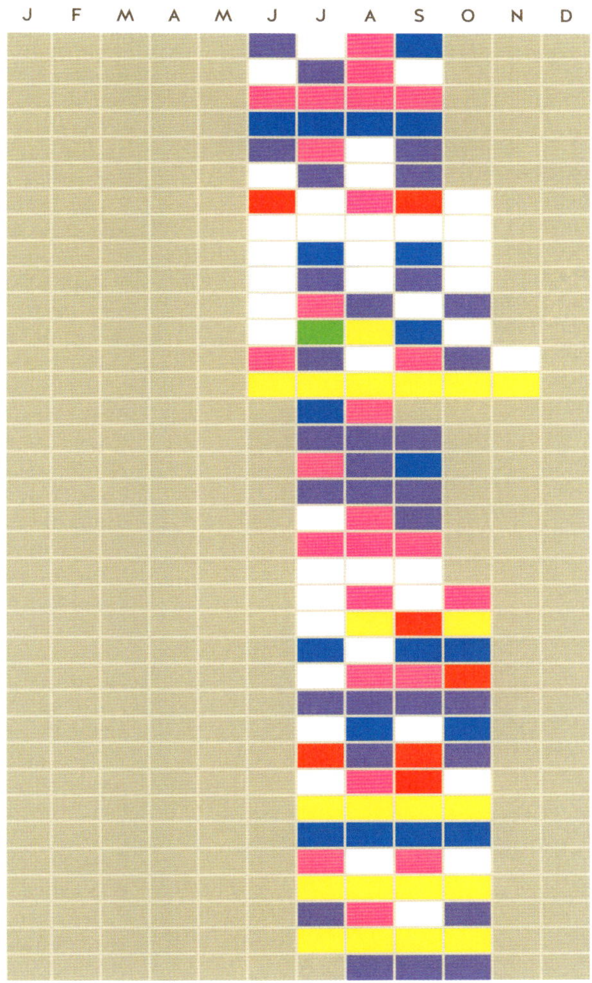

Arten- und Sachregister

Halbfette Seitenzahlen verweisen auf Fotos

Antje Arnold
Die Diplomchemikerin und promovierte Molekularbiologin rundete mit einem Aufbaustudium Fachjournalismus ab und arbeitet seit über 14 Jahren im Bereich Biodiversität. Hauptberuflich gestaltet sie biodiverse Firmengelände. Daneben arbeitet sie als freie Autorin und bringt ihre Begeisterung für Natur und Artenvielfalt in Vorträgen, ehrenamtlichem Engagement und natürlich bei immer weiteren Artenvielfalts-Optimierungen ihres großen Gartens zum Ausdruck. Dort ist sie in ihrer Freizeit oft zu finden – neben unzähligen Tieren und wilden Pflanzen.

WICHTIGER HINWEIS

Nützliche Adressen und Literatur

BEZUGSQUELLEN SAATGUT:

Rieger-Hofmann GmbH: www.rieger-hofmann.de

Saaten Zeller GmbH & Co. KG: www.saaten-zeller.de/regiosaatgut

Lebensinseln: www.lebensinseln-shop.de

Die Wildblume: www.yosana.net

Wildsamen-Insel: www.wildsamen-insel.de

Syringa: www.syringa-pflanzen.de (auch Stauden)

BEZUGSQUELLEN WILDSTAUDEN:

Gärtnerei Moos: www.gaertnerei-moos.de

Heischhof-Stauden: www.heischhof-stauden.de/

Björn Lau: www.hof-berggarten.de

Gärtnerei StaudenSpatz: www.stauden-spatzundfrank.de

Kräuter- und Wildpflanzen-Gärtnerei Strickler: www.gaertnerei-strickler.de

GEHÖLZE:

zertifizierte regionale Wildgehölze, Verzeichnis unter: www.natur-im-vww.de/bezugsquellen

NISTHILFEN:

Naturschutzcenter: www.naturschutzcenter.de

Schwegler: www.schwegler-natur.de

www.vogeltreff24.de

WEITERE LINKS ZU EINHEIMISCHEM WILDPFLANZENSAATGUT, STAUDEN, GEHÖLZE

www.naturgarten.org/service/fachbetriebe-2/

www.natur-im-vww.de/bezugsquellen

www.syringa-pflanzen.de

SCHMETTERLINGE

www.gartenstauden.de/schmetterlinge-futterpflanzen

www.insects.ch/kategorie/schmetterlinge-leptidoptera/larven-raupen-anderer-insekten

WILDBIENEN:

www.wildbienen.de/wbs-nhlf.htm
www.wildbienen.de
www.wildbienenwelt.de
www.pollenhöschen.de
www.das-hummelhaus.de
www.insectrespect.de
www.wildbienengarten.de
www.bienenroute.de/trachtpflanzen
www.deutschland-summt.de

PFLANZEN:

www.ufasamen.ch/de/wildblumenwiesen/wertvolle-tipps

FLEDERMÄUSE:

www.bund-fledermauszentrum-hannover.de/fledermaus-gefunden/

www.schleswig-holstein.nabu.de/tiere-und pflanzen/saeugetiere/fledermaeuse/organisation/05250.html

www.lbv.de/ratgeber/tier-gefunden/fledermaus-gefunden/

NABU Fledermaushotline: 030 2849845000

IGEL:

www.pro-igel.de
www.igel-notnetz.net/
www.igelzentrum.ch/

EICHHÖRNCHEN:

www.eichhoernchen-notruf.com/

VÖGEL:

www.lbv.de/ratgeber/tier-gefunden/vogel-gefunden/verletzungen-feststellen

www.wildtierschutz-deutschland.de/verletztes-wildtier-gefunden

www.wp.wildvogelhilfe.org/de/auffangstationen/

ALLGEMEIN:

www.naturgarten.org/
www.naturgucker.de

APPS ZUR PFLANZENBESTIMMUNG:

Flora incognita und PlantNet

BODENANALYSEN:

Verband deutscher Landwirtschaftlicher Untersuchungs- und Forschungsanstalten e.V: www.vdlufa.de

LITERATUR:

Arnold, A.: **Superhummeln.** tredition Verlag, Hamburg

Aufderheide, U.; **Natur in graue Zonen.** Wissenschaftsladen Bonn e.V., Bonn

Berthold, P.; Mohr, G.: **Vögel füttern – aber richtig.** Kosmos Verlag, Stuttgart

David, W.: **Lebensraum Totholz.** Pala Verlag, Darmstadt

Dierl, W.: **Schmetterlinge.** BLV Buchverlag, München

Ertl, G.: **Stickstoff – ein Element schreibt Weltgeschichte.** oekom Verlag, München

Gastl, M.: **Ideenbuch Nützlingshotels.** Ulmer Verlag, Stuttgart

Hammes, E., van den Höövel, G.: **EM Lösungen.** Eifelkrone-Verlag, Neroth

Helbig, B.: **Natur & Garten.** NaturGarten e.V., Bonn

Hintermeier, H. u. M.: **Bienen, Hummeln, Wespen.** Obst- und Gartenbauverlag, München

Hofmann, H.: **Nisthilfen, Insektenhotels & Co selber machen.** Gräfe und Unzer Verlag, München

Louv, R.: **Das Prinzip Natur.** Beltz Verlag, Weinheim und Basel

NaturGarten e.V.: **Handbuch invasiver Neophyten**

Niehus, K.-H.: **Naturgarten Bauen.** Naturgartenbuch Verlag

Rieger, E.: **Die Insektenwiese.** frechverlag, Stuttgart

Westrich, P.: **Wildbienen.** Verlag Dr. Friedrich Pfeil, München

Wiesbauer, H.; Rosa, P.; Zettel, H.: **Die Goldwespen Mitteleuropas.** Ulmer Verlag, Stuttgart

QUALITÄTS G|U GARANTIE

LIEBE LESERINNEN UND LESER,

wir wollen Ihnen mit diesem Buch Informationen und Anregungen geben, um Ihnen das Leben zu erleichtern oder Sie zu inspirieren, Neues auszuprobieren. Wir achten bei der Erstellung unserer Bücher auf Aktualität und stellen höchste Ansprüche an Inhalt und Gestaltung. Alle Anleitungen und Rezepte werden von unseren Autoren, jeweils Experten auf ihren Gebieten, gewissenhaft erstellt und von unseren Redakteur*innen mit größter Sorgfalt ausgewählt und geprüft.

Haben wir Ihre Erwartungen erfüllt? Sind Sie mit diesem Buch und seinen Inhalten zufrieden? Wir freuen uns auf Ihre Rückmeldung. Und wir freuen uns, wenn Sie diesen Titel weiterempfehlen, in Ihrem Freundeskreis oder bei Ihrem Online-Kauf.

Sollten wir Ihre Erwartungen so gar nicht erfüllt haben, tauschen wir Ihnen Ihr Buch jederzeit gegen ein gleichwertiges zum gleichen oder ähnlichen Thema um.

KONTAKT ZUM LESERSERVICE

GRÄFE UND UNZER VERLAG
Grillparzerstraße 12
81675 München
www.gu.de

GRÄFE UND UNZER

Ein Unternehmen der
GANSKE VERLAGSGRUPPE

IMPRESSUM

G|U

GU ist eine eingetragene Marke der GRÄFE UND UNZER VERLAG GmbH, www.gu.de

ISBN 978-3-8338-8057-5
2. Auflage 2023

Projektleitung: Fabian Barthel
Lektorat: Angelika Lang
Bildredaktion: Petra Ender, Natascha Klebl (Cover)
Korrektorat: Angelika Lang
Umschlaggestaltung & Layout: ki 36 Editorial Design, Bettina Stickel
Herstellung: Susanne Fuhrmann
Satz: Ludger Vorfeld
Repro: Longo AG, Bozen
Druck & Bindung: Dimograf, Polen

UMWELTHINWEIS

Dieses Buch ist auf PEFC-zertifiziertem Papier gedruckt. Somit werden ökologische, soziale und ökonomische Aspekte in der Verarbeitungskette unabhängig überwacht und sind zudem lückenlos nachvollziehbar.

BILDNACHWEIS

Cover: Pexels/Pixabay, iStock

Fotos: 123RF: 075-1; Adobe Stock: 041-2, 041-3, 050-1, 050-2, 051-1, 062-3, 080, 081-1, 081-2, 086-2, 086-3, 090, 097-2, 097-3, 099-1, 099-2, 102-1, 102-2, 112-2, 113-1, 116-2, 118-2, 121, 122, 134-1, 134-3, 144-1, 148, 150-2, 159, 162-3, 165, 169-2, 170, 171-1, 171-2, 171-3, 172, 174-1, 174-2, 174-3, 178, 195, 196-2, 199; Alamy: 055, 117-2, 120, Antje Arnold: 23-3, 061, 216; Biopix: 044; blickwinkel: 138; Flora Press: 002-2, 002-3, 020, 027-1,029, 030, 038, 041-1, 059, 074, 075-2, 082, 095-3, 110-1, 153, 166, 173, 177; GAP Photos: 105-2; imageBROKER: 049, 062-4, 062-5, 065-4, 111, 117-1, 194, 196-3; imago images: 051-2, 062-2, 062-6, 064-1, 064-2, 067, 068-1, 068-2, 068-3, 071, 072, 093, 095-1, 095-2, 114-1, 118-1, 134-2, 145, 147, 149, 169-1; Juniors Wildlife: 085; Marianne Majerus: 154; mauritius images: 065-3, 060, 113-2, 132-1, 150-3, 196-1; Okapia: 097-1; picture alliance: 052-2, 086-1; Redeleit und Junker: 023-1, 023-2, 023-4; Rieger-Hoffmann: 109; Schwegler Natur: 047-3; Shutterstock: 002-1, 021-1, 027-2, 031, 034, 051-3, 052-1, 052-3, 056, 062-1, 063, 065-1, 065-2, 078, 088, 089, 094, 098, 102-3, 105-1, 106, 110-2, 112-1, 114-2, 115, 116-1, 118-3, 131, 132-2, 133, 144-2, 146, 150-1, 150-3, 156, 162-1, 162-2, 164, 168, 184, 198; Wikimedia: 113-3; Wikipedia: 192.

Illustrationen: Bella Illenberger

Syndication: www.seasons.agency